工程造价编制疑难问题解答丛书

装饰装修工程造价编制 800 问

本书编写组　编

中国建材工业出版社

图书在版编目(CIP)数据

装饰装修工程造价编制 800 问/《装饰装修工程造价编制 800 问》编写组编. —北京:中国建材工业出版社,2012.5

(工程造价编制疑难问题解答丛书)

ISBN 978-7-5160-0102-8

Ⅰ.①装… Ⅱ.①装… Ⅲ.①建筑装饰-工程造价-问题解答 Ⅳ.①TU723.3-44

中国版本图书馆 CIP 数据核字(2012)第 008217 号

装饰装修工程造价编制 800 问
本书编写组 编

出版发行:中国建材工业出版社
地　　址:北京市西城区车公庄大街 6 号
邮　　编:100044
经　　销:全国各地新华书店
印　　刷:北京紫瑞利印刷有限公司
开　　本:850mm×1168mm　1/32
印　　张:14.5
字　　数:466 千字
版　　次:2012 年 5 月第 1 版
印　　次:2012 年 5 月第 1 次
定　　价:35.00 元

本社网址:www.jccbs.com.cn
本书如出现印装质量问题,由我社发行部负责调换。电话:(010)88386906
对本书内容有任何疑问及建议,请与本书责编联系。邮箱:dayi51@sina.com

内 容 提 要

本书依据《建设工程工程量清单计价规范》（GB 50500—2008）和《全国统一建筑装饰装修工程消耗量定额》进行编写，重点对装饰装修工程造价编制时常见的疑难问题进行了详细解释与说明。全书主要内容包括装饰装修工程造价基础，装饰装修工程工程量清单及计价，装饰装修工程定额计价，楼地面工程计量与计价，墙、柱面工程计量与计价，天棚工程计量与计价，门窗工程计量与计价，油漆、涂料、裱糊工程计量与计价，其他工程计量与计价等。

本书对装饰装修工程造价编制疑难问题的讲解通俗易懂，理论与实践紧密结合，既可作为装饰装修工程造价人员岗位培训的教材，也可供装饰装修工程造价编制与管理人员工作时参考。

装饰装修工程造价编制 800 问
编 写 组

主　编：陈　雷

副主编：李　涛　　汪永涛

编　委：秦礼光　郭　靖　梁金钊　方　芳

　　　　伊　飞　杜雪海　范　迪　马　静

　　　　侯双燕　郭　旭　沈志娟　黄志安

　　　　王　冰　徐梅芳　李良因　蒋林君

　　　　何晓卫

前　言

工程造价涉及到国民经济各部门、各行业，涉及社会再生产中的各个环节，其不仅是项目决策、制定投资计划和控制投资以及筹集建设资金的依据，也是评价投资效果的重要指标以及合理利益分配和调节产业结构的重要手段。编制工程造价是一项技术性、经济性、政策性很强的工作。要编制好工程造价，必须遵循事物的客观经济规律，按客观经济规律办事；坚持实事求是，密切结合行业特点和项目建设的特定条件并适应项目前期工作深度的需要，在调查研究的基础上，实事求是地进行经济论证；坚持形成有利于资源最优配置和效益达到最高的经济运作机制，保证工程造价的严肃性、客观性、真实性、科学性及可靠性。

工程造价编制有一套科学的、完整的计价理论与计算方法，不仅需要工程造价编制人员具有过硬的基本功，充分掌握工程定额的内涵、工作程序、子目包括的内容、工程量计算规则及尺度，同时也需要工程造价编制人员具备良好的职业道德和实事求是的工作作风，并深入工程建设第一线收集资料、积累知识。

为帮助广大工程造价编制人员更好地从事工程造价的编制与管理工作，快速培养一批既懂理论，又懂实际操作的工程造价工作者，我们组织工程造价领域有着丰富工作经验的专家学者，编写这套《工程造价编制疑难问题解答丛书》。本套丛书包括的分册有：《建筑工程造价编制 800 问》、《装饰装修工程造价编制 800 问》、《水暖工程造价编制 800 问》、《通风空调工程造价编制 800 问》、《建筑电气工程造价编制 800 问》、《市政工程造价编制 800 问》、《园林绿化工程造价编制 800 问》、《公路工程造价编制 800 问》、《水利水电工程造价编制 800 问》、《管道工程造价编制 800 问》。

本套丛书的内容是编者多年实践工作经验的积累，丛书从最基础的工程造价理论入手，采用一问一答的编写形式，重点介绍了工程造价的组成及编制方法。作为学习工程造价的快速入门级读物，丛书在阐述工程造价基础理论的同时，尽量辅以必要的实例，并深入浅出、循序渐进地进行讲解说明。丛书中还收集整理了工程造价编制方面的技巧、经验和相关数据资料，使读者在了解工程造价主要知识点的同时，还可快速掌握工程预算编制的方法与技巧，从而达到易学实用的目的。

本套丛书主要包括以下特点：

（1）丛书内容全面、充实、实用，对建设工程造价人员应了解、掌握及应用的专业知识，融会于各分册图书之中，有条理进行介绍、讲解与引导，使读者由浅入深地熟悉、掌握相关专业知识。

（2）丛书以"易学、易懂、易掌握"为编写指导思想，采用一问一答的编写形式。书中文字通俗易懂，图表形式灵活多样，对文字说明起到了直观、易学的辅助作用。

（3）丛书依据《建设工程工程量清单计价规范》（GB 50500—2008）及建设工程各专业概预算定额进行编写，具有一定的科学性、先进性、规范性，对指导各专业造价人员规范、科学地开展本专业造价工作具有很好的帮助。

由于编者水平及能力所限，丛书中错误及疏漏之处在所难免，敬请广大读者及业内专家批评指正。

编 者

目 录

第一章

·装饰装修工程造价基础·

1. 什么是工程造价？

工程造价是指进行一个工程项目的建造所需要花费的全部费用，即从工程项目确定建设意向直至建成、竣工验收为止的整个建设期间所支出的总费用，这是保证工程项目建造正常进行的必要资金，是建设项目投资中的最主要的部分。工程造价主要由工程费用和工程其他费用组成。

2. 从业主的角度考虑，工程造价具有怎样的含义？

从业主的角度来定义，工程造价是指建设一项工程预期开支或实际开支的全部固定资产投资费用。显然，这一含义是从投资者的角度来说的。投资者选定一个投资项目，为了获得预期的效益，就要通过项目评估进行决策，然后进行设计招标、工程招标，直至竣工验收等一系列投资管理活动。在投资活动中所支付的全部费用形成了固定资产和无形资产。所有这些开支就构成了工程造价。从这个意义上说，工程造价就是工程投资费用，建设项目工程造价就是建设项目固定资产投资。

3. 从建设方的角度考虑，工程造价具有怎样的含义？

从建设方的角度来定义，工程造价是指为建成一项工程，预计或实际在土地市场、设备市场、技术劳务市场，以及承包市场等交易活动中所形成的建筑安装工程的价格和建设工程的总价格。显然，工程造价的这种含义是以社会主义商品经济和市场经济为前提的。它以工程这种特定的商品形式作为交易对象，通过招标投标或其他交易方式，在进行多次预估的基础上，最终由市场形成的价格。

4. 怎样理解工程造价具有大额性？

能够发挥投资效用的任一项工程，不仅实物形体庞大，而且造价高昂。动辄数百万、数千万、数亿、十几亿，特大型工程项目的造价可达百亿、千亿元人民币。工程造价的大额性使其关系到有关各方面的重大经济利益，同时也会对宏观经济产生重大影响。这就决定了工程造价的特殊地位，也说明了造价管理的重要意义。

5. 怎样理解工程造价具有动态性？

任何一项工程从决策到竣工交付使用，都有一个较长的建设期间，而且由于不可控因素的影响，在预计工期内，许多影响工程造价的动态因素，如工程变更，设备材料价格，工资标准以及费率、利率、汇率会发生变化。这种变化必然会影响到造价的变动，所以工程造价在整个建设期中处于不确定状态，直至竣工决算后才能最终确定工程的实际造价。

6. 怎样理解工程造价具有层次性？

造价的层次性取决于工程的层次性。一个建设项目往往含有多个能够独立发挥设计效能的单项工程。一个单项工程又是由能够各自发挥专业效能的多个单位工程组成。与此相适应，工程造价有 3 个层次：建设项目总造价、单项工程造价和单位工程造价。如果专业分工更细，单位工程（如土建工程）的组成部分——分部分项工程也可以成为交换对象，如大型土方工程、基础工程等，这样工程造价的层次就增加分部工程和分项工程而成为 5 个层次。即使从造价的计算和工程管理的角度看，工程造价的层次性也是非常突出的。

7. 工程造价对项目决策有哪些作用？

建设工程投资大、生产和使用周期长等特点决定了项目决策的重要性。工程造价决定着项目的一次投资费用。投资者是否有足够的财务能力支付这笔费用，是否认为值得支付这项费用，是项目决策中要考虑的主要问题。财务能力是一个独立的投资主体必须首先解决的问题，如果建设工程的价格超过投资者的支付能力，就会迫使他放弃拟建的项目；如果项目投资的效果达不到预期目标，他也会自动放弃拟建的工程，因此在项目决策阶段，建设工程造价就成为项目财务分析和经济评价的重要依据。

8. 工程造价对筹集建设资金有哪些作用？

投资体制的改革和市场经济的建立，要求项目的投资者必须有很强的筹资能力，以保证工程建设有充足的资金供应。工程造价基本决定了建设资金的需要量，从而为筹集资金提供了比较准确的依据。当建设资金来源于金融机构的贷款时，金融机构在对项目的偿贷能力进行评估的基础上，也需要依据工程造价来确定给予投资者的贷款数额。

9. 工程造价对评价投资效果有哪些作用？

工程造价是一个包含着多层次工程造价的体系，就一个工程项目来说，它既是建设项目的总造价，又包含单项工程的造价和单位工程的造价，同时也包含单位生产能力的造价，或一个平方米建筑面积的造价等等。所有这些，使工程造价自身形成了一个指标体系。它能够为评价投资效果提供出多种评价指标，并能够形成新的价格信息，为今后类似项目的投资提供参照系。

10. 工程造价对合理利益分配和调节产业结构有哪些作用？

工程造价的高低，涉及国民经济各部门和企业间的利益分配。在计划经济体制下，政府为了用有限的财政资金建成更多的工程项目，总是趋向于压低建设工程造价，使建设中的劳动消耗得不到完全补偿，价值不能得到完全实现。而未被实现的部分价值则被重新分配到各个投资部门，为项目投资者所占有。这种利益的再分配有利于各产业部门按照政府的投资导向加速发展，也有利于按宏观经济的要求调整产业结构。但是也会严重损害建筑企业等的利益，从而使建筑业的发展长期处于落后状态，与整个国民经济的发展不相适应。在市场经济中，工程造价也无例外地受供求状况的影响，并在围绕价值的波动中实现对建设规模、产业结构和利益分配的调节。加上政府正确的宏观调控和价格的政策导向，工程造价在这方面的作用会充分发挥出来。

11. 我国现行工程造价由哪些项目构成？

我国现行工程造价的构成主要划分为设备及工具、器具购置费用，建筑安装工程费用，工程建设其他费用，预备费，建设期贷款利息，固定资产投资方向调节税等几项。具体构成内容如图 1-1 所示。

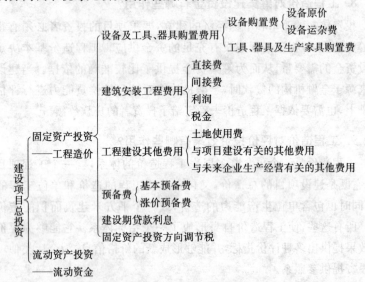

图 1-1　我国现行工程造价的构成

12. 什么是设备购置费？应如何计算？

设备购置费是指达到固定资产标准，为建设工程项目购置或自制的各种国产或进口设备及工具、器具的费用。它由设备原价和设备运杂费构成。

$$设备购置费＝设备原价＋设备运杂费$$

上式中，设备原价指国产设备或进口设备的原价；设备运杂费指除设备原价之外的关于设备采购、运输、途中包装及仓库保管等方向支出费用的总和。

13. 什么是国产设备原价？

国产设备原价是指设备制造厂的交货价或订货合同价。它一般根据生产厂或供应商的询价、报价、合同价确定，或采用一定的方法计算确定。国产设备原价分为国产标准设备原价和国产非标准设备原价。

国产标准设备是指按照主管部门颁布的标准图纸和技术要求，由设备生产厂批量生产的，符合国家质量检验标准的设备。国产标准设备原价一般指的是设备制造厂的交货价,即出厂价。如设备系由设备成套公司供应,则以订货合同价为设备原价。有的设备有两种出厂价,即带有备件的出厂价和不带有备件的出厂价。在计算设备原价时,一般按带有备件的出厂价计算。

国产非标准设备是指国家尚无定型标准,各设备生产厂不可能在工艺过程中采用批量生产,只能按一次订货,并根据具体的设计图纸制造的设备。非标准设备原价有多种不同的计算方法,如成本计算估价法、系列设备插入估价法、分部组合估价法、定额估价法等。但无论采用哪种方法都应该使非标准设备计价接近实际出厂价,并且计算方法要简便。

14. 国产非标准设备原价由哪几项组成? 应如何计算?

按成本计算估价法,国产非标准设备的原价由以下各项组成:

(1)材料费。其计算公式如下

材料费＝材料净重×(1+加工损耗系数)×每吨材料综合价

(2)加工费。包括生产工人工资和工资附加费、燃料动力费、设备折旧费、车间经费等,其计算公式如下

加工费＝设备总质量(t)×设备每吨加工费

(3)辅助材料费(简称辅材费)。包括焊条、焊丝、氧气、氩气、氮气、油漆、电石等费用,其计算公式如下

辅助材料费＝设备总质量×辅助材料费指标

(4)专用工具费。按(1)～(3)项之和乘以一定百分比计算。

(5)废品损失费。按(1)～(4)项之和乘以一定百分比计算。

(6)外购配套件费。按设备设计图纸所列的外购配套件的名称、型号、规格、数量、质量,根据相应的价格加运杂费计算。

(7)包装费。按以上(1)～(6)项之和乘以一定百分比计算。

(8)利润。可按(1)～(5)项加第(7)项之和乘以一定利润率计算。

(9)税金。主要指增值税,计算公式为

增值税＝当期销项税额－进项税额

其中,当期销项税额＝销售额×适用增值税率,销售额为(1)～(8)项之和。

(10)非标准设备设计费:按国家规定的设计费收费标准计算。

综上所述,单台非标准设备原价可用下面的公式表达

$$
\begin{aligned}
单台非标准设备原价 =\{[(材料费+加工费+辅助材料费) \times (1+专 \\
用工具费率) \times (1+废品损失费率)+外购配 \\
套件费] \times (1+包装费率)-外购配套件费\} \\
\times (1+利润率)+销项税金+非标准设备设 \\
计费+外购配套件费
\end{aligned}
$$

15. 什么是进口设备原价？

进口设备的原价是指进口设备的抵岸价，即抵达买方边境港口或边境车站，且交完关税等税费后形成的价格。进口设备抵岸价的构成与进口设备的交货方式有关。

16. 进口设备的交货方式分为哪几类？

进口设备的交货方式可分为内陆交货类、目的地交货类、装运港交货类。

内陆交货类即卖方在出口国内陆的某个地点交货。在交货地点，卖方及时提交合同规定的货物和有关凭证，并负担交货前的一切费用和风险；买方按时接受货物，交付货款，负担接货后的一切费用和风险，并自行办理出口手续和装运出口。货物的所有权也在交货后由卖方转移给买方。

目的地交货类即卖方在进口国的港口或内地交货，有目的港船上交货价、目的港船边交货价（FOS）和目的港码头交货价（关税已付）及完税后交货价（进口国的指定地点）等几种交货价。它们的特点是：买卖双方承担的责任、费用和风险是以目的地约定交货点为分界线，只有当卖方在交货点将货物置于买方控制下才算交货，才能向买方收取货款。这种交货类别对卖方来说承担的风险较大，在国际贸易中卖方一般不愿采用。

装运港交货类即卖方在出口国装运港交货，主要有装运港船上交货价（FOB），习惯称离岸价格，运费在内价（C&F）和运费、保险费在内价（CIF），习惯称到岸价格。它们的特点是：卖方按照约定的时间在装运港交货，只要卖方把合同规定的货物装船后提供货运单据便完成交货任务，可凭单据收回货款。

装运港船上交货价（FOB）是我国进口设备采用最多的一种货价。采用船上交货价时卖方的责任是：在规定的期限内，负责在合同规定的装运港口将货物装上买方指定的船只,并及时通知买方;负担货物装船前的一切费用和风险,负责办理出口手续;提供出口国政府或有关方面签发的证件;负责提供有关装运单据。买方的责任是:负责租船或订舱,支付运费,并将船期、船名通知卖方;负担货物装船后的一切费用和风险;负责办理保险及支付保险费,办理在目的港的进口和收货手续;接受卖方提供的有关装运单据,并按合同规定支付货款。

17. 进口设备原价应如何计算?

进口设备采用最多的是装运港船上交货价(FOB),其原价(抵岸价)的构成可概括为

$$进口设备原价 = 货价 + 国际运费 + 运输保险费 + 银行财务费 + 外贸手续费 + 关税 + 增值税 +$$

$$消费税 + 海关监管手续费 + 车辆购置附加费$$

(1)货价是指装运港船上交货价(FOB)。设备货价分为原币货价和人民币货价,原币货价一律折算为美元表示,人民币货价按原币货价乘以外汇市场美元兑换人民币中间价确定。进口设备货价按有关生产厂商询价、报价、订货合同价计算。

(2)国际运费是指从装运港(站)到达我国抵达港(站)的运费。我国进口设备大部分采用海洋运输,小部分采用铁路运输,个别采用航空运输。进口设备国际运费计算公式为

$$国际运费(海、陆、空) = 原币货价(FOB) \times 运费率$$

$$国际运费(海、陆、空) = 运量 \times 单位运价$$

其中,运费率或单位运价参照有关部门或进出口公司的规定执行。

(3)对外贸易货物运输保险是由保险人(保险公司)与被保险人(出口人或进口人)订立保险契约,在被保险人交付议定的保险费后,保险人根据保险契约的规定对货物在运输过程中发生的承保责任范围内的损失给予经济上的补偿,这种补偿即称为运输保险费。这是一种财产保险,计算公式为

$$运输保险费 = \frac{原币货价(FOB) + 国外运费}{1 - 保险费率} \times 保险费率$$

其中,保险费率按保险公司规定的进口货物保险费率计算。

(4)银行财务费是指中国银行手续费。按下式简化计算:

$$银行财务费＝人民币货价(FOB)\times 银行财务费率$$

（5）外贸手续费是指按规定的外贸手续费率计取的费用，外贸手续费率一般取 1.5%。计算公式为

$$外贸手续费＝[装运港船上交货价(FOB)＋国际运费＋运输保险费]$$
$$\times 外贸手续费率$$

（6）关税是指由海关对进出国境或关境的货物和物品征收的一种费用。计算公式为

$$关税＝到岸价格(CIF)\times 进口关税税率$$

其中，到岸价格(CIF)包括离岸价格(FOB)、国际运费、运输保险费等费用，它作为关税完税价格。进口关税税率分为优惠和普通两种。优惠税率适用于与我国签订有关税互惠条款的贸易条约或协定的国家的进口设备；普通税率适用于与我国未订有关税互惠条款的贸易条约或协定的国家的进口设备。进口关税税率按我国海关总署发布的进口关税税率计算。

（7）增值税是对从事进口贸易的单位和个人，在进口商品报关进口后征收的一种费用。我国增值税条例规定，进口应税产品均按组成计税价格和增值税税率直接计算应纳税额，即

$$进口产品增值税额＝组成计税价格\times 增值税税率$$
$$组成计税价格＝关税完税价格＋关税＋消费税$$

增值税税率根据规定的税率计算。

（8）消费税是对部分进口设备（如轿车、摩托车等）征收的一种费用。计算公式为

$$应纳消费税额＝\frac{到岸价＋关税}{1-消费税税率}\times 消费税税率$$

其中，消费税税率根据规定的税率计算。

（9）海关监管手续费是指海关对进口减税、免税、保税货物实施监督、管理、提供服务的手续费。对于全额征收进口关税的货物不计本项费用。其公式如下

$$海关监管手续费＝到岸价\times 海关监管手续费率$$

（10）车辆购置附加费是指对进口车辆需缴进口车辆购置附加费。其公式如下

$$进口车辆购置附加费＝(到岸价＋关税＋消费税＋增值税)$$
$$\times 进口车辆购置附加费率$$

18. 设备运费由哪些项目构成？应怎样计算？

(1)国产标准设备由设备制造厂交货地点起至工地仓库(或施工组织设计指定的需要安装设备的堆放地点)止所发生的运费和装卸费。

进口设备则由我国到岸港口、边境车站起至工地仓库(或施工组织设计指定的需要安装设备的堆放地点)止所发生的运费和装卸费。

(2)在设备出厂价格中没有包含的设备包装和包装材料器具费；在设备出厂价或进口设备价格中如已包括了此项费用，则不应重复计算。

(3)供销部门的手续费，按有关部门规定的统一费率计算。

(4)建设单位(或工程承包公司)的采购与仓库保管费，是指采购、验收、保管和收发设备所发生的各种费用，包括设备采购、保管和管理人员工资、工资附加费、办公费、差旅交通费、设备供应部门办公和仓库所占固定资产使用费、工具用具使用费、劳动保护费、检验试验费等。这些费用可按主管部门规定的采购保管费率计算。

一般来讲，沿海和交通便利的地区，设备运杂费率相对低一些；内地和交通不很便利的地区就要相对高一些，边远省份则要更高一些。对于非标准设备来讲，应尽量就近委托设备制造厂，以大幅度降低设备运杂费。进口设备由于原价较高，国内运距较短，因而运杂费比率应适当降低。

设备运杂费按设备原价乘以设备运杂费率计算。其公式为

设备运杂费＝设备原价×设备运杂费率

其中，设备运杂费率按各部门及省、市等的规定计取。

19. 什么是工具、器具及生产家具购置费？应如何计算？

工具、器具及生产家具购置费是指新建或扩建项目初步设计规定的，保证初期正常生产必须购置的没有达到固定资产标准的设备、仪器、工卡模具、器具、生产家具和备品备件等的购置费用。一般以设备购置费为计算基数，按照部门或行业规定的工具、器具及生产家具费率计算。计算公式为

工具、器具及生产家具购置费＝设备购置费×定额费率

20. 建筑安装工程费用由哪些项目构成？

我国现行建筑安装工程造价的构成，按原建设部、财政部共同颁发的建标[2003]206号文件规定如图1-2所示。

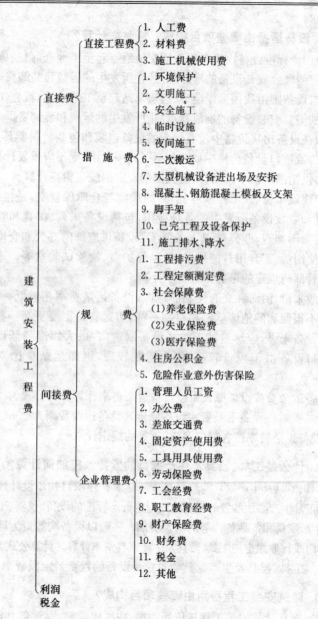

图 1-2　建筑安装工程费用项目组成

21. 什么是直接工程费？应如何计算？

直接工程费是指施工过程中耗费的构成工程实体的各项费用。它包括人工费、材料费和施工机械使用费。

直接工程费＝人工费＋材料费＋施工机械使用费

22. 什么是人工费？应如何计算？

人工费是指直接从事建筑安装工程施工的生产工人开支的各项费用。

人工费＝$\sum$（工日消耗量×日工资单价）

日工资单价由基本工资、工资性补贴、生产工人辅助工资、职工福利费和生产工人劳动保护费等组成。

（1）基本工资是指发放给生产工人的工资。

$$基本工资(G_1)=\frac{生产工人平均月工资}{年平均每月法定工作日}$$

（2）工资性补贴是指按规定标准发放的物价补贴，煤、燃气补贴，交通补贴，住房补贴，流动施工津贴等。

$$工资性补贴(G_2)=\frac{\sum 年发放标准}{全年日历日-法定假日}+\frac{\sum 月发放标准}{年平均每月法定工作日}+每工作日发放标准$$

（3）生产工人辅助工资是指生产工人年有效施工天数以外非作业天数的工资。它包括职工学习、培训期间的工资，调动工作、探亲、休假期间的工资，因气候影响的停工工资，女工哺乳时间的工资，病假在六个月以内的工资及产、婚、丧假期的工资。

$$生产工人辅助工资(G_3)=\frac{全年无效工作日×(G_1+G_2)}{全年日历日-法定假日}$$

（4）职工福利费是指按规定标准计提的一种费用。

职工福利费$(G_4)=(G_1+G_2+G_3)×$福利费计提比例（％）

（5）生产工人劳动保护费是指按规定标准发放的劳动保护用品的购置费及修理费，徒工服装补贴，防暑降温费，在有碍身体健康环境中施工的保健费用等。

$$生产工人劳动保护费(G_5)=\frac{生产工人年平均支出劳动保护费}{全年日历日-法定假日}$$

23. 什么是材料费？应如何计算？

材料费是指施工过程中耗费的构成工程实体的原材料、辅助材料、构配件、零件、半成品的费用。

$$材料费＝\sum（材料消耗量×材料基价）＋检验试验费$$

式中　材料基价＝{（供应价格＋运杂费）×[1＋运输损耗率（％）]}
　　　　　　　×[1＋采购保管费率（％）]

$$检验试验费＝\sum（单位材料量检验试验费×材料消耗量）$$

24. 材料费由哪些项目构成？

(1)材料原价(或供应价格)。

(2)材料运杂费：指材料自来源地运至工地仓库或指定堆放地点所发生的全部费用。

(3)运输损耗费：指材料在运输装卸过程中不可避免的损耗。

(4)采购及保管费：指为组织采购、供应和保管材料过程中所需要的各项费用。包括：采购费、仓储费、工地保管费、仓储损耗。

(5)检验试验费：指对建筑材料、构件和建筑安装物进行一般鉴定、检查所发生的费用，包括自设试验室进行试验所耗用的材料和化学药品等费用。不包括新结构、新材料的试验费和建设单位对具有出厂合格证明的材料进行检验，对构件做破坏性试验及其他特殊要求检验试验的费用。

25. 什么是施工机械使用费？应如何计算？

施工机械使用费是指施工机械作业所发生的机械使用费以及机械安拆费和场外运费。

$$施工机械使用费＝\sum（施工机械台班消耗量×机械台班单价）$$

式中　台班单价＝台班折旧费＋台班大修费＋台班经常修理费＋
　　　　　　　台班安拆费及场外运费＋台班人工费＋台班燃料动力
　　　　　　　费＋台班车船使用税

(1)折旧费是指施工机械在规定的使用年限内，陆续收回其原值及购置资金的时间价值。

(2)大修理费是指施工机械按规定的大修理间隔台班进行必要的大修理，以恢复其正常功能所需的费用。

(3)经常修理费是指施工机械除大修理以外的各级保养和临时故障

排除所需的费用。包括为保障机械正常运转所需替换设备与随机配备工具附具的摊销和维护费用,机械运转中日常保养所需润滑与擦拭的材料费用及机械停滞期间的维护和保养费用等。

(4)安拆费及场外运费是指施工机械在现场进行安装与拆卸所需的人工、材料、机械和试运转费用以及机械辅助设施的折旧、搭设、拆除等费用;场外运费指施工机械整体或分体自停放地点运至施工现场或由一施工地点运至另一施工地点的运输、卸载、辅助材料及架线等费用。

(5)台班人工费是指机上司机(司炉)和其他操作人员的工作日人工费及上述人员在施工机械规定的年工作台班以外的人工费。

(6)燃料动力费是指施工机械在运转作业中所消耗的固体燃料(煤、木柴)、液体燃料(汽油、柴油)及水、电等。

(7)车船使用税是指施工机械按照国家规定和有关部门规定应缴纳的车船使用税、保险费及年检费等。

26. 什么是措施费?

措施费是指为完成工程项目施工,发生于该工程施工前和施工过程中非工程实体项目的费用。

27. 什么是环境保护费? 应如何计算?

环境保护费是指施工现场为达到环保部门要求所需要的各项费用。

$$环境保护费 = 直接工程费 \times 环境保护费费率(\%)$$

$$环境保护费费率(\%) = \frac{本项费用年度平均支出}{全年建安产值 \times 直接工程费占总造价比例(\%)}$$

28. 什么是文明施工费? 应如何计算?

文明施工费是指施工现场文明施工所需要的各项费用。

$$文明施工费 = 直接工程费 \times 文明施工费费率(\%)$$

$$文明施工费费率(\%) = \frac{本项费用年度平均支出}{全年建安产值 \times 直接工程费占总造价比例(\%)}$$

29. 什么是安全施工费? 应如何计算?

安全施工费是指施工现场安全施工所需要的各项费用。

$$安全施工费 = 直接工程费 \times 安全施工费费率(\%)$$

$$\text{安全施工费费率}(\%) = \frac{\text{本项费用年度平均支出}}{\text{全年建安产值} \times \text{直接工程费占总造价比例}(\%)}$$

30. 什么是临时设施费？应如何计算？

临时设施费是指施工企业为进行建筑工程施工所必须搭设的生活和生产用的临时建筑物、构筑物和其他临时设施费用等。

临时设施包括临时宿舍、文化福利及公用事业房屋与构筑物，仓库、办公室、加工厂以及规定范围内道路、水、电、管线等临时设施和小型临时设施。

临时设施费用包括临时设施的搭设、维修、拆除费或摊销费。

临时设施费由以下三部分组成：

（1）周转使用临建费（如活动房屋）

$$\text{周转使用临建费} = \sum\left[\frac{\text{临建面积} \times \text{每平方米造价}}{\text{使用年限} \times 365 \times \text{利用率}(\%)} \times \text{工期（天）}\right] + $$
$$\text{一次性拆除费}$$

（2）一次性使用临建费（如简易建筑）

$$\text{一次性使用临建费} = \sum \text{临建面积} \times \text{每平方米造价} \times$$
$$[1 - \text{残值率}(\%)] + \text{一次性拆除费}$$

（3）其他临时设施费（如临时管线）

$$\text{临时设施费} = (\text{周转使用临建费} + \text{一次性使用临建费}) \times$$
$$[1 + \text{其他临时设施所占比例}(\%)]$$

其他临时设施费在临时设施费中所占比例，可由各地区造价管理部门依据典型施工企业的成本资料经分析后综合测定。

31. 什么是夜间施工增加费？应如何计算？

夜间施工费是指因夜间施工所发生的夜班补助费、夜间施工降效、夜间施工照明设备摊销及照明用电等费用。

$$\text{夜间施工增加费} = \left(1 - \frac{\text{合同工期}}{\text{定额工期}}\right) \times \frac{\text{直接工程费中的人工费合计}}{\text{平均日工资单价}} \times$$
$$\text{每工日夜间施工费开支}$$

32. 什么是二次搬运费？应如何计算？

二次搬运费是指因施工场地狭小等特殊情况而发生的费用。

$$\text{二次搬运费} = \text{直接工程费} \times \text{二次搬运费率}(\%)$$

$$二次搬运费费率(\%)=\frac{年平均二次搬运费开支额}{全年建安产值\times直接工程费占总造价的比例(\%)}$$

33. 什么是大型机械设备进出场及安拆费？应如何计算？

大型机械设备进出场及安拆费是指机械整体或分体自停放场地运至施工现场或由一个施工地点运至另一个施工地点，所发生的机械进出场运输及转移费用及机械在施工现场进行安装、拆卸所需的人工费、材料费、机械费、试运转费和安装所需的辅助设施的费用。

$$大型机械进出场及安拆费=\frac{一次进出场及安拆费\times年平均安拆次数}{年工作台班}$$

34. 什么是混凝土、钢筋混凝土模板及支架费？应如何计算？

混凝土、钢筋混凝土模板及支架费是指混凝土施工过程中需要的各种钢模板、木模板、支架等的支、拆、运输费用及模板、支架的摊销（或租赁）费用。

(1)模板及支架费＝模板摊销量×模板价格＋支、拆、运输费

其中　摊销量＝一次使用量×(1＋施工损耗)×[1＋(周转次数－1)×
　　　　　　补损率/周转次数－(1－补损率)50%/周转次数]

(2)租赁费＝模板使用量×使用日期×租赁价格＋支、拆、运输费

35. 什么是脚手架费？应如何计算？

脚手架费是指施工需要的各种脚手架搭、拆、运输费用及脚手架的摊销（或租赁）费用。

(1)脚手架搭拆费＝脚手架摊销量×脚手架价格＋搭、拆、运输费

其中

$$脚手架摊销量=\frac{单位一次使用量\times(1-残值率)}{耐用期\div一次使用期}$$

(2)租赁费＝脚手架每日租金×搭设周期＋搭、拆、运输费

36. 什么是已完工程及设备保护费？应如何计算？

已完工程及设备保护费是指竣工验收前，对已完工程及设备进行保护所需费用。

已完工程及设备保护费＝成品保护所需机械费＋材料费＋人工费

37. 什么是施工排水、降水费？应如何计算？

施工排水、降水费是指为确保工程在正常条件下施工,采取各种排水、降水措施所发生的各种费用。

$$排水降水费 = \sum 排水降水机械台班费 \times 排水降水周期 +$$
$$排水降水使用材料费、人工费$$

38. 什么是规费？包括哪些项目？

规费是指政府和有关权力部门规定必须缴纳的费用(简称规费)。它包括:

(1)工程排污费:指施工现场按规定缴纳的工程排污费。

(2)工程定额测定费:指按规定支付工程造价(定额)管理部门的定额测定费。

(3)社会保障费,它包括:

1)养老保险费:指企业按规定标准为职工缴纳的基本养老保险费。

2)失业保险费:指企业按照国家规定标准为职工缴纳的失业保险费。

3)医疗保险费:指企业按照规定标准为职工缴纳的基本医疗保险费。

(4)住房公积金:指企业按规定标准为职工缴纳的住房公积金。

(5)危险作业意外伤害保险:指按照建筑法规定,企业为从事危险作业的建筑安装施工人员支付的意外伤害保险费。

39. 什么是企业管理费？包括哪些项目？

企业管理费是指建筑安装企业组织施工生产和经营管理所需费用。它包括:

(1)管理人员工资:指管理人员的基本工资、工资性补贴、职工福利费、劳动保护费等。

(2)办公费:指企业管理办公用的文具、纸张、账表、印刷、邮电、书报、会议、水电、烧水和集体取暖(包括现场临时宿舍取暖)用煤等费用。

(3)差旅交通费:指职工因公出差、调动工作的差旅费、住勤补助费,市内交通费和误餐补助费,职工探亲路费,劳动力招募费,职工离退休、退职一次性路费,工伤人员就医路费,工地转移费以及管理部门使用的交通工具的油料、燃料、养路费及牌照费。

(4)固定资产使用费:指管理和试验部门及附属生产单位使用的属于

固定资产的房屋、设备仪器等的折旧、大修、维修或租赁费。

（5）工具用具使用费：指管理使用的不属于固定资产的生产工具、器具、家具、交通工具和检验、试验、测绘、消防用具等的购置、维修和摊销费。

（6）劳动保险费：指由企业支付离退休职工的易地安家补助费、职工退职金、六个月以上的病假人员工资、职工死亡丧葬补助费、抚恤费、按规定支付给离休干部的各项经费。

（7）工会经费：指企业按职工工资总额计提的工会经费。

（8）职工教育经费：指企业为职工学习先进技术和提高文化水平，按职工工资总额计提的费用。

（9）财产保险费：指施工管理用财产、车辆保险。

（10）财务费：指企业为筹集资金而发生的各种费用。

（11）税金：指企业按规定缴纳的房产税、车船使用税、土地使用税、印花税等。

（12）其他：包括技术转让费、技术开发费、业务招待费、绿化费、广告费、公证费、法律顾问费、审计费、咨询费等。

40. 间接费的计算方法有哪几种？

间接费的计算方法按取费基数的不同分为以下三种。

（1）以直接费为计算基础

间接费＝直接费合计×间接费费率（％）

（2）以人工费和机械费合计为计算基础

间接费＝人工费和机械费合计×间接费费率（％）

间接费费率（％）＝规费费率（％）＋企业管理费费率（％）

（3）以人工费为计算基础

间接费＝人工费合计×间接费费率（％）

41. 规费费率应如何计算？

规费费率是根据本地区典型工程发承包价的分析资料综合确定规费计算中所需数据：

（1）每万元发承包价中人工费含量和机械费含量；

（2）人工费占直接费的比例；

(3)每万元发承包价中所含规费缴纳标准的各项基数。

规费费率的计算公式：

(1)以直接费为计算基础

$$规费费率(\%)=\frac{\sum 规费缴纳标准\times 每万元发承包价计算基数}{每万元发承包价中的人工费含量}\times$$

人工费占直接费的比例(%)

(2)以人工费和机械费合计为计算基础

$$规费费率(\%)=\frac{\sum 规费缴纳标准\times 每万元发承包价计算基数}{每万元发承包价中的人工费含量和机械费含量}\times 100\%$$

(3)以人工费为计算基础

$$规费费率(\%)=\frac{\sum 规费缴纳标准\times 每万元发承包价计算基数}{每万元发承包价中的人工费含量}\times 100\%$$

42. 企业管理费费率应如何计算？

企业管理费费率。其计算公式如下：

(1)以直接费为计算基础

$$企业管理费费率(\%)=\frac{生产工人年平均管理费}{年有效施工天数\times 人工单价}\times$$

人工费占直接费比例(%)

(2)以人工费和机械费合计为计算基础

$$\frac{企业管理}{费费率(\%)}=\frac{生产工人年平均管理费}{年有效施工天数\times(人工单价+每一工日机械使用费)}\times$$

100%

(3)以人工费为计算基础

$$企业管理费费率(\%)=\frac{生产工人年平均管理费}{年有效施工天数\times 人工单价}\times 100\%$$

43. 什么是利润？

利润是指施工企业完成所承包工程获得的盈利。

44. 什么是税金？

税金是指国家税法规定的应计入建筑安装工程造价内的营业税、城市维护建设税及教育费附加等。

纳税人所在地为市区的，城市建设维护税按营业税的 7% 征收；纳税人所在地为县城镇,按营业税的5%征收;纳税人所在地不为市区县城镇的,按营业税的1%征收,并与营业税同时交纳。

教育费附加一律按营业税的3%征收,也同营业税同时交纳。即使办有职工子弟学校的建筑安装企业,也应当先交纳教育费附加,教育部门可根据企业的办学情况,酌情返还给办学单位,作为对办学经费的补贴。

45. 税金应如何计算?

现行应缴纳的税金计算式如下

$$税金＝(税前造价＋利润)×税率(\%)$$

税率的计算为:

(1)纳税地点在市区的企业

$$税率(\%)=\frac{1}{1-3\%-3\%×7\%-3\%×3\%}-1$$

(2)纳税地点在县城、镇的企业

$$税率(\%)=\frac{1}{1-3\%-3\%×5\%-3\%×3\%}-1$$

(3)纳税地点不在市区、县城、镇的企业

$$税率(\%)=\frac{1}{1-3\%-3\%×1\%-3\%×3\%}-1$$

46. 什么是工料单价法?

工料单价法是以分部分项工程量乘以单价后的合计为直接工程费,直接工程费以人工、材料、机械的消耗量及其相应价格确定。直接工程费汇总后另加间接费、利润、税金生成工程发承包价。

47. 以直接费为计算基础的工料单价法计价程序是怎样的?

以直接费为基础的工料单价法计价程序见表1-1。

表 1-1　　　　　以直接费为基础的工料单价法计价程序

序号	费　用　项　目	计　算　方　法	备　注
1	直接工程费	按预算表	
2	措施费	按规定标准计算	
3	小计	1＋2	

续表

序号	费 用 项 目	计 算 方 法	备　注
4	间接费	3×相应费率	
5	利润	(3+4)×相应利润率	
6	合计	3+4+5	
7	含税造价	6×(1+相应税率)	

48. 以人工费和机械费为计算基础的工料单价法计价程序是怎样的？

以人工费和机械费为基础的工料单价法计价程序见表 1-2。

表 1-2　　　　以人工费和机械费为基础的工料单价法计价程序

序号	费 用 项 目	计 算 方 法	备　注
1	直接工程费	按预算表	
2	其中人工费和机械费	按预算表	
3	措施费	按规定标准计算	
4	其中人工费和机械费	按规定标准计算	
5	小计	1+3	
6	人工费和机械费小计	2+4	
7	间接费	6×相应费率	
8	利润	6×相应利润率	
9	合计	5+7+8	
10	含税造价	9×(1+相应税率)	

49. 以人工费为计算基础的工料单价法计价程序是怎样的？

以人工费为基础的工料单价法的计价程序见表 1-3。

表 1-3　　　　以人工费为基础的工料单价法的计价程序

序号	费 用 项 目	计 算 方 法	备　注
1	直接工程费	按预算表	
2	直接工程费中人工费	按预算表	

续表

序号	费用项目	计算方法	备注
3	措施费	按规定标准计算	
4	措施费中人工费	按规定标准计算	
5	小计	1+3	
6	人工费小计	2+4	
7	间接费	6×相应费率	
8	利润	6×相应利润率	
9	合计	5+7+8	
10	含税造价	9×(1+相应税率)	

50. 什么是综合单价法？

综合单价法是分部分项工程单价为全费用单价，全费用单价经综合计算后生成，其内容包括直接工程费、间接费、利润和税金（措施费也可按此方法生成全费用价格）。

51. 以直接费为基础的综合单价法计价程序是怎样的？

以直接费为基础的综合单价法计价程序见表1-4。

表1-4 以直接费为基础的综合单价法计价程序

序号	费用项目	计算方法	备注
1	分项直接工程费	人工费+材料费+机械费	
2	间接费	1×相应费率	
3	利润	(1+2)×相应利润率	
4	合计	1+2+3	
5	含税造价	4×(1+相应税率)	

52. 以人工费和机械费为基础的综合单价计价程序是怎样的？

以人工费和机械费为基础的综合单价计价程序见表1-5。

表 1-5　　　　　　　以人工费和机械费为基础的综合单价计价程序

序号	费 用 项 目	计 算 方 法	备 注
1	分项直接工程费	人工费＋材料费＋机械费	
2	其中人工费和机械费	人工费＋机械费	
3	间接费	2×相应费率	
4	利润	2×相应利润率	
5	合计	1＋3＋4	
6	含税造价	5×(1＋相应税率)	

53. 以人工费为基础的综合单价计价程序是怎样的？

以人工费为基础的综合单价计价程序见表 1-6。

表 1-6　　　　　　　以人工费为基础的综合单价计价程序

序号	费 用 项 目	计 算 方 法	备 注
1	分项直接工程费	人工费＋材料费＋机械费	
2	直接工程费中人工费	人工费	
3	间接费	2×相应费率	
4	利润	2×相应利润率	
5	合计	1＋3＋4	
6	含税造价	5×(1＋相应税率)	

54. 什么是工程建设其他费用？分为哪几类？

工程建设其他费用是指从工程筹建到工程竣工验收交付使用止的整个建设期间，除建筑安装工程费用和设备、工器具购置费以外的，为保证工程建设顺利完成和交付使用后能够正常发挥效用而发生的一些费用。

工程建设其他费用，按其内容大体可分为三类，第一类为土地使用费；第二类是与项目建设有关的费用；第三类是与未来企业生产和经营活动有关的费用。

55. 什么是土地使用费？

土地使用费是指任何一个建设项目都固定于一定地点与地面相连接，必须占用一定量的土地，也就必然要发生为获得建设用地而支付的费用。它是指通过划拨方式取得土地使用权而支付的土地征用及迁移补偿费,或者通过土地使用权出让方式取得土地使用权而支付的土地使用权出让金。

56. 什么是土地征用及迁移补偿费? 包括哪些内容?

土地征用及迁移补偿费是指建设项目通过划拨方式取得无限期的土地使用权,依照《中华人民共和国土地管理法》等规定所支付的费用。其总和一般不得超过被征土地年产值的 20 倍,土地年产值则按该地被征用前 3 年的平均产量和国家规定的价格计算。其内容包括:

(1)土地补偿费。土地补偿费是指征用耕地(包括菜地)的补偿标准,按政府规定,为该耕地年产值的若干倍,具体补偿标准由省、自治区、直辖市人民政府在此范围内制定。征用园地、鱼塘、藕塘、苇塘、宅基地、林地、牧场、草原等的补偿标准,由省、自治区、直辖市人民政府制定。征收无收益的土地,不予补偿。

(2)青苗补偿费和被征用土地上的房屋、水井、树木等附着物补偿费。青苗补偿费和被征用土地上的房屋、水井、树木等附着物补偿费是由省、自治区、直辖市人民政府制定。征用城市郊区的菜地时,还应按照有关规定向国家缴纳新菜地开发建设基金。

(3)安置补助费。安置补助费是指征用耕地、菜地的,每个农业人口的安置补助费为该地每亩年产值的 2~3 倍,每亩耕地的安置补助费最高不得超过其年产值的 10 倍。

(4)征地动迁费。征地动迁费是指征用土地上的房屋及附属构筑物、城市公共设施等拆除、迁建补偿费、搬迁运输费,企业单位因搬迁造成的减产、停工损失补贴费,拆迁管理费等。

(5)水利水电工程水库淹没处理补偿费。水利水电工程水库淹没处理补偿费是指农村移民安置迁建费,城市迁建补偿费,库区工矿企业、交通、电力、通信、广播、管网、水利等的恢复、迁建补偿费,库底清理费,防护工程费,环境影响补偿费用等。

57. 什么是取得国有土地使用费?

取得国有土地使用费是指土地使用权出让金、城市建设配套费、拆迁补偿与临时安置补助费等。

(1)土地使用权出让金是指建设工程通过土地使用权出让方式,取得有限期的土地使用权,依照《中华人民共和国城镇国有土地使用权出让和转让暂行条例》规定,支付的出让金。它包括以下内容:

1)明确国家是城市土地的唯一所有者,并分层次、有偿、有限期地出让、转让城市土地。第一层次是城市政府将国有土地使用权出让给用地者,该层次由城市政府垄断经营。出让对象可以是有法人资格的企事业单位,也可以是外商。第二层次及以下层次的转让则发生在使用者之间。

2)城市土地的出让和转让可采用协议、招标、公开拍卖等方式。

①协议方式是由用地单位申请,经市政府批准同意后双方洽谈具体地块及地价。该方式适用于市政工程、公益事业用地以及需要减免地价的机关、部队用地和需要重点扶持、优先发展的产业用地。

②招标方式是在规定的期限内,由用地单位以书面形式投标,市政府根据投标报价、所提供的规划方案以及企业信誉综合考虑,择优而取。该方式适用于一般工程建设用地。

③公开拍卖是指在指定的地点和时间,由申请用地者叫价应价,价高者得。这完全是由市场竞争决定,适用于盈利高的行业用地。

3)在有偿出让和转让土地时,政府对地价不作统一规定,但应坚持以下原则:

①地价对目前的投资环境不产生大的影响。

②地价与当地的社会经济承受能力相适应。

③地价要考虑已投入的土地开发费用、土地市场供求关系、土地用途和使用年限。

4)关于政府有偿出让土地使用权的年限,各地可根据时间、区位等各种条件作不同的规定,一般可在 30～99 年之间。按照地面附属建筑物的折旧年限来看,以 50 年为宜。

5)土地有偿出让和转让,土地使用者和所有者要签约,明确使用者对土地享有的权利和对土地所有者应承担的义务。

①有偿出让和转让使用权,要向土地受让者征收契税。

②转让土地如有增值,要向转让者征收土地增值税。

③在土地转让期间,国家要区别不同地段、不同用途向土地使用者收取土地占用费。

（2）城市建设配套费是指因进行城市公共设施的建设而分摊的费用。

（3）拆迁补偿与临时安置补助费由两部分构成，即拆迁补偿费和临时安置补助费或搬迁补助费。拆迁补偿费是指拆迁人对被拆迁人，按照有关规定予以补偿所需的费用。拆迁补偿的形式可分为产权调换和货币补偿两种形式。产权调换的面积按照所拆迁房屋的建筑面积计算；货币补偿的金额按照被拆迁人或者房屋承租人支付搬迁补助费。在过渡期内，被拆迁人或者房屋承租人自行安排住处的，拆迁人应当支付临时安置补助费。

58. 什么是建设单位管理费？包括哪些内容？

建设单位管理费是指建设项目从立项、筹建、建设、联合试运转、竣工验收、交付使用及后评估等全过程管理所需的费用。其内容包括：

（1）建设单位开办费。建设单位开办费是指新建项目为保证筹建和建设工作正常进行所需办公设备、生活家具、用具、交通工具等购置费用。

（2）建设单位经费。建设单位经费是指工作人员的基本工资、工资性补贴、职工福利费、劳动保护费、劳动保险费、办公费、差旅交通费、工会经费、职工教育经费、固定资产使用费、工具用具使用费、技术图书资料费、生产人员招募费、工程招标费、合同契约公证费、工程质量监督检测费、工程咨询费、法律顾问费、审计费、业务招待费、排污费、竣工交付使用清理及竣工验收费、后评估等费用。不包括应计入设备、材料预算价格的建设单位采购及保管设备材料所需的费用。

59. 建设单位管理费应如何计算？

建设单位管理费按照单项工程费用之和（包括设备工、器具购置费和建筑安装工程费）乘以建设单位管理费率计算。

建设单位管理费率按照建设项目的不同性质、不同规模确定。有的建设项目按照建设工期和规定的金额计算建设单位管理费。

60. 什么是勘察设计费？包括哪些内容？

勘察设计费是指为本建设项目提供项目建议书、可行性研究报告及设计文件等所需费用。其内容包括：

（1）编制项目建议书、可行性研究报告及投资估算、工程咨询、评价以及为编制上述文件所进行勘察、设计、研究试验等所需费用。

(2)委托勘察、设计单位进行初步设计、施工图设计及概预算编制等所需费用。

(3)在规定范围内由建设单位自行完成的勘察、设计工作所需费用。

61. 什么是研究试验费？包括哪些内容？

研究试验费是指为建设项目提供和验证设计参数、数据、资料等所进行的必要的试验费用以及设计规定在施工中必须进行试验、验证所需费用。

研究试验费包括自行或委托其他部门研究试验所需人工费、材料费、试验设备及仪器使用费等。这项费用按照设计单位根据本工程项目的需要提出的研究试验内容和要求计算。

62. 什么是建设单位临时设施费？包括哪些内容？

建设单位临时设施费是指建设期间建设单位所需临时设施的搭设、维修、摊销费用或租赁费用。

临时设施包括临时宿舍、文化福利及公用事业房屋与构筑物、仓库、办公室、加工厂以及规定范围内的道路、水、电、管线等临时设施和小型临时设施。

63. 什么是工程监理费？应如何计算？

工程监理费是指建设单位委托工程监理单位对工程实施监理工作所需费用。根据原国家物价局、建设部《关于发布工程建设监理费用有关规定的通知》([1992]价费字 479 号)等文件规定，选择下列方法之一计算：

(1)一般情况应按工程建设监理收费标准计算，即按所监理工程概算或预算的百分比计算。

(2)对于单工种或临时性项目可根据参与监理的年度平均人数按 3.5～5 万元/(人·年)计算。

64. 什么是工程保险费？包括哪些内容？

工程保险费是指建设项目在建设期间根据需要实施工程保险所需的费用。

工程保险费包括以各种建筑工程及其在施工过程中的物料、机器设备为保险标的的建筑工程一切险，以安装工程中的各种机器、机械设备为保险标的的安装工程一切险,以及机器损坏保险等。根据不同的工程类别,分别以其建筑安装工程费乘以建筑、安装工程保险费率计算。

65. 引进技术及进口设备其他费用包括哪些内容?

引进技术及进口设备其他费用包括出国人员费用、国外工程技术人员来华费用、技术引进费、分期或延期付款利息、担保费以及进口设备检验鉴定费。

(1)出国人员费用是指为引进技术和进口设备派出人员在国外培训和进行设计联络、设备检验等的差旅费、制装费、生活费等。这项费用根据设计规定的出国培训和工作的人数、时间及派往国家,按财政部、外交部规定的临时出国人员费用开支标准及中国民用航空公司现行国际航线票价等进行计算,其中使用外汇部分应计算银行财务费用。

(2)国外工程技术人员来华费用是指为安装进口设备,引进国外技术等聘用外国工程技术人员进行技术指导工作所发生的费用,包括技术服务费、外国技术人员的在华工资、生活补贴、差旅费、医药费、住宿费、交通费、宴请费、参观游览等招待费用。这项费用按每人每月费用指标计算。

(3)技术引进费是指为引进国外先进技术而支付的费用,包括专利费、专有技术费(技术保密费)、国外设计及技术资料费、计算机软件费等。这项费用根据合同或协议的价格计算。

(4)分期或延期付款利息是指利用出口信贷引进技术或进口设备采取分期或延期付款的办法所支付的利息。

(5)担保费是指国内金融机构为买方出具保函的费用。这项费用按有关金融机构规定的担保费率计算(一般可按承保金额的0.5%计算)。

(6)进口设备检验鉴定费用是指进口设备按规定付给商品检验部门的检验鉴定费。这项费用按进口设备货价的0.3%~0.5%计算。

66. 什么是工程承包费? 包括哪些内容?

工程承包费是指具有总承包条件的工程公司,对工程建设项目从开始建设至竣工投产全过程的总承包所需的管理费用。具体内容包括组织勘察设计、设备材料采购、非标设备设计制造与销售、施工招标、发包、工程预决算、项目管理、施工质量监督、隐蔽工程检查、验收和试车直至竣工投产的各种管理费用。该费用按国家主管部门或省、自治区、直辖市协调规定的工程总承包费取费标准计算。如无规定时,一般工业建设项目为投资估算的 6%～8%,民用建筑(包括住宅建设)和市政项目为 4%～6%。不实行工程承包的项目不计算本项费用。

67. 什么是联合试运转费?

联合试运转费是指新建企业或改扩建企业在工程竣工验收前,按照设计的生产工艺流程和质量标准对整个企业进行联合试运转所发生的费用支出与联合试运转期间的收入部分的差额部分。联合试运转费一般根据不同性质的项目按需进行试运转工艺设备的购置费的百分比计算。

68. 什么是生产准备费? 包括哪些内容?

生产准备费是指新建企业或新增生产能力的企业,为保证竣工交付使用进行必要的生产准备所发生的费用。其内容包括:

(1)生产人员培训费包括自行培训、委托其他单位培训的人员的工资、工资性补贴、职工福利费、差旅交通费、学习资料费、学习费、劳动保护费等。

(2)生产单位提前进厂参加施工、设备安装、调试等以及熟悉工艺流程及设备性能等人员的工资、工资性补贴、职工福利费、差旅交通费、劳动保护费等。

生产准备费一般根据需要培训和提前进厂人员的人数及培训时间,按生产准备费指标进行估算。

应该指出,生产准备费在实际执行中是一笔在时间上、人数上、培训深度上很难划分的、活口很大的支出,尤其要严格掌握。

69. 什么是办公和生活家具购置费?

办公和生活家具购置费是指为保证新建、改建、扩建项目初期正常生产、使用和管理所必须购置的办公和生活家具、用具的费用。改、扩建项目所需的办公和生活用具购置费,应低于新建项目。其范围包括办公室、会议室、资料档案室、阅览室、文娱室、食堂、浴室、理发室、单身宿舍和设计规定必须建设的托儿所、卫生所、招待所、中小学校等家具用具购置费。这项费用按照设计定员人数乘以综合指标计算,一般为 600～800 元/人。

70. 什么是基本预备费?

基本预备费是指在初步设计及概算内难以预料的工程费用。

71. 基本预备费包括哪些内容？应如何计算？

基本预备费主要包括以下内容：

(1)在批准的初步设计范围内，技术设计、施工图设计及施工过程中所增加的工程费用；设计变更、局部地基处理等增加的费用。

(2)一般自然灾害造成的损失和预防自然灾害所采取的措施费用。实行工程保险的工程项目费用应适当降低。

(3)竣工验收时为鉴定工程质量对隐蔽工程进行必要的挖掘和修复费用。

基本预备费是按设备及工具、器具购置费，建筑安装工程费用和工程建设其他费用三者之和为计取基础，乘以基本预备费率进行计算。

基本预备费＝(设备及工具、器具购置费＋建筑安装工程费用＋
工程建设其他费用)×基本预备费率

基本预备费率的取值应执行国家及部门的有关规定。

72. 什么是涨价预备费？

涨价预备费是指建设项目在建设期间内由于价格等变化引起工程造价变化的预测预留费用。

73. 涨价预备费包括哪些内容？应如何计算？

涨价预备费用内容包括人工、设备、材料、施工机械的价差费；建筑安装工程费及工程建设其他费用调整；利率、汇率调整等增加的费用。

涨价预备费的测算方法，一般根据国家规定的投资综合价格指数，按估算年份价格水平的投资额为基数，采用复利方法计算，计算公式为

$$PF = \sum_{t=1}^{n} I_t [(1+f)^t - 1]$$

式中　PF——涨价预备费；

　　　n——建设期年份数；

　　　I_t——建设期中第 t 年的投资计划额，包括设备及工具、器具购置费、建筑安装工程费、工程建设其他费用及基本预备费；

　　　f——年均投资价格上涨率。

74. 什么情况下征收固定资产投资方向调节税？分为哪几个档次？

为了贯彻国家产业政策，控制投资规模，引导投资方向，调整投资结

构,加强重点建设,促进国民经济持续稳定协调发展,国家将根据国民经济的运行趋势和全社会固定资产投资的状况,对进行固定资产投资的单位和个人开征或暂缓征收固定资产投资方的调节税(该税征收对象不含中外合资经营企业、中外合作经营企业和外资企业)。

投资方向调节税根据国家产业政策和项目经济规模实行差别税率,税率分为 0%,5%,10%,15%,30% 五个档次,各固定资产投资项目按其单位工程分别确定适用的税率。计税依据为固定资产投资项目实际完成的投资额,其中更新改造项目为建筑工程实际完成的投资额。投资方向调节税按固定资产投资项目的单位工程年度计划投资额预缴。年度终了后,按年度实际投资结算,多退少补。项目竣工后按全部实际投资进行清算,多退少补。

75. 固定资产投资方向调节税税率应怎样取定?

(1)国家急需发展的项目投资,如农业、林业、水利、能源、交通、通信、原材料、科教、地质、勘探、矿山开采等基础产业和薄弱环节的部门项目投资,适用零税率。

(2)对国家鼓励发展但受能源、交通等制约的项目投资,如钢铁、化工、石油、水泥等部分重要原材料项目,以及一些重要机械、电子、轻工工业和新型建材的项目,实行 5% 的税率。

(3)为配合住房制度改革,对城乡个人修建、购买住宅的投资实行零税率;对单位修建、购买一般性住宅投资,实行 5% 的低税率;对单位用公款修建、购买高标准独门独院、别墅式住宅投资,实行 30% 的高税率。

(4)对楼堂馆所以及国家严格限制发展的项目投资,课以重税,税率为 30%。

(5)对不属于上述四类的其他项目投资,实行中等税负政策,税率 15%。

76. 什么是建设期贷款利息? 应如何计算?

建设期投资贷款利息是指建设项目使用银行或其他金融机构的贷款,在建设期应归还的借款的利息。建设项目筹建期间借款的利息,按规定可以计入购建资产的价值或开办费。贷款机构在贷出款项时,一般都是按复利考虑的。作为投资者来说,在项目建设期间,投资项目一般没有还本付息的资金来源,即使按要求还款,其资金也可能是通过再申请借款来支付。当项目建设期长于一年时,为简化计算,可假定借款发生当年均在年中支用,按半年计息,年初欠款按全年计息,这样,建设期投资贷款的利息可按下式计算:

$$q_j = \left(P_{j-1} + \frac{1}{2}A_j \right) \cdot i$$

式中　　q_j——建设期第 j 年应计利息;

　　　P_{j-1}——建设期第 $(j-1)$ 年末贷款累计金额与利息累计金额之和;

　　　A_j——建设期第 j 年贷款金额;

　　　i——年利率。

77. 什么是流动资金?

流动资金是指生产经营性项目投产后,为进行正常生产运营,用于购买原材料、燃料,支付工资及其他经营费用等所需的周转资金。流动资金估算一般是参照现有同类企业的状况采用分项详细估算法,个别情况或者小型项目可采用扩大指标法。

第二章

·装饰装修工程工程量清单及计价·

1. 什么是工程量清单?

工程量清单是表现拟建工程的分部分项工程项目、措施项目、其他项目、规费项目和税金项目的名称和相应数量的明细清单。工程量清单包括分部分项工程量清单、措施项目清单、其他项目清单、规费项目清单和税金项目清单。

2. 工程量清单编制时应注意哪些事项?

(1)工程量清单应由招标人负责编制,若招标人不具有编制工程量清单的能力,则可根据《工程造价咨询企业管理办法》(原建设部第149号令)的规定,委托具有工程造价咨询性质的工程造价咨询人编制。

(2)采用工程量清单方式招标,工程量清单必须作为招标文件的组成部分,其准确性和完整性由招标人负责。

(3)工程量清单是工程量清单计价的基础,应作为编制招标控制价、投标报价、计算工程量、支付工程款、调整合同价款、办理竣工结算以及工程索赔等的依据之一。

3. 工程量清单编制依据有哪些?

(1)《建设工程工程量清单计价规范》(GB 50500—2008)。

(2)国家或省级、行业建设主管部门颁发的计价依据和办法。

(3)建设工程设计文件。

(4)与建设工程项目有关的标准、规范、技术资料。

(5)招标文件及其补充通知、答疑纪要。

(6)施工现场情况、工程特点及常规施工方案。

(7)其他相关资料。

4. 分部分项工程量清单包括哪些构成要件?

分部分项工程量清单应包括项目编码、项目名称、项目特征、计量单位和工程量。这是构成分部分项工程量清单的五个要件,在分部分项工程量清单的组成中缺一不可。

5. 分部分项工程量清单应如何编制?

分部分项工程量清单应根据《建设工程工程量清单计价规范》(GB 50500—2008)中附录规定的项目编码、项目名称、项目特征、计量单位和工程量计算规则进行编制。

6. 怎样设置分部分项工程量清单项目编码?

分部分项工程量清单的项目编码应采用十二位阿拉伯数字表示。其中一、二位为工程分类顺序码,建筑工程为 01,装饰装修工程为 02,安装工程为 03,市政工程为 04,园林绿化工程为 05,矿山工程为 06;三、四位为专业工程顺序码;五、六位为分部工程顺序码;七、八、九位为分项工程项目名称顺序码;十至十二位为清单项目名称顺序码,应根据拟建工程的工程量清单项目名称设置,同一招标工程的项目编码不得有重码。

在编制工程量清单时应注意对项目编码的设置不得有重码,特别是当同一标段(或合同段)的一份工程量清单中含有多个单项或单位工程且工程量清单是以单项或单位工程为编制对象时,应注意项目编码中的十至十二位的设置不得重码。例如一个标段(或合同段)的工程量清单中含有三个单项或单位工程,每一单项或单位工程中都有项目特征相同的装饰板墙面,在工程量清单中又需反映三个不同单项或单位工程的装饰板墙面工程量时,此时工程量清单应以单项或单位工程为编制对象,第一个单项或单位工程的装饰板墙面的项目编码为 020207001001,第二个单项或单位工程的装饰板墙面的项目编码为 020207001002,第三个单项或单位工程的装饰板墙面的项目编码为 020207001003,并分别列出各单项或单位工程装饰板墙面的工程量。

7. 分部分项工程量清单项目名称应如何确定?

分部分项工程量清单的项目名称应按《建设工程工程量清单计价规范》(GB 50500—2008)附录的项目名称结合拟建工程的实际确定。

8. 分部分项工程量清单中的工程量有效位数应符合哪些规定?

分部分项工程量清单中所列工程量应按《建设工程工程量清单计价

规范》(GB 50500—2008)附录中规定的工程量计算规则计算。工程量的有效位数应遵守下列规定：

(1)以"t"为单位,应保留三位小数,第四位小数四舍五入。

(2)以"m³"、"m²"、"m"、"kg"为单位,应保留两位小数,第三位小数四舍五入。

(3)以"个"、"项"等为单位,应用进位法,取整数。

9. 分部分项工程量清单的计量单位应怎样确定?

分部分项工程量清单的计量单位应按《建设工程工程量清单计价规范》(GB 50500—2008)附录中规定的计量单位确定,当计量单位有两个或两个以上时,应根据拟建工程项目的实际,选择最适宜表现该项目特征并方便计量的单位。

10. 分部分项工程量清单项目特征应如何描述?

分部分项工程量清单项目特征应按《建设工程工程量清单计价规范》(GB 50500—2008)附录中规定的项目特征,结合拟建工程项目的实际予以描述。

11. 怎样编制措施项目清单?

措施项目清单应根据拟建工程的实际情况列项。通用措施项目可按表 2-1 选择列项,专业工程的措施项目可按表 2-2 和表 2-3 规定的项目选择列项。若出现表 2-1～表 2-3 中未列的项目,可根据工程实际情况补充。

表 2-1 通用措施项目一览表

序　号	项　目　名　称
1	安全文明施工(含环境保护、文明施工、安全施工、临时设施)
2	夜间施工
3	二次搬运
4	冬雨期施工
5	大型机械设备进出场及安拆
6	施工排水
7	施工降水
8	地上、地下设施,建筑物的临时保护设施
9	已完工程及设备保护

序号	项　目　名　称
1.1	混凝土、钢筋混凝土模板及支架
1.2	脚手架
1.3	垂直运输机械

表 2-2　建筑工程措施项目一览表

序号	项　目　名　称
2.1	脚手架
2.2	垂直运输机械
2.3	室内空气污染测试

表 2-3　装饰装修工程措施项目一览表

12. 编制措施项目清单时应注意哪些事项？

(1)措施项目中可以计算工程量的项目清单宜采用分部分项工程量清单的方式编制，列出项目编码、项目名称、项目特征、计量单位和工程量计算规则；不能计算工程量的项目清单，以"项"为计量单位。

(2)《建设工程工程量清单计价规范》（GB 50500—2008）将实体性项目划分为分部分项工程量清单，非实体性项目划分为措施项目。所谓非实体性项目，一般来说，其费用的发生和金额的大小与使用时间、施工方法或者两个以上工序相关，与实际完成的实体工程量的多少关系不大，典型的是大中型施工机械、文明施工和安全防护、临时设施等。但有的非实体性项目，则是可以计算工程量的项目，典型的是混凝土浇筑的模板工程，用分部分项工程量清单的方式采用综合单价，更有利于措施费的确定和调整，更有利于合同管理。

13. 什么是暂列金额？

暂列金额是招标人在工程量清单中暂定并包括在合同价款中的一笔款项。《建设工程工程量清单计价规范》（GB 50500—2008）明确规定暂列金额用于施工合同签订时尚未确定或者不可预见的所需材料、设备、服务的采购，施工中可能发生的工程变更、合同约定调整因素出现时的工程价款调整以及发生的索赔、现场签证确认等的费用。

14. 工程量清单中为什么要设置暂列金额？

不管采用何种合同形式，工程造价理想的标准是，一份合同的价格就是其最终的竣工结算价格，或者至少两者应尽可能接近。我国规定对政府投资工程实行概算管理，经项目审批部门批复的设计概算是工程投资控制的刚性指标，即使商业性开发项目也有成本的预先控制问题，否则，无法相对准确预测投资的收益和科学合理地进行投资控制。但工程建设自身的特性决定了工程的设计需要根据工程进展不断地进行优化和调整,业主需求可能会随工程建设进展出现变化,工程建设过程还会存在一些不能预见、不能确定的因素。消化这些因素必然会影响合同价格的调整,暂列金额正是为这类不可避免的价格调整而设立,以便达到合理确定和有效控制工程造价的目标。

另外,暂列金额列入合同价格不等于就属于承包人所有了,即使是总价包干合同,也不等于列入合同价格的所有金额就属于承包人,是否属于承包人应得金额取决于具体的合同约定,只有按照合同约定程序实际发生后,才能成为承包人的应得金额,纳入合同结算价款中。扣除实际发生金额后的暂列金额余额仍属于发包人所有。设立暂列金额并不能保证合同结算价格就不会再出现超过合同价格的情况。

例如表 2-4 所示,其工程量清单中给出了暂列金额拟用项目,投标人只要直接把暂列金额计入投标总价,不需把所列的暂列金额以外再考虑任何其他费用。

表 2-4　　　　　　　　　　　暂列金额明细表

序号	项 目 名 称	计量单位	暂定金额（元）	备　　注
1	图纸中已经标明可能位置,但未最终确定是否需要在会议室安装天棚吊顶	项	50000	此部分的设计图纸有待进一步完善
2	其他	项	60000	
	合　　计		56000	

15. 什么是暂估价？暂估价包括哪些项目？

暂估价是指招标阶段直至签订合同协议时,招标人在招标文件中提供的用于支付必然发生但暂时不能确定价格的材料以及专业工程的金额。

暂估价包括材料暂估单价和专业工程暂估价。暂估价类似于 FIDIC 合同条款中的 Prime Cost Items,在招标阶段预见肯定要发生,只是因为标准不明确或者需要由专业承包人完成,暂时无法确定价格。暂估价数量和拟用项目应当结合工程量清单中的"暂估价表"予以补充说明。

16. 工程量清单中为什么要设置暂估价？

为方便合同管理,需要纳入分部分项工程量清单项目综合单价中的暂估价应只是材料费,以方便投标人组价。

专业工程的暂估价一般应是综合暂估价,应当包括除规费和税金以外的管理费、利润等取费。总承包招标时,专业工程设计深度往往是不够的,一般需要交由专业设计人设计,国际上,出于提高可建造性考虑,一般由专业承包人负责设计,以发挥其专业技能和专业施工经验的优势。这类专业工程交由专业分包人完成是国际工程的良好实践,目前在我国工程建设领域也已经比较普遍。公开透明地合理确定这类暂估价的实际开支金额的最佳途径,就是通过施工总承包人与工程建设项目招标人共同组织的招标。

【例】 某工程材料和专业工程暂估价项目及其暂估价清单见表 2-5 和表 2-6。

表 2-5 材料暂估单价表

序号	名 称	单位	数量	单价/元	合价/元	备 注
1	硬木门	m²	112.50	856.00	96300.00	含门框、门扇,其他特征描述见工程量清单,用于本工程的门安装工程项目
2	大理石地砖	块	530	80	42400.00	用于石材楼地面铺设
	（略）					
小 计					968700.00	

表 2-6 专业工程暂估价表

序号	专业工程名称	工 程 内 容	金额/元	备 注
1	消防工程	合同图纸中标明的以及工程规范和技术说明中规定的各系统,包括但不限于消火栓系统、消防游泳池供水系统、水喷淋系统、火灾自动报警系统及消防联动系统中的设备、管道、阀门、线缆等的供应、安装和调试工作	7800000.00	

续表

序号	专业工程名称	工 程 内 容	金额/元	备 注
	小 计		7800000.00	

17. 什么是计日工?

计日工在 03 版清单计价规范中称为"零星项目工作费"。计日工是为解决现场发生的零星工作的计价而设立的,其为额外工作和变更的计价提供了一个方便快捷的途径。计日工适用的所谓零星工作一般是指合同约定之外的或者因变更而产生的、工程量清单中没有相应项目的额外工作,尤其是那些时间不允许事先商定价格的额外工作。计日工以完成零星工作所消耗的人工工时、材料数量、机械台班进行计量,并按照计日工表中填报的适用项目的单价进行计价支付。

18. 工程量清单中为什么要设置计日工?

国际上常见的标准合同条款中,大多数都设立了计日工(Daywork)计价机制。但在我国以往的工程量清单计价实践中,由于计日工项目的单价水平一般要高于工程量清单项目的单价水平,因而经常被忽略。从理论上讲,由于计日工往往是用于一些突发性的额外工作,缺少计划性,承包人在调动施工生产资源方面难免不影响已经计划好的工作,生产资源的使用效率也有一定的降低,客观上造成超出常规的额外投入。另外,其他项目清单中计日工往往是一个暂定的数量,其无法纳入有效的竞争。所以合理的计日工单价水平一定是要高于工程量清单的价格水平的。为获得合理的计日工单价,发包人在其他项目清单中对计日工一定要给出暂定数量,并需要根据经验尽可能估算一个较接近实际的数量。

19. 什么是总承包服务费?

总承包服务费是为了解决招标人在法律、法规允许的条件下进行专业工程发包,以及自行供应材料、设备,并需要总承包人对发包的专业工程提供协调和配合服务,对供应的材料、设备提供收、发和保管服务以及进行施工现场管理时发生，并向总承包人支付的费用。招标人应预计该项费用并按投标人的投标报价向投标人支付该项费用。

20. 规费项目清单包括哪些内容？

规费项目清单应按下列内容列项：

(1)工程排污费。

(2)工程定额测定费。

(3)社会保障费：包括养老保险费、失业保险费、医疗保险费。

(4)住房公积金。

(5)危险作业意外伤害保险。

21. 税金项目清单包括哪些内容？

税金项目清单应按下列内容列项：

(1)营业税。

(2)城市维护建设税。

(3)教育费附加。

22. 工程量清单计价一般应符合哪些规定？

(1)采用工程量清单计价，建设工程造价由分部分项工程费、措施项目费、其他项目费、规费和税金组成。

(2)《建筑工程施工发包与承包计价管理办法》（原建设部令第 107号）第五条中规定，工程计价方法包括工料单价法和综合单价法。实行工程量清单计价应采用综合单价法，其综合单价的组成内容应包括人工费、材料费、施工机械使用费、企业管理费、利润，以及一定范围内的风险费用。

(3)招标文件中的工程量清单标明的工程量是招标人根据拟建工程设计文件预计的工程量，不能作为承包人在实际工作中应予完成的实际和准确的工程量。招标文件中工程量清单所列的工程量一方面是各投标人进行投标报价的共同基础，另一方面也是对各投标人的投标报价进行评审的共同平台，是招投标活动应当遵循公开、公平、公正和诚实、信用原则的具体体现。

发、承包双方进行工程竣工结算的工程量应按照经发、承包双方在合同中的约定应予计量且实际完成工程量确定，而非招标文件中工程量清单所列的工程量。

(4)措施项目清单计价应根据拟建工程的施工组织设计,可以计算工程量的措施项目,应按分部分项工程量清单的方式采用综合单价计价;其余的措施项目可以"项"为单位的方式计价,应包括除规费、税金外的全部费用。

(5)根据《中华人民共和国安全生产法》、《中华人民共和国建筑法》、《建设工程安全生产管理条例》、《安全生产许可证条例》等法律、法规的规定,原建设部办公厅印发了《建筑工程安全防护、文明施工措施费及使用管理规定》(建办[2005]89号),将安全文明施工费纳入国家强制性标准管理范围,其费用标准不予竞争。《建设工程工程量清单计价规范》(GB 50500—2008)规定措施项目清单中的安全文明施工费应按国家或省级、行业建设主管部门的规定费用标准计价,招标人不得要求投标人对该项费用进行优惠,投标人也不得将该项费用参与市场竞争。此处的安全文明施工费包括《建筑安装工程费用项目组成》(建标[2003]206号)中措施费的文明施工费、环境保护费、临时设施费、安全施工费。

(6)其他项目清单应根据工程特点和工程实施过程中的不同阶段进行计价。

(7)按照《工程建设项目货物招标投标办法》(国家发改委、原建设部等七部委27号令)第五条规定:"以暂估价形式包括在总承包范围内的货物达到国家规定规模标准的,应当由总承包中标人和工程建设项目招标人共同依法组织招标",若招标人在工程量清单中提供了暂估价的材料和专业工程属于依法必须招标的,由承包人和招标人共同通过招标确定材料单价与专业工程分包价。若材料不属于依法必须招标的,经发、承包双方协商确认单价后计价。若专业工程不属于依法必须招标的,经发、承包双方协商确认单价后计价。若专业工程不属于依法必须招标的,由发包人、总承包人与分包人按有关计价依据进行计价。

上述规定同样适用于以暂估价形式出现的专业分包工程。

对未达到法律、法规规定招标规模标准的材料和专业工程,需要约定定价的程序和方法,并与材料样品报批程序相互衔接。

(8)根据原建设部、财政部印发的《建筑安装工程费用项目组成》(建标[2003]206号)的规定,规费是政府和有关权力部门规定必须缴纳的费用。它们都是工程造价的组成部分,但是其费用内容和计取标准都不是发、承包人能自主确定的,更不是由市场竞争决定的。因而《建设工程工程量清单计价规范》(GB 50500—2008)规定:"规费和税金应按国家或省级、行业建设主管部门的规定计算,不得作为竞争性费用。"

(9)采用工程量清单计价的工程,应在招标文件或合同中明确风险内容及其范围(幅度),不得采用无限风险、所有风险或类似语句规定风险内容及其范围(幅度)。

23. 什么是风险? 它具有哪些特点?

风险是一种客观存在的、会带来损失的、不确定的状态。它具有客观性、损失性、不确定性的特点,并且风险始终是与损失相联系的。工程风险是指一项工程在设计、施工、设备调试以及移交运行等项目周期全过程可能发生的风险。工程施工发包是一种期货交易行为,工程建设本身又具有单件性和建设周期长的特点。在工程施工过程中影响工程施工及工程造价的风险因素很多,但并非所有的风险都是承包人能预测、能控制和应承担其造成损失的。

24. 工程建设施工发包中的风险应怎样分摊?

在工程建设施工发包中实行风险共担和合理分摊原则是实现建设市场交易公平性的具体体现,是维护建设市场正常秩序的措施之一。其具体体现则是应在招标文件或合同中对发、承包双方各自应承担的风险内容及其风险范围或幅度进行界定和明确,而不能要求承包人承担所有风险或无限度风险。

25. 工程施工阶段的风险应怎样分摊?

根据我国工程建设的特点及国际惯例,工程施工阶段的风险宜采用分摊原则,由发、承包双方分担:

(1)对于承包人根据自身技术水平、管理、经营状况能够自主控制的技术风险和管理风险,如承包人的管理费、利润的风险,承包人应结合市场情况,根据企业自身实际合理确定、自主报价,该部分风险由承包人全部承担。

(2)对于法律、法规、规章或有关政策出台导致工程税金、规费等发生变化,并由省级、行业建设行政主管部门或其授权的工程造价管理机构根据上述变化发布的政策性调整,承包人不应承担此类风险,应按照有关调整规定执行。

(3)对于根据我国目前工程建设的实际情况,各省、自治区、直辖市建设行政主管部门根据当地劳动行政主管部门的有关规定发布的人工成本信息,对此关系职工切身利益的人工费,承包人不应承担风险,应按照相关规定进行调整。

(4)对于主要由市场价格波动导致的价格风险,如工程造价中的建筑材料、燃料等价格风险,发、承包双方应当在招标文件中或在合同中对此类风险的范围和幅度予以明确约定,进行合理分摊。

根据工程特点和工期要求,《建设工程工程量清单计价规范》(GB 50500—2008)中提出承包人可承担 5% 以内的材料价格风险,10% 的施工机械使用费的风险。

26. 招标控制价有哪些作用?

(1)我国对国有资金投资项目的是投资控制实行的投资概算审批制度,国有资金投资的工程原则上不能超过批准的投资概算。因此,在工程招标发包时,当编制的招标控制价超过批准的概算,招标人应当将其报原概算审批部门重新审核。

(2)国有资金投资的工程进行招标,根据《中华人民共和国招标投标法》的规定,招标人可以设标底。当招标人不设标底时,为有利于客观、合理的评审投标报价和避免哄抬标价,造成国有资产流失,招标人应编制招标控制价。

(3)国有资金投资的工程,招标人编制并公布的招标控制价相当于招标人的采购预算,同时要求其不能超过批准的概算,因此,招标控制价是招标人在工程招标时能接受投标人报价的最高限价。国有资金中的财政性资金投资的工程在招标时还应符合《中华人民共和国政府采购法》相关条款的规定。如该法第三十六条规定:"在招标采购中,出现下列情形之一的,应予废标……(三)投标人的报价均超过了采购预算,采购人不能支付的。"所以国有资金投资的工程,投标人的投标报价不能高于招标控制价,否则,其投标将被拒绝。

27. 招标控制价编制人应符合哪些规定?

招标控制价应由具有编制能力的招标人编制,当招标人不具有编制招标控制价的能力时,可委托具有相应资质的工程造价咨询人编制。工程造价咨询人不得同时接受招标人和投标人对同一工程的招标控制价和投标报价进行编制。

所谓具有相应工程造价咨询资质的工程造价咨询人是指根据《工程造价咨询企业管理办法》(原建设部令第 149 号)的规定,依法取得工程造价咨询企业资质,并在其资质许可的范围内接受招标人的委托,编制招标控制价的工程造价咨询企业。即取得甲级工程造价咨询资质的咨询人可承担各类建设项目的招标控制价编制,取得乙级(包括乙级暂定)工程造价咨询资质的咨询人,则只能承担 5000 万元以下的招标控制价的编制。

28. 招标控制价应如何编制?

(1)分部分项工程费应根据招标文件中的分部分项工程量清单项目的特征描述及有关要求,按规定确定综合单价进行计算。综合单价中应包括招标文件中要求投标人承担的风险费用。

(2)措施项目费应按招标文件中提供的措施项目清单确定,措施项目采用分部分项工程综合单价形式进行计价的工程量,应按措施项目清单中的工程量,并按规定确定综合单价;以"项"为单位的方式计价的,按规定确定除规费、税金以外的全部费用。措施项目费中的安全文明施工费应当按照国家或省级、行业建设主管部门的规定标准计价。

(3)其他项目费应按下列规定计价。

1)暂列金额。暂列金额是由招标人根据工程特点,按有关计价规定进行估算确定。为保证工程施工建设的顺利实施,在编制招标控制价时应对施工过程中可能出现的各种不确定因素对工程造价的影响进行估算,列出一笔暂列金额。暂列金额可根据工程的复杂程度、设计深度、工程环境条件(包括地质、水文、气候条件等)进行估算,一般可按分部分项工程费的 10%~15%作为参考。

2)暂估价。暂估价包括材料暂估价和专业工程暂估价。暂估价中的材料单价应按照工程造价管理机构发布的工程造价信息或参考市场价格确定;暂估价中的专业工程暂估价应分不同专业,按有关计价规定估算。

3)计日工。计日工包括计日工人工、材料和施工机械。在编制招标控制价时,对计日工中的人工单价和施工机械台班单价应按省级、行业建设主管部门或其授权的工程造价管理机构公布的单价计算;材料应按工程造价管理机构发布的工程造价信息中的材料单价计算,工程造价信息未发布材料单价的材料的,其价格应按市场调查确定的单价计算。

4)总承包服务费。招标人应根据招标文件中列出的内容和向总承包人提出的要求,参照下列标准计算:

①招标人仅要求对分包的专业工程进行总承包管理和协调时,按分包的专业工程估算造价的 1.5% 计算;

②招标人要求对分包的专业工程进行总承包管理和协调,并同时要求提供配合服务时,根据招标文件中列出的配合服务内容和提出的要求,按分包的专业工程估算造价的 3%~5% 计算;

③招标人自行供应材料的,按招标人供应材料价值的 1% 计算。

(4)招标控制价的规费和税金必须按国家或省级、行业建设主管部门的规定计算。

29. 招标控制价编制应注意哪些问题?

(1)招标控制价的作用决定了招标控制价不同于标底,无须保密。为体现招标的公平、公正,防止招标人有意抬高或压低工程造价,招标人应在招标文件中如实公布招标控制价,不得对所编制的招标控制价进行上浮或下调。招标人在招标文件中公布招标控制价时,应公布招标控制价各组成部分的详细内容,不得只公布招标控制价总价。同时,招标人应将招标控制价报工程所在地的工程造价管理机构备查。

(2)投标人经复核认为招标人公布的招标控制价未按照《建设工程工程量清单计价规范》(GB 50500—2008)的规定进行编制的,应在开标前 5 天向招投标监督机构或(和)工程造价管理机构投诉。

招投标监督机构应会同工程造价管理机构对投诉进行处理,发现确有错误的,应责成招标人修改。

30. 投标价编制一般应符合哪些规定?

(1)投标价中除《建设工程工程量清单计价规范》(GB 50500—2008)中规定的规费、税金及措施项目清单中的安全文明施工费应按国家或省级、行业建设主管部门的规定计价,不得作为竞争性费用外,其他项目的投标报价由投标人自主决定。

(2)投标人的投标报价不得低于成本。《中华人民共和国反不正当竞争法》第十一条规定:"经营者不得以排挤竞争对手为目的,以低于成本的价格销售商品。"《中华人民共和国招标投标法》第四十一规定:"中标人的投标应当符合下列条件……(二)能够满足招标文件的实质性要求,并且经评审的投标价格最低;但是投标价格低于成本的除外。"《评标委员会和评标方法暂行规定》(原国家计委等七部委第 12 号令)第二十一条规定:"在评标过程中,评标委员会发现投标人的报价明显低于其他投标报价或者在设有标底时明显低于标底的,使得其投标报价可能低于其个别成本的,应当要求该投标人作出书面说明并提供相关证明材料。投标人不能合理说明或者不能提供相关证明材料的,由评标委员会认定该投标人以低于成本报价竞标时,可认定为恶意竞标,其投标应作废标处理。"

(3)投标价应由投标人或受其委托具有相应资质的工程造价咨询人编制。

(4)实行工程量清单招标,招标人在招标文件中提供工程量清单,其目的是使各投标人在投标报价中具有共同的竞争平台。因此,要求投标人在投标报价中填写的工程量清单的项目编码、项目名称、项目特征、计量单位、工程数量必须与招标人招标文件中提供的一致。

31. 投标价应如何编制?

(1)分部分项工程费。分部分项工程费包括完成分部分项工程量清单项目所需的人工费、材料费、施工机械使用费、企业管理费、利润以及一定范围内的风险费用。分部分项工程费应按分部分项工程清单项目的综合单价计算。投标人投标报价时依据招标文件中分部分项工程量清单项目的特征描述确定清单项目的综合单价。在招标投标过程中,当出现招标文件中分部分项工程量清单特征描述与设计图纸不符时,投标人应以分部分项工程量清单的项目特征描述为准,确定投标报价的综合单价。当施工中施工图纸或设计变更与工程量清单项目特征描述不一致时,发、承包双方应按实际施工的项目特征,依据合同约定重新确定综合单价。

招标文件中提供了暂估单价的材料,应按暂估的单价计入综合单价。

综合单价中应考虑招标文件中要求投标人承担的风险内容及其范围(幅度)产生的风险费用。在施工过程中,当出现的风险内容及其范围(幅度)在合同约定的范围内时,工程价款不做调整。

(2)措施项目费。

1)投标人可根据工程实际情况并结合施工组织设计,对招标人所列的措施项目进行增补。由于各投标人拥有的施工装备、技术水平和采用的施工方法有所差异,招标人提出的措施项目清单是根据一般情况确定的,没有考虑不同投标人的"个性",投标人投标时应根据自身编制的投标施工组织设计或施工方案确定措施项目,对招标人提供的措施项目进行调整。投标人根据投标施工组织设计或施工方案调整和确定的措施项目应通过评标委员会的评审。

2)措施项目费的计算包括:

①措施项目的内容应依据招标人提供的措施项目清单和投标人投标时拟定的施工组织设计或施工方案;

②措施项目费的计价方式应根据招标文件的规定,可以计算工程量的措施清单项目采用综合单价方式报价,其余的措施清单项目采用以"项"为计量单位的方式报价;

③措施项目费由投标人自主确定,但其中安全文明施工费应按国家或省级、行业建设主管部门的规定确定,且不得作为竞争性费用。

(3)其他项目费。投标人对其他项目费投标报价应按以下原则进行:

1)暂列金额应按照其他项目清单中列出的金额填写,不得变动。

2)暂估价不得变动和更改。暂估价中的材料必须按照其他项目清单中列出的暂估单价计入综合单价;专业工程暂估价必须按照其他项目清单中列出的金额填写。

3)计日工应按照其他项目清单列出的项目和估算的数量,自主确定各项综合单价并计算费用。

4)总承包服务费应依据招标人在招标文件中列出的分包专业工程内容和供应材料、设备情况,按照招标人提出协调、配合与服务要求和施工现场管理需要自主确定。

(4)规费和税金。规费和税金应按国家或省级、行业建设主管部门的规定计算,不得作为竞争性费用。规费和税金的计取标准是依据有关法律、法规和政策规定制定的,具有强制性。投标人是法律、法规和政策的执行者,不能改变,更不能制定,而必须按照法律、法规、政策的有关规定执行。

(5)投标总价。实行工程量清单招标,投标人的投标总价应当与组成工程量清单的分部分项工程费、措施项目费、其他项目费和规费、税金的合计金额相一致,即投标人在投标报价时,不能进行投标总价优惠(或降价、让利),投标人对招标人的任何优惠(或降价、让利)均应反映在相应清单项目的综合单价中。

32. 工程合同价款的约定应满足哪些要求?

工程合同价款的约定是建设工程合同的主要内容。根据有关法律条款的规定,实行招标的工程合同价款应在中标通知书发出之日起30天内,由发、承包双方依据招标文件和中标人的投标文件在书面合同中约定。

不实行招标的工程合同价款,在发、承包双方认可的工程价款基础上,由发、承包双方在合同中约定。

工程合同价款的约定应满足以下几个方面的要求:

(1)约定的依据要求:招标人向中标的投标人发出的中标通知书。

(2)约定的时间要求:自招标人发出中标通知书之日起30天内。

(3)约定的内容要求:招标文件和中标人的投标文件。

(4)合同的形式要求:书面合同。

33. 工程建设合同有哪些形式?

工程建设合同的形式主要有单价合同和总价合同两种。合同的形式对工程量清单计价的适用性不构成影响,无论是单价合同还是总价合同均可以采用工程量清单计价。区别仅在于工程量清单中所填写的工程量的合同约束力。采用单价合同形式时,工程量清单是合同文件必不可少的组成内容,其中的工程量一般具备合同约束力(量可调),工程款结算时按照合同中约定应予计量并实际完成的工程量计算进行调整,由招标人提供统一的工程量清单则彰显了工程量清单计价的主要优点。而对总价合同形式,工程量清单中的工程量不具备合同的约束力(量不可调),工程量以合同图纸的标示内容为准,工程量以外的其他内容一般均赋予合同约束力,以方便合同变更的计量和计价。

《建设工程工程量清单计价规范》(GB 50500—2008)规定:"实行工程量清单计价的工程,宜采用单价合同方式。"即合同约定的工程价款中所包含的工程量清单项目综合单价在约定条件内是固定的,不予调整,工程量允许调整。工程量清单项目综合单价在约定的条件外,允许调整。但调整方式、方法应在合同中约定。

34. 合同中对工程合同价款的约定事项有哪些?

发、承包双方应在合同条款中对下列事项进行约定;合同中没有约定或约定不明的,由双方协商确定;协商不能达到一致的,按《建设工程工程量清单计价规范》(GB 50500—2008)执行。

(1)预付工程款的数额、支付时间及抵扣方式。预付款是发包人为解决承包人在施工准备阶段资金周转问题提供的协助。如使用大宗材料,可根据工程具体情况设置工程材料预付款。

(2)工程计量与支付工程进度款的方式、数额及时间。

(3)工程价款的调整因素、方法、程序、支付及时间。

(4)索赔与现场签证的程序、金额确认与支付时间。

(5)发生工程价款争议的解决方法及时间。

(6)承担风险的内容、范围以及超出约定内容、范围的调整办法。

(7)工程竣工价款结算编制与核对、支付及时间。

(8)工程质量保证(保修)金的数额、预扣方式及时间。

(9)与履行合同、支付价款有关的其他事项等。

由于合同中涉及工程价款的事项较多,能够详细约定的事项应尽可能具体的约定,约定的用词应尽可能唯一,如有几种解释,最好对用词进行定义或解释说明,尽量避免因理解上的歧义造成合同纠纷。

35. 预付款的支付应符合哪些规定?

发包人应按合同约定的时间和比例(或金额)向承包人支付工程预付款。支付的工程预付款,按合同约定在工程进度款中抵扣。当合同对工程预付款的支付没有约定时,按以下规定办理:

(1)工程预付款的额度:原则上预付比例不低于合同金额(扣除暂列金额)的 10%,不高于合同金额(扣除暂列金额)的 30%,对重大工程项目,按年度工程计划逐年预付。实行工程量清单计价的工程,实体性消耗和非实体性消耗部分宜在合同中分别约定预付款比例(或金额)。

(2)工程预付款的支付时间:在具备施工条件的前提下,发包人应在双方签订合同后的一个月内或约定的开工日期前的 7 天内预付工程款。

(3)若发包人未按合同约定预付工程款,承包人应在预付时间到期后10天内向发包人发出要求预付款的通知,发包人收到通知后仍不按要求预付,承包人可在发出通知14天后停止施工,发包人应从约定应付之日起按同期银行贷款利率计算向承包人支付应付预付的利息,并承担违约责任。

(4)凡是没有签订合同或不具备施工条件的工程,发包人不得预付工程款,不得以预付款为名转移资金。

36. 如何进行工程计量与支付进度款?

发包人支付工程进度款,应按照合同计量和支付。工程量的正确计量是发包人向承包人支付工程进度款的前提和依据。计量和付款周期可采用分段或按月结算的方式。

(1)按月结算与支付。即实行按月支付进度款,竣工后结算的办法。合同工期在两个年度以上的工程,在年终进行工程盘点,办理年度结算。

(2)分段结算与支付。即当年开工、当年不能竣工的工程按照工程形象进度,划分不同阶段,支付工程进度款。

当采用分段结算方式时,应在合同中约定具体的工程分段划分,付款周期应与计量周期一致。

37. 工程量的计量方法有哪些?

(1)工程计量时,若发现工程量清单中出现漏项、工程量计算偏差,以及工程变更引起工程量的增减,应按承包人在履行合同义务过程中实际完成的工程量计算。

(2)承包人应按照合同约定,向发包人递交已完工程量报告。发包人应在接到报告后按合同约定进行核对。当发、承包双方在合同中未对工程量的计量时间、程序、方法和要求作约定时,按以下规定处理:

1)承包人应在每个月末或合同约定的工程段末向发包人递交上月或工程段已完工程量报告。

2)发包人应在接到报告后7天内按施工图纸(含设计变更)核对已完工程量,并应在计量前24小时通知承包人。承包人应按时参加。

3)计量结果:

①如发、承包双方均同意计量结果,则双方应签字确认。

②如承包人未按通知参加计量,则由发包人批准的计量应认为是对工程量的正确计量。

③如发包人未在规定的核对时间内进行计量,视为承包人提交的计量报告已经认可。

④如发包人未在规定的核对时间内通知承包人,致使承包人未能参加计量,则由发包人所作的计量结果无效。

⑤对于承包人超出施工图纸范围或因承包人原因造成返工的工程量,发包人不予计量。

⑥如承包人不同意发包人的计量结果,承包人应在收到上述结果后7天内向发包人提出,申明承包人认为不正确的详细情况。发包人收到后,应在2天内重新检查对有关工程量的计量,或予以确认,或将其修改。

发、承包双方认可的核对后的计量结果应作为支付工程进度款的依据。

38. 工程进度款支付申请应包括哪些内容?

承包人应在每个付款周期末(月末或合同约定的工程段完成后),向发包人递交进度款支付申请,并附相应的证明文件。除合同另有约定外,进度款支付申请应包括下列内容:

(1)本周期已完成的工程价款。

(2)累计已完成的工程价款。

(3)累计已支付的工程价款。

(4)本周期已完成计日工金额。

(5)应增加和扣减的变更金额。

(6)应增加和扣减的索赔金额。

(7)前期已付应抵扣的工程预付款。

39. 发包人应怎样支付工程进度款?

发包人在收到承包人递交的工程进度款支付申请及相应的证明文件后,发包人应在合同约定时间内核对承包人的支付申请并应按合同约定的时间和比例向承包人支付工程进度款。发包人应扣回的工程预付款,与工程进度款同期结算抵扣。

40. 工程进度款支付应符合哪些规定?

当发、承包双方在合同中未对工程进度款支付申请的核对时间以及工程进度款支付时间、支付比例作约定时,按以下规定办理:

(1)发包人应在收到承包人的工程进度款支付申请后 14 天内核对完毕;否则,从第 15 天起,承包人递交的工程进度款支付申请视为被批准;

(2)发包人应在批准工程进度款支付申请的 14 天内,向承包人按不低于计量工程价款的 60%,不高于计量工程价款的 90%向承包人支付工程进度款;

(3)发包人在支付工程进度款时,应按合同约定的时间、比例(或金额)扣回工程预付款。

41. 工程进度款支付发生争议时应如何处理?

(1)发包人未在合同约定时间内支付工程进度款,承包人应及时向发包人发出要求付款的通知,发包人收到承包人通知后仍不按要求付款,可与承包人协商签订延期付款协议,经承包人同意后延期支付。协议应明确延期支付的时间和从付款申请生效后按同期银行贷款利率计算应付款的利息。

(2)发包人不按合同约定支付工程进度款,双方又未达到延期付款协议,导致施工无法进行时,承包人可停止施工,由发包人承担违约责任。

42. 索赔应满足哪些条件?

合同一方向另一方提出索赔时,应有正当的索赔理由和有效证据,并应符合合同的相关约定。建设工程施工中的索赔是发、承包双方行使正当权利的行为,承包人可向发包人索赔,发包人也可向承包人索赔。任何索赔事件的确立,其前提条件是必须有正当的索赔理由。对正当索赔理由的说明必须具有证据,因为进行索赔主要是靠证据说话。没有证据或证据不足,索赔是难以成功的。

43. 索赔证据具有哪些特征?

一般有效的索赔证据都具有以下几个特征:

(1)及时性:既然干扰事件已发生,又意识到需要索赔,就应在有效时间内提出索赔意向。在规定的时间内报告事件的发展影响情况,在规定时间内提交索赔的详细额外费用计算账单,对发包人或工程师提出的疑问及时补充有关材料。如果拖延太久,将增加索赔工作的难度。

(2)真实性:索赔证据必须是在实际过程中产生,完全反映实际情况,能经得住对方的推敲。由于在工程过程中合同双方都在进行合同管理,收集工程资料,所以双方应有相同的证据。使用不实的、虚假证据是违反商业道德甚至法律的。

(3)全面性:所提供的证据应能说明事件的全过程。索赔报告中所涉及的干扰事件、索赔理由、索赔值等都应有相应的证据,不能凌乱和支离破碎,否则发包人将退回索赔报告,要求重新补充证据。这会拖延索赔的解决,损害承包商在索赔中的有利地位。

(4)关联性:索赔的证据应当能互相说明,相互具有关联性,不能互相矛盾。

(5)法律证明效力:索赔证据必须有法律证明效力,特别对准备递交仲裁的索赔报告更要注意这一点。

1)证据必须是当时的书面文件,一切口头承诺、口头协议不算。

2)合同变更协议必须由双方签署,或以会谈纪要的形式确定,且为决定性决议。一切商讨性、意向性的意见或建议都不算。

3)工程中的重大事件、特殊情况的记录应由工程师签署认可。

44. 索赔证据有哪些类型?

(1)招标文件、工程合同、发包人认可的施工组织设计、工程图纸、技术规范等。

(2)工程各项有关的设计交底纪录、变更图纸、变更施工指令等。

(3)工程各项经发包人或合同中约定的发包人现场代表或监理工程师签认的签证。

(4)工程各项往来信件、指令、信函、通知、答复等。

(5)工程各项会议纪要。

(6)施工计划及现场实施情况纪录。

(7)施工日报及工长工作日志、备忘录。

(8)工程送电、送水、道路开通、封闭的日期及数量记录。

(9)工程停电、停水和干扰事件影响的日期及恢复施工的日期记录。

(10)工程预付款、进度款拨付的数额及日期记录。

(11)工程图纸、图纸变更、交底记录的送达份数及日期记录。

(12)工程有关施工部位的照片及录像等。

(13)工程现场气候记录,如有关天气的温度、风力、雨雪等。

(14)工程验收报告及各项技术鉴定报告等。

(15)工程材料采购、订货、运输、进场、验收、使用等方面的凭据。

(16)国家和省级或行业建设主管部门有关影响工程造价、工期的文件、规定等。

45. 承包人索赔的方式有哪些? 需提供哪些证明?

若承包人认为非承包人原因发生的事件造成了承包人的经济损失,承包人应在确认该事件发生后,持证明索赔事件发生的有效证据和依据正当的索赔理由,按合同约定的时间向发包人发出索赔通知。发包人应按合同约定的时间对承包人提出的索赔进行答复和确认。发包人在收到最终索赔报告后并在合同约定时间内,未向承包人作出答复,视为该项索赔已经认可。

这种索赔方式称之为单项索赔,即在每一件索赔事项发生后,递交索赔通知书,编报索赔报告书,要求单项解决支付,不与其他索赔事项混在一起。单项索赔是施工索赔通常采用的方式。它避免了多项索赔的相互影响制约,所以解决起来比较容易。

当施工过程中受到非常严重的干扰,以致承包人的全部施工活动与原来的计划不大相同,原合同规定的工作与变更后的工作相互混淆,承包人无法为索赔保持准确而详细的成本记录资料,无法采用单项索赔的方式,而只能采用综合索赔。综合索赔俗称一揽子索赔。即对整个工程(或某项工程)中所发生的数起索赔事项,综合在一起进行索赔。采取这种方式进行索赔,是在特定的情况下被迫采用的一种索赔方法。

采取综合索赔时,承包人必须提出以下证明:①承包商的投标报价是合理的;②实际发生的总成本是合理的;③承包商对成本增加没有任何责任;④不可能采用其他方法准确地计算出实际发生的损失数额。

46. 索赔事件在合同中未有约定时应如何处理?

当发、承包双方在合同中未对工程索赔事项作具体约定时,按以下规定处理。

（1）承包人应在确认引起索赔的事件发生后 28 天内向发包人发出索赔通知，否则，承包人无权获得追加付款，竣工时间不得延长。

（2）承包人应在现场或发包人认可的其他地点，保持证明索赔可能需要的记录。发包人收到承包人的索赔通知后，未承认发包人责任前，可检查记录保持情况，并可指示承包人保持进一步的同期记录。

（3）在承包人确认引起索赔的事件后 42 天内，承包人应向发包人递交一份详细的索赔报告，包括索赔的依据、要求追加付款的全部资料。

如果引起索赔的事件具有连续影响，承包人应按月递交进一步的中间索赔报告，说明累计索赔的金额。

承包人应在索赔事件产生的影响结束后 28 天内，递交一份最终索赔报告。

（4）发包人在收到索赔报告后 28 天内，应作出回应，表示批准或不批准并附具体意见。还可以要求承包人提供进一步的资料，但仍要在上述期限内对索赔作出回应。

（5）发包人在收到最终索赔报告后的 28 天内，未向承包人作出答复，视为该项索赔报告已经认可。

47. 承包人怎样进行索赔处理？

（1）承包人在合同约定的时间内向发包人递交费用索赔意向通知书；

（2）发包人指定专人收集与索赔有关的资料；

（3）承包人在合同约定的时间内向发包人递交费用索赔申请表；

（4）发包人指定的专人初步审查费用索赔申请表，符合规定的条件时予以受理；

（5）发包人指定的专人进行费用索赔核对，经造价工程师复核索赔金额后，与承包人协商确定并由发包人批准；

（6）发包人指定的专人应在合同约定的时间内签署费用索赔审批表，或发出要求承包人提交有关索赔的进一步详细资料的通知，待收到承包人提交的详细资料后，按规定的程序进行。

48. 索赔事件发生后应怎样处理因费用损失而引起的工期变动？

索赔事件发生后，在造成费用损失时，往往会造成工期的变动。当索赔事件造成的费用损失与工期相关联时，承包人应根据发生的索赔事件，在向发包人提出费用索赔要求的同时,提出工期延长的要求。

发包人在批准承包人的索赔报告时,应将索赔事件造成的费用损失和工期延长联系起来,综合作出批准费用索赔和工期延长的决定。

49. 发包人怎样进行索赔处理?

若发包人认为由于承包人的原因造成额外损失,发包人应在确认引起索赔的事件后,按合同约定向承包人发出索赔通知。承包人在收到发包人索赔通知后并在合同约定时间内,未向发包人作出答复,视为该项索赔已经认可。

当合同中未就发包人的索赔事项作具体约定,按以下规定处理。

(1)发包人应在确认引起索赔的事件发生后 28 天内向承包人发出索赔通知,否则,承包人免除该索赔的全部责任。

(2)承包人在收到发包人索赔报告后的 28 天内,应作出回应,表示同意或不同意并附具体意见,如在收到索赔报告后的 28 天内,未向发包人作出答复,视为该项索赔报告已经认可。

50. 现场签证有哪些要求?

(1)承包人应发包人要求完成合同以外的零星工作或非承包人责任事件发生时,承包人应按合同约定及时向发包人提出现场签证。若合同中未对此作出具体约定,按照财政部、原建设部印发的《建设工程价款结算暂行办法》(财建[2004]369 号)的规定,发包人要求承包人完成合同以外零星项目,承包人应在接受发包人要求的 7 天内就用工数量和单价、机械台班数量和单价、使用材料和金额等向发包人提出施工签证,发包人签证后施工,如发包人未签证,承包人施工后发生争议的,责任由承包人自负。

发包人应在收到承包人的签证报告 48 小时内给予确认或提出修改意见,否则,视为该签证报告已经认可。

(2)按照财政部、原建设部印发的《建设工程价款结算办法》(财建[2004]369 号)第十五条的规定:"发包人和承包人要加强施工现场的造价控制,及时对工程合同外的事项如实记录并履行书面手续。凡由发、承包双方授权的现场代表签字的现场签证以及发、承包双方协商确定的索赔等费用,应在工程竣工结算中如实办理,不得因发、承包双方现场代表的中途变更改变其有效性",《建设工程工程量清单计价规范》(GB 50500—2008)规定:"发、承包双方确认的索赔与现场签证费用与工程进度款同期支付。"此举可避免发包方变相拖延工程款以及发包人以现场代表变更而不承认某些索赔或签证的事件发生。

51. 工程价款调整应遵循哪些原则?

工程建设过程中,发、承包双方都是国家法律、法规、规章及政策的执行者。因此,在发、承包双方履行合同的过程中,当国家的法律、法规、规章及政策发生变化,国家或省级、行业建设主管部门或其授权的工程造价管理机构据此发布工程造价调整文件,工程价款应当进行调整。《建设工程工程量清单计价规范》(GB 50500—2008)中规定:"招标工程以投标截止日前 28 天,非招标工程以合同签订前 28 天为基准日,其后国家的法律、法规、规章和政策发生变化影响工程造价的,应按省级或行业建设主管部门或其授权的工程造价管理机构发布的规定调整合同价款。"

52. 为什么要调整综合单价? 怎样调整?

(1)若施工中出现施工图纸(含设计变更)与工程量清单项目特征描述不符的,发、承包双方应按新的项目特征确定相应工程量清单项目的综合单价。如工程招标时,工程量清单对某实心砖墙砌体进行项目特征描述时,砂浆强度等级为 M2.5 混合砂浆,但施工过程中发包方将其变更为(或施工图纸原本就采用)砂浆强度等级为 M5.0 混合砂浆,显然这时应重新确定综合单价,因为 M2.5 和 M5.0 混合砂浆的价格是不一样的。

(2)因分部分项工程量清单漏项或非承包人原因的工程变更,造成增加新的工程量清单项目,其对应的综合单价按下列方法确定:

1)合同中已有适用的综合单价,按合同中已有综合单价确定。前提条件是其采用的材料、施工工艺和方法相同,亦不因此增加关键线路上工程的施工时间。

2)合同中类似的综合单价,参照类似的综合单价确定。前提条件是其采用的材料、施工工艺和方法基本相似,不增加关键线路上工程的施工时间,可仅就其变更后的差异部分,参考类似的项目单价由发、承包双方协商新的项目单价。

3)合同中没有适用或类似的综合单价,由承包人提出综合单价,经发包人确认后执行。

(3)因非承包人原因引起的工程量增减,该项工程量变化在合同约定幅度以内的,应执行原有的综合单价;该项工程量变化在合同约定幅度以外的,其综合单价及措施项目费应予以调整,如何进行调整应在合同中约定。如合同中未作约定,按以下原则:

1)当工程量清单项目工程量的变化幅度在10%以内时,其综合单价不做调整,执行原有综合单价。

2)当工程量清单项目工程量的变化幅度在10%以外,且其影响分部分项工程费超过0.1%时,其综合单价以及对应的措施费(如有)均应作调整。调整的方法是由承包人对增加的工程量或减少后剩余的工程量提出新的综合单价和措施项目费,经发包人确认后调整。

53. 为什么要调整措施费? 怎样调整?

因分部分项工程量清单漏项或非承包人原因的工程变更,引起措施项目发生变化,造成施工组织设计或施工方案变更,原措施费中已有的措施项目,按原措施费的组价方法调整;原措施费中没有的措施项目,由承包人根据措施项目变更情况,提出适当的措施费变更,经发包人确认后调整。

54. 办理竣工结算有哪些要求?

(1)分部分项工程费的计算。分部分项工程费应依据发、承包双方确认的工程量、合同约定的综合单价计算。如发生调整的,以发、承包双方确认的综合单价计算。

(2)措施项目费的计算。措施项目费应依据合同中约定的项目和金额计算,如合同中规定采用综合单价计价的措施项目,应依据发、承包双方确认的工程量和综合单价计算,规定采用"项"计价的措施项目,应依据合同约定的措施项目和金额或发、承包双方确认调整后的措施项目费金额计算。如发生调整的,以发承包双方确认调整的金额计算。

措施项目费中的安全文明施工费应按照国家或省级、行业建设主管部门的规定计算。施工过程中,国家或省级、行业建设主管部门对安全文明施工费进行了调整的,措施项目费中的安全文明施工费应作相应调整。

(3)其他项目费的计算。办理竣工结算时,其他项目费的计算应按以下要求进行:

1)计日工的费用应按发包人实际签证确认的数量和合同约定的相应单价计算。

2)当暂估价中的材料是招标采购的,其单价按中标在综合单价中调整。当暂估价中的材料为非招标采购的,其单价按发、承包双方最终确认的单价在综合单价中调整。

当暂估价中的专业工程是招标采购的,其金额按中标价计算。当暂估价中的专业工程为非招标采购的,其金额按发、承包双方与分包人最终确认的金额计算。

3)总承包服务费应依据合同约定的金额计算,发、承包双方依据合同约定对总承包服务进行了调整,应按调整后的金额计算。

4)索赔事件产生的费用在办理竣工结算时应在其他项目费中反映。索赔费用的金额应依据发、承包双方确认的索赔事项和金额计算。

5)现场签证发生的费用在办理竣工结算时应在其他项目费中反映。现场签证费用金额依据发、承包双方签证资料确认的金额计算。

6)合同价款中的暂列金额在用于各项价款调整、索赔与现场签证后,若有余额,则余额归发包人,若出现差额,则由发包人补足并反映在相应的工程价款中。

(4)规费和税金的计算。办理竣工结算时,规费和税金应按照国家或省级、行业建设主管部门规定的计取标准计算。

55. 办理工程竣工结算应遵循哪些原则?

(1)工程完工后,发、承包双方应在合同约定时间内办理工程竣工结算。合同中没有约定或约定不清的,按《建设工程工程量清单计价规范》(GB 50500—2008)中相关规定实施。

(2)工程竣工结算由承包人或受其委托具有相应资质的工程造价咨询人编制,由发包人或受其委托具有相应资质的工程造价咨询人核对。

56. 办理工程竣工结算的依据有哪些?

工程竣工结算的依据主要以下几个方面:

(1)《建设工程工程量清单计价规范》(GB 50500—2008);

(2)施工合同;

(3)工程竣工图纸及资料;

(4)双方确认的工程量;

(5)双方确认追加(减)的工程价款;

(6)双方确认的索赔、现场签证事项及价款;

(7)投标文件;

(8)招标文件;

(9)其他依据。

57. 怎样办理工程竣工结算?

(1)承包人应在合同约定时间内编制完成竣工结算书,并在提交竣工验收报告的同时递交给发包人。

承包人未在合同约定时间内递交竣工结算书,经发包人催促后仍未提供或没有明确答复的,发包人可以根据已有资料办理结算。

(2)发包人在收到承包人递交的竣工结算书后,应按合同约定时间核对。

同一工程竣工结算核对完成,发、承包双方签字确认后,禁止发包人又要求承包人与另一个或多个工程造价咨询人重复核对竣工结算。

(3)发包人或受其委托的工程造价咨询人收到承包人递交的竣工结算书后,在合同约定时间内,不核对竣工结算或未提出核对意见的,视为承包人递交的竣工结算书已经认可,发包人应向承包人支付工程结算价款。

承包人在接到发包人提出的核对意见后,在合同约定时间内,不确认也未提出异议的,视为发包人提出的核对意见已经认可,竣工结算办理完毕。

(4)发包人应对承包人递交的竣工结算书签收,拒不签收的,承包人可以不交付竣工工程。

承包人未在合同约定时间内递交竣工结算书的,发包人要求交付竣工工程,承包人应当交付。

(5)竣工结算办理完毕,发包人应将竣工结算书报送工程所在地工程造价管理机构备案。竣工结算书作为工程竣工验收备案、交付使用的必备文件。

(6)竣工结算办理完毕,发包人应根据确认的竣工结算书在合同约定时间内向承包人支付工程竣工结算价款。

(7)发包人未在合同约定时间内向承包人支付工程结算价款的,承包人可催告发包人支付结算价款。如达成延期支付协议的,发包人应按同期银行同类贷款利率支付拖欠工程价款的利息。如未达成延期支付协议,承包人可以与发包人协商将该工程折价,或申请人民法院将该工程依法拍卖,承包人就该工程折价或者拍卖的价款优先受偿。

58. 工程计价争议如何处理?

(1)在工程计价中,对工程造价计价依据、办法以及相关政策规定发生争议事项的,由工程造价管理机构负责解释。

(2)发包人以对工程质量有异议,拒绝办理工程竣工结算的,已竣工验收或已竣工未验收但实际投入使用的工程,其质量争议按该工程保修合同执行,竣工结算按合同约定办理;已竣工未验收且未实际投入使用的工程以及停工、停建工程的质量争议,双方应就有争议的部分委托有资质的检测鉴定机构进行检测,根据检测结果确定解决方案,或按工程质量监督机构的处理决定执行后办理竣工结算,无争议部分的竣工结算按合同约定办理。

(3)发、承包双方发生工程造价合同纠纷时,应通过下列办法解决:

1)双方协商。

2)提请调整,工程造价管理机构负责调解工程造价问题。

3)按合同约定向仲裁机构申请仲裁或向人民法院起诉。

(4)在合同纠纷案件处理中,需作工程造价鉴定的,应委托具有相应资质的工程造价咨询人进行。

第三章

·装饰装修工程定额计价·

1. 什么是定额?

所谓定额,就是在生产经营活动中,在人力、物力、财力消耗方面所应遵守或达到的数量标准。在建筑生产中,为了完成建筑产品,必须消耗一定数量的劳动力、材料和机械台班以及相应的资金,在一定的生产条件下,用科学方法制定出的生产质量合格的单位建筑产品所需要的劳动力、材料和机械台班等的数量标准,就称为建筑工程定额。

2. 为什么说工程定额具有权威性?

工程建设定额具有相当的权威性,这种权威在一些情况下具有经济法规性质。权威性反映统一的意志和统一的要求,也反映信誉和信赖程度以及反映定额的严肃性。

工程建设定额的权威性的客观基础是定额的科学性。只有科学的定额才具有权威性。但是在社会主义市场经济条件下,它必然涉及各有关方面的经济关系和利益关系。赋予工程建设定额以一定的权威性,就意味着在规定的范围内,对于定额的使用者和执行者来说,不论主观上愿意不愿意,都必须按定额的规定执行。在市场不规范的情况下,赋予工程建设定额以权威性是十分重要的。但是在竞争机制引入工程建设的情况下,定额的水平必然会受市场供求状况的影响,从而在执行中可能产生定额水平的浮动。

应该指出的是,在社会主义市场经济条件下,对定额的权威性不应该绝对化。定额毕竟是主观对客观的反映,定额的科学性会受到人们认识的局限。与此相关,定额的权威性也就会受到削弱核心的挑战。更为重要的是,随着投资体制的改革和投资主体多元化格局的形成,随着企业经营机制的转换,它们都可以根据市场的变化和自身的情况,自主地调整自己的决策行为。因此在这里,一些与经营决策有关的工程建设定额的权威性特征就弱化了。

3. 为什么说工程定额具有科学性?

工程建设定额的科学性首先表现在定额是在认真研究客观规律的基础上,自觉地遵守客观规律的要求,实事求是地制定的。因此,它能正确地反映单位产品生产所必需的劳动量,从而能以最少的劳动消耗取得最大的经济效果,促进劳动生产率的不断提高。

定额的科学性还表现在制定定额所采用的方法上,通过不断吸收现代科学技术的新成就,逐步完善,形成一套严密的确定定额水平的科学方法。这些方法不仅在实践中已经行之有效,而且还有利于研究建筑产品生产过程中的工时利用情况,从中找出影响劳动消耗的各种主客观因素,设计出合理的施工组织方案,挖掘生产潜力,提高企业管理水平,减少以至杜绝生产中的浪费现象,促进生产的不断发展。

4. 工程定额具有哪些作用?

在工程建设和企业管理中,确定和执行先进合理的定额是技术和经济管理工作中的重要一环。在工程项目的计划、设计和施工中,定额具有以下几方面的作用:

(1)定额是编制计划的基础。工程建设活动需要编制各种计划来组织与指导生产,而计划编制中又需要各种定额来作为计算人力、物力、财力等资源需要量的依据。定额是编制计划的重要基础。

(2)定额是确定造价的依据和评价方案经济合理性的尺度。工程造价是根据由设计规定的工程规模、工程数量及相应需要的劳动力、材料、机械设备消耗量及其他必须消耗确定的。其中,劳动力、材料、机械设备的消耗量又是根据定额计算出来的,定额是确定工程造价的依据。因此,定额又是比较和评价设计方案经济合理性的尺度。

(3)定额是组织和管理施工的工具。建筑企业要计算、平衡资源需要量、组织材料供应、调配劳动力、签发任务单、组织劳动竞赛、调动人的积极因素、考核工程消耗和劳动生产率、贯彻按劳分配工资制度、计算工人报酬等,都要利用定额。因此,从组织施工和管理生产的角度来说,企业定额又是建筑企业组织和管理施工的工具。

(4)定额是总结先进生产方法的手段。定额是在平均先进的条件下,通过对生产流程的观察、分析、综合等过程制定的,它可以最客观地反映出生产技术和劳动组织的先进合理程度。因此,我们就可以以定额方法为手段,对同一产品在同一操作条件下的不同的生产方法进行观察、分析和总结,从而得到一套比较完整的、优良的生产方法,作为生产中推广的范例。

由此可见,定额是实现工程项目,确定人力、物力和财力等资源需要量,有计划地组织生产,提高劳动生产率,降低工程造价,完成和超额完成计划的重要的技术经济工具,是工程管理和企业管理的基础。

5. 什么是工时研究?

工作时间的研究就是把劳动者在整个生产过程中所消耗的工作时间,根据其性质、范围和具体情况,予以科学的划分,归纳类别,分析取舍,明确规定哪些属于定额时间,哪些属于非定额时间,找出造成非定额时间的原因,以便拟定技术和组织措施,消除产生非定额时间因素,充分利用工作时间,提高劳动效率。

6. 影响施工过程的因素有哪些?

在施工过程中,生产效率受到诸多因素的影响。这些因素导致同一单位的产品,消耗的作业时间各不相同,甚至差别很大。为此,有必要对影响施工过程的因素进行研究,以便正确确定单位产品所需要的正常作业时间消耗。

(1)技术因素。技术因素包括产品的种类和质量要求;所用材料、半成品、构配件的类别、规格和性能;所用工具和机械设备的类别、型号、性能及完好情况。

(2)组织因素。组织因素包括施工组织与施工方法;劳动组织;工人技术水平、操作方法和劳动态度;工资分配形式;社会主义劳动竞赛。

(3)自然因素。自然因素包括酷暑、大风、雨雪、冰冻等因素,均要考虑在内。

7. 什么是工人工作时间? 应如何分类?

工人工作时间是指工人在工作班内消耗的工作时间。按其消耗的性质,基本可以分为两大类:必需消耗的时间(定额时间)和损失时间(非定额时间)。

工人工作时间的分类如图 3-1 所示。

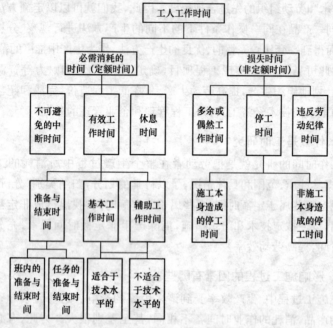

图 3-1　工人工作时间分类图

8. 什么是必需消耗时间？包括哪些内容？

必需消耗的时间是工人在正常施工条件下，为完成一定产品（工作任务）所消耗的时间。它是制定定额的主要根据。

必需消耗的工作时间，包括有效工作时间、休息和不可避免中断时间的消耗。

9. 什么是有效工作时间？包括哪些内容？

有效工作时间是从生产效果来看与产品生产直接有关的时间消耗。其中包括基本工作时间、辅助工作时间、准备与结束工作时间的消耗。

10. 什么是基本工作？

基本工作是指工人直接完成产品的各个工序的工作。例如砌墙过程中砌砖、检查砌体、勾缝等工序的工作,浇捣混凝土过程中的浇筑、振捣、抹平等工序的工作都属于基本工作。基本工作的工时消耗与任务量的大小成正比。在基本工作时间里,通过这些工艺流程可以使材料变形,如钢筋煨弯等;可以改变材料的结构与性质,如混凝土制品的养护干燥等;可以使预制构配件安装组合成形;也可以改变产品外部及表面的性质,如粉刷、油漆等。

根据定额制定的工作需要,基本工作按工人的技术水平又可分为:适合于工人技术水平及不适合于工人技术水平两种。工人的工作专长和技术操作水平符合于基本工作要求的技术等级或执行比其技术等级稍高的基本工作时,称为适合于工人技术水平的基本工作。工人执行低于其本人技术等级的基本工作时,称为不适合于工人技术水平的基本工作,如技工干普工工作。

对于辅助工人完成他们的生产任务的工作亦称为基本工作,如搬砖、运砂。

11. 什么是辅助工作?

辅助工作是指为保证完成基本工作和整个生产任务所必不可少的工作。例如:砌砖过程中的放线、收线、摆砖样、修理墙面等,混凝土浇捣过程中的移动跳扳、移动振捣器、浇水润湿模板等以及工具的磨快、校正和小修、机器的上油等。它的特点就是:有辅助的性质,其时间消耗的多少与任务量的大小成正比。在辅助工作时间里,不能使产品的形状大小、性质或位置发生变化。辅助工作时间的结束,往往就是基本工作时间的开始。辅助工作一般是手工操作。但如果在机手并动的情况下,辅助工作是在机械运转过程中进行的,为避免重复则不应再计辅助工作时间的消耗。

12. 什么是准备与结束工作?

准备与结束工作是指开始生产以前的准备工作,如接受施工任务单、研究图纸、准备工具、领取材料、布置工作地点以及生产任务完成后或下班前的结束工作,如工作地点的整理、清扫等。准备与结束工作时间消耗,一般说来,与工人接受任务的数量大小无直接关系,而与任务的复杂程度有关。所以,又可以把这项时间消耗分为班内的准备与结束工作时间和任务的准备与结束工作时间。

班内的准备与结束工作时间包括工人每天从工地仓库领取工具、设备的时间;准备安装设备的时间;机器开动前的观察和试车的时间;交接班时间等。

任务的准备与结束工作时间与每个工作日交替无关,但与具体任务有关。例如:接受施工任务书、研究施工详图、接受技术交底、领取完成该任务所需的工具和设备,以及验收交工等工作所消耗的时间。

13. 什么是休息时间?

休息时间系指在施工过程中,工人为了恢复体力所必需的短暂的间歇及因个人需要(如喝水、上厕)而消耗的时间,但午饭时的工作中断时间不属于施工过程中的休息时间,因为这段时间并不列入工作之内。休息时间的长短和劳动条件有关。劳动繁重紧张、劳动条件差(如高温),则休息时间需要长一些。

14. 什么是不可避免的中断时间?

不可避免的中断时间是由于施工工艺特点引起的工作中断所消耗的时间。与施工过程工艺特点有关的工作中断时间应作为必需消耗的时间,但应尽量缩短此项时间消耗。与工艺特点无关的工作中断时间是由于劳动组织不合理引起的,属于损失时间,不能作为必需消耗的时间。

另外,不可避免的中断时间应和休息时间结合起来考虑,不可避免的中断时间多了,休息时间就要减少。

15. 什么是损失时间? 包括哪些内容?

损失时间是指可能和产品生产无关,而和施工组织和技术上的缺点有关,与工人在施工过程的个人过失或某些偶然因素有关的消耗时间。

损失时间中包括有多余和偶然工作、停工、违背劳动纪律所引起的工时损失。

16. 什么是多余或偶然工作时间损失?

多余或偶然工作的时间损失是指多余工作引起的时间损失和偶然工

作引起的时间损失两种情况。

（1）多余工作是工人进行了任务以外的而又不能增加产品数量的工作。如对质量不合格的墙体返工重砌，对已磨光的水磨石进行多余的磨光等。多余工作的时间损失，一般都是由于工程技术人员和工人的差错而引起的修补废品和多余加工造成的，不是必需消耗的时间。

（2）偶然工作是工人在任务外进行的工作，但能够获得一定产品的工作。从偶然工作的性质看，不应考虑它是必需消耗的时间，但由于偶然工作能获得一定产品，也可适当考虑。

17. 什么是停工时间损失？包括哪些内容？

停工时间损失是工作班内停止工作造成的时间损失。停工时间按其性质可分为施工本身造成的停工时间和非施工本身造成的停工时间两种。

（1）施工本身造成的停工时间，是由于施工组织不善、材料供应不及时、工作面准备工作做得不好、工作地点组织不良等情况引起的停工时间。

（2）非施工本身造成的停工时间，是由于气候条件以及水源、电源中断引起的停工时间。由于自然气候条件的影响而又不在冬、雨季施工范围内的时间损失，应给予合理的考虑作为必需消耗的时间。

18. 什么是违反劳动纪律造成的工作时间损失？在定额中是否考虑？

违反劳动纪律造成的工作时间损失是指工人在工作班开始和午休后的迟到、午饭前的早退和工作班结束前的早退、擅自离开工作岗位、工作时间内聊天吸烟或办私事等造成的时间损失。由于个别工人违背劳动纪律而影响其他工人无法工作的时间损失，也包括在内。此项工时损失不应允许存在，因此在定额中是不能考虑的。

19. 怎样对机械工作时间进行分类？

在机械化施工过程中，对工作时间消耗的分析和研究，除了要对工人工作时间的消耗进行分类研究之外，还需要分类研究机器工作时间的消耗。

机器工作时间的消耗,按其性质可按图 3-2 所示进行分类。

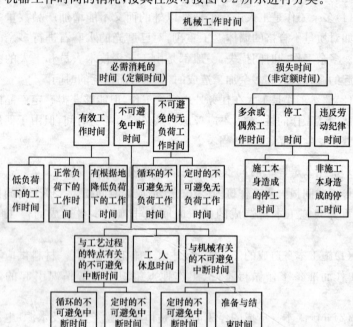

图 3-2　机械工作时间分类图

20. 机械有效工作时间消耗包括哪些内容?

机械有效工作的时间消耗包括正常负荷下、有根据地降低负荷下和低负荷下工作的工时消耗。

(1)正常负荷下的工作时间,是机械在与机械说明书规定的计算负荷相符的情况下进行工作的时间。

(2)有根据地降低负荷下的工作时间,是在个别情况下机械由于技术上的原因,在低于其计算负荷下工作的时间,例如汽车运输质量轻而体积大的货物时,不能充分利用汽车的载重吨位;起重机吊装轻型结构时,不能充分利用其起重能力,因而低于其计算负荷。

(3)低负荷下的工作时间,是由于工人或技术人员的过错所造成的施工机械在降低负荷的情况下工作的时间。例如工人装车的砂石数量不足、工人装入碎石机轧料口中的石块数量不够引起的汽车和碎石机在降低负荷的情况下工作所延续的时间。此项工作时间不能完全作为必需消耗的时间。

21. 机械不可避免的无负荷工作时间包括哪些内容？

机械不可避免的无负荷工作时间是由施工过程的特点和机械结构的特点造成的机械无负荷工作时间。不可避免的无负荷按出现的性质可分为循环的不可避免的无负荷和定时的不可避免的无负荷两种。

(1)循环的不可避免的无负荷是指由于机械工作特点引起并循环出现的无负荷现象。例如运输汽车在卸货后的空车回驶;铲土机卸土后回至取土地点的空车回驶;木工锯床、刨床在换取木料时的空转等。但是,对于一些复式行程的机械,其回程时间不应列为不可避免的无负荷,而仍应算作有效工作时间,例如打桩机打桩时桩锤的吊起时间,锯木机锯截后机架的回程时间。

(2)定时的不可避免的无负荷或称周期的不可避免的无负荷,它主要是发生在一些开行式机械,例如挖土机、压路机、运输汽车等在上班和下班时的空放和空回,以及在工地范围内由这一工作地点调至另一工作地点时的空驶上。

循环的不可避免的无负荷与定时的不可避免的无负荷的差别,主要在工作班时间内。前者是重复性、循环性的,而后者是单一性、定时性的。

22. 机械不可避免的中断工作时间包括哪些内容？

机械不可避免的中断工作时间是与工艺过程的特点、机械的使用和保养、工人休息有关的不可避免的中断时间。

(1)与工艺过程的特点有关的不可避免中断工作时间,有循环的和定期的两种。循环的不可避免中断,是在机械工作的每一个循环中重复一次,如汽车装货和卸货时的停车;定期的不可避免中断,是经过一定时期重复一次,如把灰浆泵由一个工作地点转移到另一工作地点时的工作中断。

(2)与机械有关的不可避免中断工作时间,是由于工人进行准备与结束工作或辅助工作时,机械停止工作而引起的中断工作时间。它是与机械的使用与保养有关的不可避免中断时间。

(3)工人休息时间。要注意的是,应尽量利用与工艺过程有关的和与机械有关的不可避免中断时间进行休息,以充分利用工作时间。

23. 机械工作损失时间包括哪些内容?

机械工作损失的时间中包括:多余工作、停工和违反劳动纪律所消耗的工作时间。

(1)机器的多余工作时间,是机器进行任务内和工艺过程内未包括的工作而延续的时间,如工人没有及时供料而使机器空运转的时间。

(2)机器的停工时间按其性质也可分为施工本身造成和非施工本身造成的停工。前者是由于施工组织得不好而引起的停工现象,如由于未及时供给机器燃料而引起的停工。后者是由于气候条件所引起的停工现象,如暴雨时压路机的停工,霜冻、洪水等。上述停工中延续的时间,均为机器的停工时间。

(3)违反劳动纪律引起的机器的时间损失是指由于工人迟到、早退或擅离岗位等原因引起的机器停工时间。

24. 什么是计时观察法? 其适宜于研究哪些项目的工时消耗?

计时观察法是研究工作时间消耗的一种技术测定方法。它以工时消耗为对象,以观察测时为手段,通过抽样技术进行直接的时间研究。

计时观察法适宜于研究人工手动过程和机手并动过程的工时消耗。

计时观察法运用于建筑施工中,是以现场观察为特征,所以也称之为现场观察法。

25. 建筑施工中运用计时观察法有哪些目的?

在建筑施工中运用计时观察法的主要目的是:查明工作时间消耗的性质和数量;查明和确定各种因素对工作时间消耗数量的影响;找出工时损失的原因和研究缩短工时、减少损失的可能性。

26. 计时观察前应做好哪些准备工作?

(1)确定需要进行计时观察的施工过程。计时观察之前的第一个准备工作,是研究并确定有哪些施工过程需要进行计时观察。对于需要进行计时观察的施工过程要编出详细的目录,拟定工作进度计划,制定组织技术措施,并组织编制定额的专业技术队伍,按计划认真开展工作。

(2)对施工过程进行预研究、对于已确定的施工过程的性质应进行充分的研究,目的是为了正确地安排计时观察和收集可靠的原始资料。研究的方法是全面地对各个施工过程及其所处的技术组织条件进行实际调查和分析,以便设计正常的(标准的)施工条件和分析研究测时数据。

(3)选择施工的正常条件。绝大多数企业和施工队、组,在合理组织施工的条件下所处的施工条件,称之为施工的正常条件。选择施工的正常条件是技术测定中的一项重要内容,也是确定定额的依据。

施工条件一般包括工人的技术等级是否与工作等级相符,工具与设备的种类和质量、工程机械化程度、材料实际需要量、劳动的组织形式、工资报酬形式、工作地点的组织和其准备工作是否及时,安全技术措施的执行情况、气候条件、劳动竞赛开展情况等。所有这些条件,都有可能影响产品生产中的工时消耗。

施工的正常条件应该符合有关的技术规范;符合正确的施工组织和劳动组织条件;符合已经推广的先进的施工方法、施工技术和操作。施工的正常条件是施工企业和施工队(班组)应该具备也能够具备的施工条件。

(4)选择观察对象。所谓观察对象,就是对其进行计时观察的施工过程和完成该施工过程的工人。选择计时观察对象,必须注意所选择的施工过程要完全符合正常施工条件;所选择的建筑安装工人,应具有与技术等级相符的工作技能和熟练程度,所承担的工作与其技术等级相等,同时应该能够完成或超额完成现行的施工劳动定额。

(5)调查所测定施工过程的影响因素。施工过程的影响因素包括技术、组织及自然因素。例如产品和材料的特征(规格、质量、性能等);工具和机械性能、型号;劳动组织和分工;施工技术说明(工作内容、要求等),并附施工简图和工作地点平面布置图。

(6)其他准备工作。进行计时观察还必须准备好必要的用具和表格。如测时用的秒表或电子计时器,测量产品数量的工、器具,记录和整理测时资料用的各种表格等。如果有条件并且也有必要,还可配备电影摄像和电子记录设备。

27. 计时观察前怎样对施工过程进行研究？

(1)熟悉与该施工过程有关的现行技术规范和技术标准等文件和资料。

(2)了解新采用的工作方法的先进程度，了解已经得到推广的先进施工技术和操作，还应该了解施工过程存在的技术组织方面的缺点和由于某些原因造成的混乱现象。

(3)注意系统地收集完成定额的统计资料和经验资料，以便与计时观察所得的资料进行对比分析。

(4)把施工过程划分为若干个组成部分（一般划分到工序）。施工过程划分的目的是便于计时观察。如果计时观察的目的是为了研究先进工作法，或是分析影响劳动生产率提高或降低的因素，则必须将施工过程划分到操作以至动作。

(5)确定定时点和施工过程产品的计量单位。定时点是上下两个相衔接的组成部分之间时间上的分界点。确定定时点，对于保证计时观察的精确性是不容忽视的因素。例如砌砖过程中，取砖和将砖放在墙上这个组成部分，它的开始是工人手接触砖的那一瞬间，结束是将砖放在墙上手离开砖的那一瞬间。确定产品计量单位，要能具体地反映产品的数量，并具有最大限度的稳定性。

28. 怎样选择计时观察对象？

(1)制定劳动定额，应选择有代表性的班组或个人，包括各类先进的或比较后进的班组或个人。

(2)总结推广先进经验，应选择先进的班组或个人。

(3)帮助后进班组提高工效，应选择长期不能完成定额的班组或个人，提高后再次观察。

29. 计时观察方法有哪几种？

对施工过程进行观察、测时，计算实物和劳务产量，记录施工过程所处的施工条件和确定影响工时消耗的因素，是计时观察法三项主要内容和要求。计时观察法种类很多，其中最主要的有三种，如图 3-3 所示。

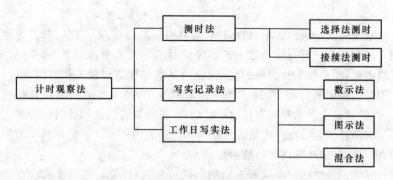

图 3-3　计时观察法的种类

30. 什么是测时法？分为哪几种具体方法？

测时法主要适用于测定那些定时重复的循环工作的工时消耗，主要测定"有效工作时间"中的"基本工作时间"，是精确度比较高的一种计时观察法。有选择法测时和连续法测时两种具体方法。

（1）选择法测时是指间隔选择施工过程中非紧连的测定工时的，精确度达 0.5s。

采用选择法测时，当被观察的某一循环工作的组成部分开始，观察者立即开动秒表，当该组成部分终止，则立即停止秒表，然后把秒表上指示的延续时间记录到选择法测时记录（循环整理）表上，并把秒针拨回到零点。下一组成部分开始，再开动秒表，如此依次观察，并依次记录下延续时间。

采用选择法测时，应特别注意掌握定时点。记录时间时仍在进行的工作组成部分，应不予观察。

（2）连续法测时较选择法测时准确、完善，但观察技术也较之复杂。它的特点是，在工作进行中和非循环组成部分出现之间一直不停止秒表，秒针走动过程中，观察者根据各组成部分之间的定时点，记录它的终止时间。由于这个特点，在观察时，要使用双针秒表，以便使其辅助针停止在某一组成部分的结束时间上。

31. 什么是写实记录法？

写实记录法是一种研究各种性质的工作时间消耗的方法。采用这种方法，可以获得分析工作时间消耗的全部资料，并且精确程度能达到

0.5～1min。

对于写实记录的各项观察资料,要在事后加以整理。在整理时,先将施工过程各组成部分按施工工艺顺序从写实记录表上抄录下来,并摘录工时消耗;然后按工时消耗的性质,分为基本工作与辅助工作时间、休息和不可避免中断时间、违背劳动纪律时间等项,按各类时间消耗进行统计,并计算整个观察时间即是总工时消耗;再计算各组成部分时间消耗占总工时消耗的百分比。产品数量从写实记录表内抄录。单位产品工时消耗,由总工时消耗除以产品数量得到。

写实记录法按记录时间方法的不同可分为数示法、图示法和混合法三种。

(1)数示法写实记录是指可以同时对两个工人进行观察,观察的工时消耗,记录在专门的数示法写实记录表中,数示法用来对整个工作班或半个工作班进行长时间观察。

(2)图示法是在规定格式的图表上用时间进度线条表示工时消耗量的一种记录方式,精确度可达 30s,可同时对三个以内的工人进行观察。

(3)混合法吸取数字和图示两种方法的优点,以时间进度线条表示工序的延续时间,在进度线的上部加写数字表示各时间区段的工人数。混合法适用于三个以上工人的小组工时消耗的测定与分析。记录观察资料的表格仍采用图示法写实记录表。填写表格时,各组成部分延续时间用图示法填写,完成每一组成部分的工人人数,则用数字填写在该组成部分时间线段的上面。

32. 什么是工作日写实法? 运用工作日写实法有哪些目的?

工作日写实法是一种研究整个工作班内的各种工时消耗的方法。

运用工作日写实法主要有两个目的,一是取得编制定额的基础资料;二是检查定额的执行情况,找出缺点,改进工作。当它被用来达到第一个目的时,工作日写实的结果要获得观察对象在工作班内工时消耗的全部情况,以及产品数量和影响工时消耗的影响因素。其中工时消耗应该按工时消耗的性质分类记录。当它被用来达到第二个目的时,通过工作日写实应该做到:查明工时损失量和引起工时损失的原因,制订消除工时损失、改善劳动组织和工作地点组织的措施,查看熟练工人是否能发挥自己的专长,确定合理的小组编制和合理的小组分工;确定机器在时间利用和生产率方面的情况,找出使用不当的原因,订出改善机器使用情况的技术组织措施;计算工人或机器完成定额的实际百分比和可能百分比。

33. 什么是施工定额?

施工定额是以同一性质的施工过程或工序为测定对象,确定工人在正常施工条件下,为完成单位合格产品所需劳动、机械、材料消耗的数量标准,企业定额一般称为施工定额。施工定额是施工企业直接用于建筑工程施工管理的一种定额。施工定额由劳动定额、材料消耗定额和机械台班定额组成,是最基本的定额。

34. 施工定额的作用有哪些?

施工定额是施工企业进行科学管理的基础。施工定额的作用体现在:它是编制施工组织设计、施工作业设计和确定人工、材料及机械台班需要量计划的基础;是施工企业向工作班(组)签发任务单、限额领料的依据;是组织工人班(组)开展劳动竞赛、实行内部经济核算、承发包、计取劳动报酬和奖励工作的依据;是编制预算定额和企业补充定额的基础。

35. 施工定额的编制水平是指什么?

定额水平是指规定消耗在单位产品上的劳动、机械和材料数量的多少。施工定额的水平应直接反映劳动生产率水平,也反映劳动和物质消耗水平。

所谓平均先进水平是指在正常条件下,多数施工班组或生产者经过努力可以达到,少数班组或生产者可以接近,个别班组或生产者可以超过的水平。通常,它低于先进水平,略高于平均水平。这种水平使先进的班组和工人感到有一定压力,大多数处于中间水平的班组或工人感到定额水平可望也可及。平均先进水平不迁就少数落后者,而是使他们产生努力工作的责任感,尽快达到定额水平。所以,平均先进水平是一种鼓励先进、勉励中间、鞭策后进的定额水平。贯彻"平均先进"的原则,才能促进企业科学管理和不断提高劳动生产率,进而达到提高企业经济效益的目的。

36. 什么是劳动定额?

劳动定额又称人工定额,是工人在正常的施工(生产)条件下、在一定的生产技术和生产组织条件下、在平均先进水平的基础上制定的。它表明每个建筑安装工人生产单位合格产品所必需消耗的劳动时间,或在单位时间所生产的合格产品的数量。

37. 劳动定额的作用有哪些?

劳动定额的作用主要表现在更好地组织生产和平均按劳分配两个方面。在一般情况下,两者是相辅相成的,即生产决定分配,分配促进生产。当前对企业基层推行的各种形式的经济责任制的分配形式,无一不是以劳动定额作为核算基础的。具体来说,劳动定额的作用主要表现在以下几个方面:

(1)劳动定额是编制施工作业计划的依据。编制施工作业计划必须以劳动定额作为依据,才能准确地确定劳动消耗和合理地确定工期,不仅在编制计划时要依据劳动定额,在实施计划时,也要按照劳动定额合理地平衡调配和使用劳动力,以保证计划的实现。

通过施工任务书把施工作业计划和劳动定额下达给生产班组,作为施工(生产)指令,组织工人达到和超过劳动定额水平,完成施工任务书下达的工程量。这样就把施工作业计划和劳动定额通过施工任务书这个中间环节与工人紧密联系起来,使计划落实到工人群众,从而使企业完成和超额完成计划有了切实可靠的保证。

(2)劳动定额是贯彻按劳分配原则的重要依据。按劳分配原则是社会主义社会的一项基本原则。贯彻这个原则必须以平均先进的劳动定额为衡量尺度,按照工人生产产品的数量和质量来进行分配。工人完成劳动定额的水平决定了他们实际收入和超额劳动报酬的多少,只有多劳才能多得。这样就把企业完成施工(生产)计划,提高经济效益与个人物质利益直接结合起来。

(3)劳动定额是开展社会主义劳动竞赛的必要条件。社会主义劳动竞赛,是调动广大职工建设社会主义积极性的有效措施。劳动定额在竞赛中起着检查、考核和衡量的作用。一般来说,完成劳动定额的水平愈高,对社会主义建设事业的贡献也就愈大。以劳动定额为标准,就可以衡量出工人贡献的大小,工效的高低,使不同单位、不同工种工人之间有了可比性,便于鼓励先进,帮助后进,带动一般,从而提高劳动生产率,加快工作速度。

（4）劳动定额是企业经济核算的重要基础。为了考核、计算和分析工人在生产中的劳动消耗和劳动成果，就要以劳动定额为依据进行劳动核算。人工定额完成情况，单位工程用工，人工成本（或单位工程的工资含量）是企业经济核算的重要内容。只有用劳动定额严格地、精确地计算和分析比较施工（生产）中的消耗和成果，对劳动消耗进行监督和控制，不断降低单位成品的工时消耗，努力节约人力，才能降低产品成本中的人工费和分摊到产品成本中的管理费。

38. 劳动定额分为哪几种形式？

劳动定额按照用途不同，可以分为时间定额和产量定额两种形式。

时间定额和产量定额是同一个劳动定额量的不同表示方法，但有各自不同的用处。时间定额便于综合，便于计算总工日数，便于核算工资，所以劳动定额一般均采用时间定额的形式。产量定额便于施工班组分配任务，便于编制施工作业计划。

39. 什么是时间定额？应如何计算？

时间定额就是某种专业（工种）、某种技术等级的工人小组或个人，在合理的劳动组合、合理的使用材料、合理的施工机械配合条件下，生产某一单位合格产品所必需的工作时间，包括准备与结束时间、基本生产时间、辅助生产时间、不可避免的中断时间以及工人必要的休息时间。

时间定额以工日为单位，每一工日按 8 小时工作计算，其计算公式如下：

$$单位产品时间定额（工日）=\frac{1}{每工产量}$$

或

$$单位产品时间定额（工日）=\frac{小组成员工日数总和}{台班产量}$$

40. 什么是产量定额？应如何计算？

产量定额就是在合理的劳动组合、合理的使用材料、合理的机械配合条件下，某种专业（工种）、某种技术等级的工人小组或个人，在单位工日中所完成的合格产品的数量。

产量定额根据时间定额计算，其计算公式如下：

$$每工产量=\frac{1}{单位产品时间定额（工日）}$$

或　　　　　　　$$台班产量 = \frac{小组成员工日数的总和}{单位产品时间定额（工日）}$$

产量定额的计量单位，通常以自然单位或物理单位来表示，如台、套、个、m、m²、m³ 等。

产量定额的高低与时间定额成反比，两者互为倒数。生产某一单位合格产品所消耗的工时越少，则在单位时间内的产品产量就越高；反之就越低。

$$时间定额 \times 产量定额 = 1$$

或　　　　　　　$$时间定额 = \frac{1}{产量定额}$$

$$产量定额 = \frac{1}{时间定额}$$

所以两种定额中，无论知道哪一种定额，都可以很容易计算出另一种定额。

41. 影响工时消耗的因素有哪些？

（1）技术因素：包括完成产品的类别；材料、构配件的种类和型号等级；机械和机具的种类、型号和尺寸；产品质量等。

（2）组织因素：包括操作方法和施工的管理与组织；工作地点的组织；人员组成和分工；工资与奖励制度；原材料和构配件的质量及供应的组织；气候条件等。

42. 劳动定额编制时的计时观察资料应如何整理？

对每次计时观察的资料进行整理之后，要对整个施工过程的观察资料进行系统的分析研究和整理。

整理观察资料的方法大多是采用平均修正法。平均修正法是一种在对测时数列进行修正的基础上，求出平均值的方法。修正测时数列，就是剔除或修正那些偏高、偏低的不属于常规的数值。目的是保证不受那些偶然性因素的影响。

如果测时数列受到产品数量的影响时，采用加权平均值则是比较适当的。因为采用加权平均值可在计算单位产品工时消耗时，考虑到每次观察中产品数量变化的影响，从而使我们也能获得可靠的值。

43. 劳动定额编制时日常积累的资料有哪些种类?

日常积累的资料主要有四类:一类是现行定额的执行情况及存在问题的资料;再一类是企业和现场补充定额资料,如因现行定额漏项而编制的补充定额资料,因解决采用新技术、新结构、新材料和新机械而产生的定额缺项所编制的补充定额资料;第三类是已采用的新工艺和新的操作方法的资料;第四类是现行的施工技术规范、操作规程、安全规程和质量标准等。

44. 怎样拟定劳动定额的编制方案?

(1)提出对拟编定额的定额水平总的设想。

(2)拟定定额分章、分节、分项的目录名称。

(3)选择产品和人工、材料、机械的计量单位。

(4)设计定额表格的形式和内容。

45. 劳动定额编制时怎样确定正常的施工条件?

(1)拟定工作地点的组织。工作地点是工人施工活动场所。拟定工作地点的组织时,要特别注意使人在操作时不受妨碍,所使用的工具和材料应按使用顺序放置于工人最便于取用的地方,以减少疲劳和提高工作效率,工作地点应保持清洁和秩序井然。

(2)拟定工作组。拟定工作组成就是将工作过程按照劳动分工的可能划分为若干工序,以达到合理使用技术工人。可以采用两种基本方法。一种是把工作过程中若干个简单的工序,划分给技术熟练程度较低的工人去完成;一种是分出若干个技术程度较低的工人,去帮助技术程度较高的工人工作。采用后一种方法就把个人完成的工作过程,变成小组完成的工作过程。

(3)拟定施工人员编制。拟定施工人员编制即确定小组人数、技术工人的配备,以及劳动的分工和协作。原则是使每个工人都能充分发挥作用,均衡地担负工作。

46. 怎样拟定基本工作时间?

基本工作时间在必需消耗的工作时间中占的比重最大。在确定基本工作时间时,必须细致、精确。基本工作时间消耗一般应根据计时观察资料来确定。其做法是,首先确定工作过程每一组成部分的工时消耗,然后再综合出工作过程的工时消耗。如果组成部分的产品计量单位和工作过程的产品计量单位不符,就需先求出不同计量单位的换算系数,进行产品计量单位的换算,然后再相加,求得工作过程的工时消耗。

47. 怎样拟定不可避免的中断时间?

拟定不可避免的中断时间是指在确定不可避免中断时间的定额时,必须注意由工艺特点所引起的不可避免中断才可列入工作过程的时间定额。

不可避免中断时间也需要根据测时资料通过整理分析获得,也可以根据经验数据或工时规范,以占工作日的百分比表示此项工时消耗的时间定额。

48. 怎样拟定休息时间?

拟定休息时间是指应根据工作班作息制度、经验资料、计时观察资料,以及对工作的疲劳程度作全面分析来确定。同时,应考虑尽可能利用不可避免中断时间作为休息时间。

从事不同工种、不同工作的工人,同样工作时间内疲劳程度有很大差别。为了合理确定休息时间,往往要对从事各种工作的工人进行观察、测定,以及进行生理和心理方面的测试,以便确定其疲劳程度。国内外往往按工作轻重和工作条件好坏,将各种工作划分为不同的级别。如我国某地区工时规范将体力劳动分为六类:最沉重、沉重、较重、中等、较轻、轻便。

划分出疲劳程度的等级,就可以合理规定休息需要的时间。在上面引用的规范中,按六个等级其休息时间见表 3-1。

表 3-1　　　　　　　　　　　　休息时间占工作日的比重

疲劳程度	轻便	较轻	中等	较重	沉重	最沉重
等级	1	2	3	4	5	6
占工作日比重(%)	4.16	6.25	8.33	11.45	16.7	22.9

49. 怎样拟定定额时间? 应如何计算?

拟定定额时间是指确定的基本工作时间、辅助工作时间、准备与结束工作时间、不可避免中断时间和休息时间之和,就是劳动定额的时间定额。根据时间定额可计算出产量定额,时间定额和产量定额互成倒数。

利用工时规范,可以计算劳动定额的时间定额,计算公式为

$$作业时间＝基本工作时间＋辅助工作时间$$
$$规范时间＝准备与结束工作时间＋不可避免的中断时间＋休息时间$$
$$工序作业时间＝基本工作时间＋辅助工作时间$$
$$＝基本工作时间/[1－辅助时间(％)]$$
$$定额时间＝\frac{作业时间}{1－规范时间％}$$

50. 什么是机械台班定额?

在工程施工中,有些工程产品或工作是由工人来完成的,有些是由机械来完成的,有些则是由人工和机械配合共同完成的。由机械或人机配合来完成的产品或工作中,就包含一个机械工作时间。

机械台班使用定额或称机械台班消耗定额,是指在正常施工条件下,合理的劳动组合和使用机械,完成单位合格产品或某项工作所必需的机械工作时间,包括准备与结束时间、基本工作时间、辅助工作时间、不可避免的中断时间以及使用机械的工人生理需要与休息时间。

51. 机械台班定额有哪些表现形式?

机械台班定额的形式按其表现形式不同,可分为时间定额和产量定额。

52. 什么是机械时间定额?

机械时间定额是指在合理劳动组织与合理使用机械条件下,完成单位合格产品所必需的工作时间,包括有效工作时间(正常负荷下的工作时间和降低负荷下的工作时间)、不可避免的中断时间、不可避免的无负荷工作时间。机械时间定额以"台班"表示,即一台机械工作一个作业班时间。一个作业班时间为 8 个小时。

$$单位产品机械时间定额(台班)＝\frac{1}{台班产量}$$

由于机械必须由工人小组配合,所以完成单位合格产品的时间定额,同时列出人工时间定额,即

$$单位产品人工时间定额(工日)=\frac{小组成员总人数}{台班产量}$$

53. 什么是机械产量定额?

机械产量定额是指在合理劳动组织与合理使用机械条件下,机械在每个台班时间内应完成合格产品的数量:

$$机械产量定额=\frac{1}{机械时间定额(台班)}$$

机械时间定额和机械产量定额互为倒数关系。

复式表示法有如下形式:

$$\frac{人工时间定额}{机械台班产量}或\frac{人工时间定额}{机械台班产量}$$

54. 怎样确定机械台班定额编制时的正常施工条件?

拟定机械工作正常条件,主要是拟定工作地点的合理组织和合理的工人编制。

工作地点的合理组织,就是对施工地点机械和材料的放置位置、工人从事操作的场所,做出科学合理的平面布置和空间安排。它要求施工机械和操纵机械的工人在最小范围内移动,但又不阻碍机械运转和工人操作;应使机械的开关和操纵装置尽可能集中地装置在操纵工人的近旁,以节省工作时间和减轻劳动强度;应最大限度发挥机械的效能,减少工人的手工操作。

拟定合理的工人编制,就是根据施工机械的性能和设计能力,工人的专业分工和劳动工效,合理确定操纵机械的工人和直接参加机械化施工过程的工人的编制人数。

55. 怎样确定机械 1h 的纯工作正常生产率?

确定机械正常生产率时,必须首先确定出机械纯工作 1h 的正常生产率。

机械纯工作时间,就是指机械的必需消耗时间。机械 1h 纯工作正常生产率,就是在正常施工组织条件下,具有必需的知识和技能的技术工人操纵机械 1h 的生产率。

根据机械工作特点的不同,机械 1h 纯工作正常生产率的确定方法,也有所不同。对于循环动作机械,确定机械纯工作 1h 正常生产率的计算

公式为

$$\begin{matrix}机械一次循环的\\正常延续时间\end{matrix} = \sum \begin{pmatrix}循环各组成部分\\正常延续时间\end{pmatrix} - 交叠时间$$

$$\begin{matrix}机械纯工作 1h\\循环次数\end{matrix} = \frac{60 \times 60(s)}{一次循环的正常延续时间}$$

$$\begin{matrix}机械纯工作 1h\\正常生产率\end{matrix} = \begin{matrix}机械纯工作 1h\\正常循环次数\end{matrix} \times \begin{matrix}一次循环生产\\的产品数量\end{matrix}$$

从公式中可以看到:计算循环机械纯工作 1h 正常生产率的步骤是:根据现场观察资料和机械说明书确定各循环组成部分的延续时间;将各循环组成部分的延续时间相加,减去各组成部分之间的交叠时间,求出循环过程的正常延续时间;计算机械纯工作 1h 的正常循环次数;计算循环机械纯工作 1h 的正常生产率。

对于连续动作机械,确定机械纯工作 1h 正常生产率要根据机械的类型和结构特征,以及工作过程的特点来进行,计算公式为

$$\begin{matrix}连续动作机械纯工作\\1h 正常生产率\end{matrix} = \frac{工作时间内生产的产品数量}{工作时间(h)}$$

工作时间内的产品数量和工作时间的消耗,要通过多次现场观察和机械说明书来取得数据。

对于同一机械进行作业属于不同的工作过程,如挖掘机所挖土壤的类别不同,碎石机所破碎的石块硬度和粒径不同,均需分别确定其纯工作 1h 的正常生产率。

56. 怎样确定施工机械的正常利用系数?

施工机械的正常利用系数,是指机械在工作班内对工作时间的利用率。机械的利用系数和机械在工作班内的工作状况有着密切的关系。所以,要确定机械的正常利用系数,首先要拟定机械工作班的正常工作状况,保证合理利用工时。

确定机械正常利用系数,要计算工作班正常状况下准备与结束工作,机械启动、机械维护等工作所必需消耗的时间,以及机械有效工作的开始与结束时间,从而进一步计算出机械在工作班内的纯工作时间和机械正常利用系数。机械正常利用系数的计算公式为

$$\begin{matrix}机械正常\\利用系数\end{matrix} = \frac{机械在一个工作班内纯工作时间}{一个工作班延续时间(8h)}$$

57. 怎样计算施工机械台班定额？

计算施工机械定额是编制机械定额工作的最后一步。在确定了机械工作正常条件、机械 1h 纯工作正常生产率和机械正常利用系数之后，采用下列公式计算施工机械的产量定额：

$$\frac{\text{施工机械台班}}{\text{产量定额}} = \frac{\text{机械 1h 纯工作}}{\text{正常生产率}} \times \frac{\text{工作班纯工作}}{\text{时间}}$$

或

$$\frac{\text{施工机械台}}{\text{班产量定额}} = \frac{\text{机械 1h 纯工}}{\text{作正常生产率}} \times \frac{\text{工作班延}}{\text{续时间}} \times \frac{\text{机械正常}}{\text{利用系数}}$$

$$\text{施工机械时间定额} = \frac{1}{\text{机械台班产量定额指标}}$$

58. 什么是材料消耗定额？

材料消耗定额是指在正常的施工（生产）条件下，在合理使用材料的情况下，生产单位合格产品所必须消耗的一定品种、规格的材料、半成品、配件等的数量标准。

材料消耗定额是编制材料需要量计划、运输计划、供应计划、计算仓库面积、签发限额领料单和经济核算的根据。制定合理的材料消耗定额，是组织材料的正常供应，保证生产顺利进行，以及合理利用资源，减少积压、浪费的必要前提。

59. 施工中材料消耗分为哪几种？

施工中材料的消耗，可分为必须的材料消耗和损失的材料两类性质。

必须消耗的材料是指在合理用料的条件下，生产合格产品所需消耗的材料。它包括直接用于建筑和安装工程的材料；不可避免的施工废料；不可避免的材料损耗。

必须消耗的材料属于施工正常消耗，是确定材料消耗定额的基本数据。其中：直接用于建筑和安装工程的材料，编制材料净用量定额；不可避免的施工废料和材料损耗，编制材料损耗定额。

60. 什么是材料损耗率？应如何计算？

材料各种类型的损耗量之和称为材料损耗量，除去损耗量之后净用于工程上的数量称为材料净用量，材料净用量与材料损耗量之和称为材料总消耗量，损耗量与总消耗量之比称为材料损耗率，它们的关系用公式

表示为

$$损耗率 = \frac{损耗量}{总消耗量} \times 100\%$$

$$损耗量 = 总消耗量 - 净用量$$

$$净用量 = 总消耗量 - 损耗量$$

$$总消耗量 = \frac{净用量}{1 - 损耗率}$$

$$或 = 净用量 + 损耗量$$

为了简便,通常将损耗量与净用量之比作为损耗率,即

$$损耗率 = \frac{损耗量}{净用量} \times 100\%$$

$$总消耗量 = 净用量 \times (1 + 损耗率)$$

61. 材料消耗定额如何制定?

材料消耗定额必须在充分研究材料消耗规律的基础上制定。科学的材料消耗定额应当是材料消耗规律的反映。材料消耗定额是通过施工生产过程中对材料消耗进行观测、试验以及根据技术资料的统计与计算等方法制定的。

62. 怎样利用观测法编制材料消耗定额?

观测法亦称现场测定法,是在合理使用材料的条件下,在施工现场按一定程序对完成合格产品的材料耗用量进行测定,通过分析、整理,最后得出一定的施工过程单位产品的材料消耗定额。

利用现场测定法主要是为了编制材料损耗定额,也可以提供编制材料净用量定额的数据。其优点是能通过现场观察、测定,取得产品产量和材料消耗的情况,为编制材料定额提供技术根据。

观测法的首要任务是选择典型的工程项目,其施工技术、组织及产品质量,均要符合技术规范的要求;材料的品种、型号、质量也应符合设计要求;产品检验合格,操作工人能合理使用材料和保证产品质量。

在观测前要充分做好准备工作,如选用标准的运输工具和衡量工具,采取减少材料损耗措施等。

观测的结果,要取得材料消耗的数量和产品数量的数据资料。

观测法是在现场实际施工中进行的。观测法的优点是真实可靠,能

发现一些问题,也能消除一部分消耗材料不合理的浪费因素。但是,用这种方法制定材料消耗定额,由于受到一定的生产技术条件和观测人员的水平等限制,仍然不能把所消耗材料不合理的因素都揭露出来。同时,也能把生产和管理工作中的某些与消耗材料有关的缺点保存下来,以备再次分析。

对观测取得的数据资料要进行分析研究,区分哪些是合理的,哪些是不合理的,哪些是不可避免的,以制定出在一般情况下都可以达到的材料消耗定额。

63. 怎样利用试验法编制材料消耗定额?

试验法是指在材料试验室中进行试验和测定数据。例如以各种原材料为变量因素,求得不同强度等级混凝土的配合比,从而计算出 $1m^3$ 混凝土的各种材料耗用量。

利用试验法,主要是编制材料净用量定额。通过试验,能够对材料的结构、化学成分和物理性能以及按强度等级控制的混凝土、砂浆配比作出科学的结论,为编制材料消耗定额提供有技术根据的、比较精确的计算数据。

64. 怎样利用统计法编制材料消耗定额?

统计法是指通过对现场材料进场和材料消耗的大量统计资料进行分析计算,获得材料消耗的数据。这种方法由于不能分清材料消耗的性质,因而不能作为确定材料净用量定额和材料损耗定额的精确依据。

用统计法制定材料消耗定额一般采取两种方法:

(1)经验估算法。指以有关人员的经验或以往同类产品的材料实耗统计资料为依据,通过研究分析并考虑有关影响因素的基础上制定材料消耗定额的方法。

(2)统计法。统计法是对某一确定的单位工程拨付一定的材料,待工程完工后,根据已完产品数量和领退材料的数量,进行统计和计算的一种方法。这种方法的优点是不需要专门人员测定和实验。由统计得到的定额有一定的参考价值,但其准确程度较差,应对其进行深入分析研究后才能采用。

65. 怎样利用理论计算法编制材料消耗定额?

理论计算法是根据施工图,运用一定的数学公式,直接计算材料耗用量。计算法只能计算出单位产品的材料净用量,材料的损耗量仍要在现场通过实测取得。采用这种方法必须对工程结构、图纸要求、材料特性和规格、施工及验收规范、施工方法等先进行了解和研究。计算法适宜于不易产生损耗,且容易确定废料的材料,如木材、钢材、砖瓦、预制构件等材料。因为这些材料根据施工图纸和技术资料从理论上都可以计算出来,不可避免的损耗也有一定的规律可找。

理论计算法是材料消耗定额制定方法中比较先进的方法。但是,用这种方法制定材料消耗定额,要求掌握一定的技术资料和各方面的知识,以及有较丰富的现场施工经验,需较专业的人员来实施。

66. 周转性材料消耗量如何计算?

周转性材料在施工过程中不是通常的一次性消耗材料,而是可多次周转使用,经过修理、补充后慢慢地才逐渐消耗尽的材料。如模板、钢板桩、脚手架等,实际上它亦是作为一种施工工具和措施。在编制材料消耗定额时,应按多次使用、分次摊销的办法确定。

周转性材料消耗的定额量是指每使用一次摊销的数量,其计算必须考虑一次使用量、周转使用量、回收价值和摊销量之间的关系。

(1)一次使用量是指周转性材料一次使用的基本量,即一次投入量。周转性材料的一次使用量根据施工图计算,其用量与各分部分项工程部位、施工工艺和施工方法有关。

(2)周转使用量是指周转性材料在周转使用和补损的条件下,每周转一次的平均需用量,根据一定的周转次数和每次周转使用的损耗量等因素来确定。

1)周转次数是指周转性材料从第一次使用起可重复使用的次数。它与不同的周转性材料、使用的工程部位、施工方法及操作技术有关。正确规定周转次数,对准确计算用料,加强周转性材料管理和经济核算起重要作用。

为了使周转材料的周转次数确定接近合理,应根据工程类型和使用条件,采用各种测定手段进行实地观察,结合有关的原始记录、经验数据加以综合取定。

2)损耗量是周转性材料使用一次后由于损坏而需补损的数量,故在周转性材料中又称"补损量",按一次使用量的百分数计算。该百分数即为损耗率。

(3)周转回收量是指周转性材料在周转使用后除去损耗部分的剩余数量,即尚可以回收的数量。

(4)周转性材料摊销量是指完成一定计量单位产品,一次消耗周转性材料的数量,其计算公式为

$$材料的摊销量＝一次使用量×摊销系数$$

其中

$$一次使用量＝材料的净用量×(1－材料损耗率)$$

$$摊销系数＝\frac{周转使用系数－[(1－损耗率)×回收价值率]}{周转次数×100\%}$$

$$周转使用系数＝\frac{(周转次数－1)×损耗率}{周转次数×100\%}$$

$$回收价值率＝\frac{一次使用量×(1－损耗率)}{周转次数×100\%}$$

67. 影响材料周转次数的因素有哪些?

影响周转次数的主要因素有以下几方面:

(1)材质及功能对周转次数的影响,如金属制的周转材料比木制的周转次数多十倍,甚至百倍。

(2)使用条件的好坏,对周转材料使用次数的影响。

(3)施工速度的快慢,对周转材料使用次数的影响。

(4)对周转材料的保管、保养和维修的好坏,也对周转材料能使用次数有影响等。

所以确定出最佳的周转次数,是十分不容易的。

68. 什么是预算定额? 包括哪些内容?

预算定额是规定消耗在合格质量的单位工程基本构造要素上的人工、材料和机械台班的数量标准,是计算建筑安装产品价格的基础。

所谓基本构造要素:即通常所说的分项工程和结构构件。预算定额按工程基本构造要素规定劳动力、材料和机械的消耗数量,以满足编制施

工图预算、规划和控制工程造价的要求。

定额是工程建设中的一项重要的技术经济文件，它的各项指标，反映了在完成规定计量单位符合设计标准和施工质量验收规范要求的分项工程消耗的劳动和物化劳动的数量限度。这种限度最终决定着单项工程和单位工程的成本和造价。

定额是由国家主管部门或其授权机关组织编制、审批并颁发执行。在现阶段，预算定额是一种法令性指标，是对基本建设实行宏观调控和有效监督的重要工具。各地区、各基本建设部门都必须严格执行，只有这样，才能保证全国的工程有一个统一的核算尺度，使国家对各地区、各部门工程设计、经济效果与施工管理水平进行统一的比较与核算。

预算定额按照表现形式可分为预算定额、单位估价表和单位估价汇总表三种。在现行预算定额中一般都有基价，像这种既包括定额人工、材料和施工机械台班消耗量又列有人工费、材料费、施工机械使用费和基价的预算定额，我们称它为"单位估价"。这种预算定额可以满足企业管理中不同用途的需要，并可以按照基价计算工程费用，用途较广泛，是现行定额中的主要表现形式。单位估价汇总表简称为"单价"，它只表现"三费"即人工费、材料费和施工机械使用费以及合计，因此可以大大减少定额的篇幅，为编制工程预算，查阅单价带来方便。

预算定额按照综合程度，可分为预算定额和综合预算定额。综合预算定额是在预算定额基础上，对预算定额的项目进一步综合扩大，使定额项目减少，更为简便适用，可以简化编制工程预算的计算过程。

69. 预算定额有哪些作用？

(1)预算定额是编制建筑安装工程施工图预算和确定工程造价的依据，起着控制劳动消耗、材料消耗和机械台班使用的作用。

(2)预算定额是编制施工组织设计时，确定劳动力、建筑材料、成品、半成品和建筑机械需要量的依据。

(3)预算定额是建设单位或施工单位按照已完成工程进行工程预算的依据。

(4)预算定额是施工单位对施工中的劳动、材料、机械的消耗情况进行具体分析的依据。

(5)预算定额是编制概算定额的基础。

（6）预算定额是招标投标活动中合理编制招标控制价、投标报价的基础。

70. 预算定额的编制依据有哪些？

（1）现行劳动定额和施工定额。预算定额是在现行劳动定额和施工定额的基础上编制的。预算定额中劳力、材料、机械台班消耗水平，需要根据劳动定额或施工定额取定；预算定额的计量单位的选择，也要以施工定额为参考，从而保证两者的协调和可比性，减轻预算定额的编制工作量，缩短编制时间。

（2）现行设计规范、施工质量验收规范和安全操作规程。预算定额在确定劳力、材料和机械台班消耗数量时，必须考虑上述各项法规的要求和影响。

（3）具有代表性的典型工程施工图及有关标准图。对这些图纸进行仔细分析研究，并计算出工程数量，作为编制定额时选择施工方法、确定定额含量的依据。

（4）新技术、新结构、新材料和先进的施工方法等。这类资料是调整定额水平和增加新的定额项目所必需的依据。

（5）有关科学试验、技术测定和统计、经验资料。这类资料是确定定额水平的重要依据。

（6）现行的预算定额、材料预算价格及有关文件规定等。包括过去定额编制过程中积累的基础资料，也是编制预算定额的依据和参考。

71. 按社会平均水平确定预算定额的原则是指什么？

预算定额是确定和控制建筑安装工程造价的主要依据。因此它必须遵照价值规律的客观要求，按生产过程中所消耗的社会必要劳动时间确定定额水平，即按照"在现有的社会正常的生产条件下，在社会平均的劳动熟练程度和劳动强度下制造某种使用价值所需要的劳动时间"来确定定额水平。所以预算定额的平均水平，是在正常的施工条件下，合理的施工组和工艺条件、平均劳动熟练程度和劳动强度下，完成单位分项工程基本构造要素所需要的劳动时间。

预算定额的水平以大多数施工单位的施工定额水平为基础。但是，预算定额绝不是简单地套用施工定额的水平。首先，在比施工定额的工作内容综合扩大的预算定额中,也包含了更多的可变因素,需要保留合理的幅度差。其次,预算定额应当是平均水平,而施工定额是平均先进水平,两者相比,预算定额水平相对要低一些,但是限制在了一定范围之内。

72. 简明适用原则编制预算定额是指什么?

预算定额项目是在施工定额的基础上进一步综合,通常将建筑物分解为分部、分项工程。简明适用是指在编制预算定额时,对于那些主要的、常用的、价值量大的项目,分项工程划分宜细;次要的、不常用的、价值量相对较小的项目则可以粗一些。

定额项目的多少,与定额的步距有关。步距大,定额的子目就会减少,精确度就会降低;步距小,定额子目则会增加,精确度也会提高。所以,确定步距时,对主要工种、主要项目、常用项目,定额步距要小一些;对于次要工程、次要项目、不常用项目,定额步距可以适当大一些。

预算定额要项目齐全。要注意补充那些因采用新技术、新结构、新材料而出现的新的定额项目。如果项目不全、缺项多,就会使计价工作缺少充足的可靠的依据。

简明适用还要求合理确定预算定额的计算单位,简化工程量的计算,尽可能地避免同一种材料用不同的计量单位和一量多用。尽量减少定额附注和换算系数。

73. 预算定额编制时坚持统一性和差别性相结合原则是指什么?

统一性,就是从培育全国统一市场规范计价行为出发,计价定额的制定规划和组织实施由国务院建设行政主管部门归口,并负责全国统一定额制定或修订,颁发有关工程造价管理的规章制度办法等。这样就有利于通过定额和工程造价的管理实现建筑安装工程价格的宏观调控。通过编制全国统一定额,使建筑安装工程具有一个统一的计价依据,也使考核设计和施工的经济效果具有一个统一尺度。

差别性,就是在统一新的基础上,各部门和省、自治区、直辖市主管部门可以在自己的管辖范围内,根据本部门和地区的具体情况,制定部门和地区性定额、补充性制度和管理办法,以适应我国幅员辽阔,地区间部门发展不平衡和差异大的实际情况。

74. 预算定额坚持由专业人员编审的原则是指什么?

编制预算定额有很强的政策和专业性,既要合理地把握定额水平,又要反映新工艺、新结构和新材料的定额项目,还要推进定额结构的改革。因此必须改变以往临时抽调人员编制定额的做法,建立专业队伍,长期稳定地积累经验和资料,不断补充和修订定额,促进预算定额适应市场经济的要求。

75. 预算定额编制准备阶段应做好哪些工作?

在这个阶段,主要是根据收集到的有关资料和国家政策性文件,拟定编制方案,对编制过程中一些重大原则问题做出统一规定,包括:

(1)定额项目和步距的划分要适当,分得过细不但增加定额大量篇幅,而且给以后编制预算带来烦琐和麻烦,过粗则会使单位造价差异过大。

(2)确定统一计量单位。定额项目的计量单位应能反映该分项工程的最终实物量的单位,同时注意计算上的方便,定额只能按大多数施工企业普遍采用的一种施工方法作为计算人工、材料、施工机械的基础。

(3)确定设备和材料的现场内水平运输距离和垂直运输高度,作为计算运输用人工和机具的基础。

(4)确定主要材料损耗率。对影响造价大的辅助材料,如电焊条,也编制出安装工程焊条消耗定额,作为各册安装定额计算焊条消耗量的基础定额。对各种材料的名称要统一命名,对规格多的材料要确定各种规格所占比例,编制出规格综合价为计价提供方便,对主要材料要编制损耗率表。

(5)其他需要确定的内容,如定额表形式、计算表达式、数字精确度、各种幅度差等。

76. 怎样编制预算定额初稿?

在这个阶段,根据确定的定额项目和基础资料,进行反复分析和测算,编制定额项目劳动力计算表、材料及机械台班计算表,并附注有关计算说明,然后汇总编制预算定额项目表,即预算定额初稿。

77. 怎样进行预算定额水平测算?

新定额编制成稿,必须与原定额进行对比测算,分析水平升降原因。

一般新编定额的水平应该不低于历史上已经达到过的水平,并略有提高。在定额水平测算前,必须编出同一工人工资、材料价格、机械台班费的新旧两套定额的工程单价。

78. 预算定额水平的测算有哪几种方法?

定额水平的测算方法一般有以下两种:

(1)单项定额水平测算:就是选择对工程造价影响较大的主要分项工程或结构构件人工、材料耗用量和机械台班使用量进行对比测算,分析提高或降低的原因,及时进行修订,以保证定额水平的合理性。其方法之一是和现行定额对比测算;方法之二是和实际对比测算。

1)新编定额和现行定额直接对比测算。以新编定额与现行定额相同项目的人工、材料耗用量和机械台班的使用量直接分析对比,这种方法比较简单,但应注意新编和现行定额口径是否一致,并对影响可比的因素予以剔除。

2)新编定额和实际水平对比测算。把新编定额拿到施工现场与实际工料消耗水平对比测算,征求有关人员意见,分析定额水平是否符合正常情况下的施工。采用这种方法,应注意实际消耗水平的合理性,对因施工管理不善而造成的工、料、机械台班的浪费应予以剔除。

(2)定额总水平测算:是指测算因定额水平的提高或降低对工程造价的影响。测算方法是选择具有代表性的单位工程,按新编和现行定额的人工、材料耗用量和机械台班使用量,用相同的工资单价、材料预算价格、机械台班单价分别编制两份工程预算,按工程直接费进行对比分析,测算出定额水平提高或降低比率,并分析其原因。采用这种测算方法,一是要正确选择常用的、有代表性的工程,二是要根据国家统计资料和基本建设计划,正确确定各类工程的比重,作为测算依据。定额总水平测算,工作量大,计算复杂,但因综合因素多,能够全面反映定额的水平。所以,在定额编出后,应进行定额总水平测算,以考核定额水平和编制质量。测算定额总水平后,还要根据测算情况,分析定额水平的升降原因。影响定额水平的因素很多,主要应分析其对定额的影响;施工规范变更的影响;修改现行定额误差的影响;改变施工方法的影响;调整材料损耗率的影响;材料规格变化的影响;调整劳动定额水平的影响;机械台班使用量和台班费变化的影响;其他材料费变化的影响;调整人工工资标准、材料价格的影响;其他因素的影响等,并测算出各种因素影响的比率,分析其是否正确合理。

79. 怎样对预算定额修改定稿?

(1)印发征求意见。定额编制初稿完成后,需要征求各有关方面意见和组织讨论,反馈意见。在统一意见的基础上整理分类,制定修改方案。

(2)修改整理报批。按修改方案的决定,将初稿按照定额的顺序进行修改,并经审核无误后形成报批稿,经批准后交付印刷。

(3)撰写编制说明。为顺利地贯彻执行定额,需要撰写新定额编制说明。其内容包括项目、子目数量;人工、材料、机械的内容范围;资料的依据和综合取定情况;定额中允许换算和不允许换算规定的计算资料;工人、材料、机械单价的计算和资料;施工方法、工艺的选择及材料运距的考虑;各种材料损耗率的取定资料;调整系数的使用;其他应该说明的事项与计算数据、资料。

(4)立档、成卷。定额编制资料是贯彻执行定额中需查对资料的唯一依据,也为修编定额提供历史资料数据,应作为技术档案永久保存。

80. 什么是定额单价法?

定额单价法是指利用各地区、部门颁发的预算定额,根据预算定额的规定计算出各分项工程量,分别乘以相应的预算定额单价,汇总后就是工程项目的直接工程费,再以直接工程费为基数,乘以相应的取费费率,计算出直接费、间接费、利润和税金,最终计算出建筑安装工程费。

定额单价法是计划经济的产物,也是目前编制施工图预算的主要方法。它的优点是计算简便,预算人员的计算依据十分明确(就是预算定额、单位估价表以及相应的调价文件等);它的缺点是由于没有采集市场价格信息,计算出的工程造价不能反映工程项目的实际造价。在市场价格波动比较大时,依据定额单价法的计算结果往往与实际造价相差很大。因此,随着市场经济的发展和有关法律、法规的逐步完善,定额单价法将逐步退出历史舞台。

81. 定额单价法编制工程造价的步骤是怎样的?

(1)掌握编制施工图预算的基础资料。施工图预算的基础资料包括设计资料、预算资料、施工组织设计资料和施工合同等。

(2)熟悉预算定额及其有关规定。正确掌握施工图预算定额及其有关规定,熟悉预算定额的全部内容和项目划分,定额子目的工程内容、施工方法、材料规格、质量要求、计量单位、工程量计算方法,项目之间的相互关系以及调整换算定额的规定条件和方法,以便正确地应用定额。

(3)了解和掌握施工组织设计的有关内容。施工图预算工作需要深入施工现场,了解现场地形地貌、地质、水文、施工现场用地、自然地坪标高、施工方法、施工进度、施工机械、挖土方式、施工现场总平面布置以及与预算定额有关而直接影响施工经济效益的各项因素。

(4)熟悉设计图纸和设计说明书。设计图纸和设计说明书不仅是施工的依据,也是编制施工图预算的重要基础资料。设计图纸和设计说明书上所表示或说明的工程构造、材料做法、材料品种及其规格质量、设计尺寸等设计要求,为编制施工图预算,结合预算定额确定分项工程项目,选择套用定额子目等提供了重要数据。

(5)计算建筑面积。严格按照《建筑工程建筑面积计算规则》结合设计图纸逐层计算,最后汇总出全部建筑面积。它是控制基本建设规模,计算单位建筑面积技术经济指标等的依据。

(6)计算工程量。工程量的计算必须根据设计图纸和设计说明书提供的工程构造、设计尺寸和做法要求,结合施工组织设计和现场情况,按照预算定额的项目划分、工程量计算规则和计量单位的规定,对每个分项工程的工程量进行具体计算。它是施工图预算编制工作中的一项细致的重要环节,约有90%以上的时间是消耗在工程量计算阶段内,而且施工图预算造价的正确与否,关键在于工程量的计算是否正确,项目是否齐全,有无遗漏和错误。

(7)编表、套定额单价、取费及工料分析。工程量计算的成果是与定额分部、分项相对口的各项工程量,将其填入"单位工程预算表",并填写相应定额编号及单价(包括必要的工料分析),然后计算分部、分项直接工程费,再汇总成单位工程直接费。最后以单位工程直接费为基础,进行取费、调差,汇总工程造价。

另外,一般还要求编制工料分析表,以供工程结算时作进一步调整工料价差的依据。由于目前电算技术的迅速发展,许多预算软件可以实现图形算量套价,大大提高了预算的质量和速度。

82. 什么是定额实物法?

定额实物法是指"量"、"价"分离,定额子目中只有人、材、机的消耗量,而无相应的单价。在编制单位工程施工图预算时,首先依据设计图纸计算各分部分项工程量,分别乘以预算定额的人工、材料、施工机械台班消耗量,从而分别计算出人工、各种材料、各种机械台班的总消耗量。预算人员根据人、材、机的市场价格,确定单价,然后用人、材、机的相应消耗量乘以相应的单价,计算出直接工程费,以直接工程费为基数,经过二次取费,计算出直接费、间接费、利润和税金,汇总工程造价。

用定额实物法编制施工图预算,是采用工程所在地的当时人工、材料、机械台班价格,能较好地反映实际价格水平,工程造价的准确性高,是适合市场经济体制的预算编制方法。其缺点是计算繁琐、工程量大,但是计算软件的应用,大大提高了计算的速度。

83. 定额实物法编制工程造价的步骤是怎样的?

定额实物法的编制步骤与定额单价法有很多共同之处。在熟悉定额单价法的基础上,具体来看定额实物法的编制步骤。

(1)掌握编制施工图预算的基础资料。

(2)熟悉预算定额及其有关规定。

(3)了解和掌握施工组织设计的有关内容。

(4)熟悉设计图纸和设计说明书。

(5)计算建筑面积。

(6)计算工程量。

(7)套用预算人工、材料、机械定额用量。

(8)求出各分项人工、材料、机械消耗数量。

各分项人、材、机消耗量 = $\sum$(各分项工程量 × 相应的预算人、材、机定额消耗量)

(9)按当时当地人、材、机单价,汇总人工费、材料费和机械费。

84. 什么是预算定额中人工工日消耗量?

预算定额中人工工日消耗量是指在正常施工生产条件下,生产单位合格产品必需消耗的人工工日数量,是由分项工程所综合的各个工序劳动定额包括的基本用工、其他用工以及劳动定额与预算定额工日消耗量的幅度差三部分组成的。

85. 什么是基本用工？应如何计算？

基本用工指完成单位合格产品所必需消耗的技术工种用工。包括：

(1)完成定额计量单位的主要用工。按综合取定的工程量和相应劳动定额进行计算，计算公式为

$$基本用工 = \sum(综合取定的工程量 \times 劳动定额)$$

例如工程实际中的砖基础，有一砖厚，一砖半厚，二砖厚等之分，用工各不相同，在预算定额中由于不区分厚度，需要按统计的比例，加权平均(即上述公式中的综合取定)得出用工。

(2)按劳动定额规定应增加计算的用工量。例如砖基础埋深超过1.5m，超过部分要增加用工。预算定额中应按一定比例给予增加。又例如砖墙项目要增加附墙烟囱孔、垃圾道、壁橱等零星组合部分的加工。

(3)由于预算定额是以劳动定额子目综合扩大的，包括的工作内容较多，施工的工效视具体部位而不一样，需要另外增加用工，列入基本用工内。

86. 什么是预算定额内的其他用工？应如何计算？

预算定额内的其他用工是指材料超运距运输用工和辅助工作用工。

(1)材料超运距用工，是指预算定额取定的材料、半成品等运距，超过劳动定额规定的运距应增加的工日。其用工量以超运距(预算定额取定的运距减去劳动定额取定的运距)和劳动定额计算，计算公式为

$$超运距用工 = \sum(超运距材料数量 \times 时间定额)$$

(2)辅助工作用工。辅助工作用工是指劳动定额中未包括的各种辅助工序用工，如材料的零星加工用工、土建工程的筛砂子、淋石灰膏、洗石子等增加的用工量。辅助工作用工量一般按加工的材料数量乘以时间定额计算。

87. 什么是人工幅度差？应如何计算？

人工幅度差是指预算定额对在劳动定额规定的用工范围内没有包括，而在一般正常情况下又不可避免的一些零星用工，常以百分率计算。一般在确定预算定额用工量时，按基本用工、超运距用工、辅助工作用工之和的10%～15%范围内取定，其计算公式为

$$人工幅度差(工日)=(基本用工＋超运距用工＋辅助用工)×$$
$$人工幅度差百分率$$

在组织编制或修订预算定额时,如果劳动定额的水平已经不能适应编修期生产技术和劳动效率情况,而又来不及修订劳动定额时,可以根据编修期的生产技术与施工管理水平,以及劳动效率的实际情况,确定一个统一的调整系数,供计算人工消耗指标时使用。

88. 什么是预算定额中的材料消耗量? 应如何计算?

预算定额中的材料消耗量是在合理和节约使用材料的条件下,生产单位假定工程产品(即分部分项工程或结构件)必须消耗的一定品种规格的材料、半成品、构配件等的数量标准。

材料消耗量计算方法主要有:

(1)凡有标准规格的材料,按规范要求计算定额计量单位的耗用量,如砖、防水卷材、块料面层等。

(2)凡设计图纸标注尺寸及下料要求的按设计图纸尺寸计算材料净用量,如门窗制作用材料,方、板料等。

(3)换算法。各种胶结、涂料等材料的配合比用料,可以根据要求条件换算,得出材料用量。

(4)测定法。包括试验室试验法和现场观察法。指各种强度等级的混凝土及砌筑砂浆配合比的耗用原材料数量的计算,需按照规范要求试配经过试压合格以后并经过必要的调整后得出的水泥、砂子、石子、水的用量。对新材料、新结构又不能用其他方法计算定额消耗用量时,需用现场测定方法来确定,根据不同条件可以采用写实记录法和观察法,得出定额的消耗量。

材料损耗量指在正常条件下不可避免的材料损耗,如现场内材料运输及施工操作过程中的损耗等,其关系式为

$$材料损耗率=损耗量/净用量×100\%$$
$$材料损耗量=材料净用量×损耗率$$
$$材料消耗量=材料净用量＋损耗量$$
或　　　　$$材料消耗量=材料净用量×(1＋损耗率)$$

其他材料的确定,一般按工艺测算,并在定额项目材料计算表内列出名称、数量,并依编制期价格以其他材料占主要材料的比率计算,列在定

额材料栏之下,定额内可不列材料名称及消耗量。

89. 什么是预算定额中的机械台班消耗量? 应如何计算?

预算定额中的机械台班消耗量是指在正常施工条件下,生产单位合格产品(分部分项工程或结构件)必需消耗的某类某种型号施工机械的台班数量。它由分项工程综合的有关工序劳动定额确定的机械台班消耗量以及劳动定额与预算定额的机械台班幅度差组成。

垂直运输机械依工期定额分别测算台班量,以台班/100m² 建筑面积表示。

确定预算定额中的机械台班消耗量指标,应根据《全国统一建筑安装工程劳动定额》中各种机械施工项目所规定的台班产量加机械幅度差进行计算。若按实际需要计算机械台班消耗量,不应再增加机械幅度差。

机械幅度差是指在劳动定额(机械台班量)中未曾包括的,而机械在合理的施工组织条件下所必需的停歇时间,在编制预算定额时,应予以考虑,其内容包括:

(1)施工机械转移工作面及配套机械互相影响损失的时间。

(2)在正常的施工情况下,机械施工中不可避免的工序间歇。

(3)检查工程质量影响机械操作的时间。

(4)临时水、电线路在施工中移动位置所发生的机械停歇时间。

(5)工程结尾时,工作量不饱满所损失的时间。

机械幅度差系数一般根据测定和统计资料取定。大型机械幅度差系数为土方机械 1.25,打桩机械 1.33,吊装机械 1.3,其他均按统一规定的系数计算。

由于垂直运输用的塔吊、卷扬机及砂浆,混凝土搅拌机是按小组配合,应以小组产量计算机械台班产量,不另增加机械幅度差。

综上所述,预算定额的机械台班消耗量按下式计算

预算定额机械耗用台班＝施工定额机械耗用台班×(1＋机械幅度差系数)

占比重不大的零星小型机械按劳动定额小组成员计算出机械台班使用量,以"机械费"或"其他机械费"表示,不再列台班数量。

90. 什么是概算定额？

概算定额是指生产一定计量单位的经扩大的工程结构构件或分部分项工程所需要的人工、材料和机械台班的消耗数量及费用的标准。

91. 概算定额与预算定额有什么关系？

概算定额是在预算定额的基础上，根据有代表性的工程通用图和标准图等资料，进行综合、扩大和合并而成，因此工程概算定额亦称"扩大结构定额"。

概算定额与预算定额的相同处，是都以建（构）筑物各个结构部分和分部分项工程为单位表示的，内容也包括人工、材料和机械台班使用量定额三个基本部分，并列有基准价。

概算定额表达的主要内容、表达的主要方式及基本使用方法都与综合预算定额相近。

$$
\begin{aligned}
定额基准价 =& 定额单位人工费 + 定额单位材料费 + 定额单位机械费 \\
=& 人工概算定额消耗量 \times 人工工资单价 + \sum (材料概算 \\
& 定额消耗量 \times 材料预算价格) + \sum (施工机械概算定额 \\
& 消耗量 \times 机械台班费用单价)
\end{aligned}
$$

概算定额与预算定额的不同处，在于项目划分和综合扩大程度上的差异，同时，概算定额主要用于设计概算的编制。由于概算定额综合了若干分项工程的预算定额，因此使概算工程量计算和概算表的编制，都比编制施工图预算简化了很多。

编制概算定额时，应考虑到能适应规划、设计、施工各阶段的要求。概算定额与预算定额应保持一致水平，即在正常条件下，反映大多数企业的设计、生产及施工管理水平。

概算定额的内容和深度是以预算定额为基础的综合与扩大。在合并中应注意不得遗漏或增加细目，以保证定额数据的严密性和正确性。概算定额务必达到简化、准确和适用。

92. 概算定额具有哪些作用？

（1）概算定额是在扩大初步设计阶段编制概算，技术设计阶段编制修正概算的主要依据。

（2）概算定额是编制建筑安装工程主要材料申请计划的基础。

（3）概算定额是进行设计方案技术经济比较和选择的依据。

（4）概算定额是编制概算指标的计算基础。

（5）概算定额是确定基本建设项目投资额、编制基本建设计划、实行基本建设包干、控制基本建设投资和施工图预算造价的依据。

因此，正确合理地编制概算定额对提高设计概算的质量，加强基本建设经济管理，合理使用建设资金、降低建设成本，充分发挥投资效果等方面，都具有重要的作用。

93. 概算定额的编制原则有哪些?

为了提高设计概算质量，加强基本建设经济管理，合理使用国家建设资金，降低建设成本，充分发挥投资效果，在编制概算定额时必须遵循以下原则：

（1）使概算定额适应设计、计划、统计和拨款的要求，更好地为基本建设服务。

（2）概算定额水平的确定，应与预算定额的水平基本一致。必须是反映正常条件下大多数企业的设计、生产施工管理水平。

（3）概算定额的编制深度要适应设计深度的要求，项目划分应坚持简化、准确和适用的原则，以主体结构分项为主，合并其他相关部分，进行适当综合扩大；概算定额项目计量单位的确定，与预算定额要尽量一致；应考虑统筹法及应用电子计算机编制的要求，以简化工程量和概算的计算编制。

（4）为了稳定概算定额水平，统一考核尺度和简化计算工程量，编制概算定额时，原则上不留活口，对于设计和施工变化多而影响工程量多、价差大的，应根据有关资料进行测算，综合取定常用数值。

94. 概算定额的编制依据有哪些?

（1）现行的全国通用的设计标准、规范和施工验收规范。

（2）现行的预算定额。

（3）标准设计和有代表性的设计图纸。

（4）过去颁发的概算定额。

（5）现行的人工工资标准、材料预算价格和施工机械台班单价。

（6）有关施工图预算和结算资料。

95. 概算定额编制应注意哪些问题？

(1)定额计量单位确定。概算定额计量单位基本上按预算定额的规定执行，但是单位的内容扩大，仍用 m、m^2 和 m^3 等。

(2)确定概算定额与预算定额的幅度差。由于概算定额是在预算定额基础上进行适当的合并与扩大，因此在工程量取值、工程的标准和施工方法确定上需综合考虑，且定额与实际应用必然会产生一些差异。这种差异国家允许预留一个合理的幅度差，以便依据概算定额编制的设计概算能控制住施工图预算。概算定额与预算定额之间的幅度差，国家规定一般控制在 5% 以内。

(3)定额小数取位。概算定额小数取位与预算定额相同。

96. 概算定额由哪几部分内容组成？

概算定额内容由文字说明和定额表两部分组成。

(1)文字说明部分包括总说明和各章节的说明。

在总说明中，主要对编制的依据、用途、适用范围、工程内容、有关规定、取费标准和概算造价计算方法等进行阐述。

(2)定额表格式。定额表头应注有本节定额的工作内容，定额的计量单位(或在表格内)。表格内有基价、人工、材料和机械费，主要材料消耗量等。

97. 什么是概算指标？

概算指标是以一个建筑物或构筑物为对象，按各种不同的结构类型，确定每 $100m^2$ 或 $1000m^3$ 和每座为计量单位的人工、材料和机械台班(机械台班一般不以量列出，用系数计入)的消耗指标(量)或每万元投资额中各种指标的消耗数量。

概算指标比概算定额更加综合扩大，因此，它是编制初步设计或扩大初步设计概算的依据。

98. 概算指标有哪些作用？

(1)概算指标是在初步设计阶段编制建筑工程设计概算的依据。这是指在没有条件计算工程量时，只能使用概算指标。

(2)概算指标是设计单位在建筑方案设计阶段，进行方案设计技术经济分析和估算的依据。

(3)概算指标是在建设项目的可行性研究阶段,作为编制项目的投资估算的依据。

(4)概算指标是在建设项目规划阶段,估算投资和计算资源需要量的依据。

99. 概算指标编制原则有哪些?

(1)按平均水平确定概算指标的原则。在我国社会主义市场经济条件下,概算指标作为确定工程造价的依据,同样必须遵照价值规律的客观要求,在其编制时必须按社会必要劳动时间,贯彻平均水平的编制原则。只有这样才能使概算指标合理确定和控制工程造价的作用得到充分发挥。

(2)概算指标的内容与表现形式要贯彻简明适用的原则。为适应市场经济的客观要求,概算指标的项目划分应根据用途的不同,确定其项目的综合范围。遵循粗而不漏,适应面广的原则,体现综合扩大的性质。概算指标从形式到内容应该简明易懂,要便于在采用时根据工程的具体情况进行必要的调整换算,能在较大范围内满足不同用途的需要。

(3)概算指标的编制依据必须具有代表性。概算指标所依据的工程设计资料,应是有代表性的,技术上是先进的,经济上是合理的。

100. 概算指标的编制依据有哪些?

(1)标准设计图集和各类工程典型设计。

(2)国家颁布的建筑标准、设计规范、施工规范等。

(3)各类工程造价资料。

(4)现行的概算定额和预算定额及补充定额。

(5)人工工资标准、材料预算价格、机械台班预算价格及其他价格资料。

101. 概算指标编制步骤是怎样的?

(1)准备阶段,主要是收集资料,确定指标项目,研究与编制概算指标有关方针、政策和技术性的问题。

(2)编制阶段,主要是选定图纸,并根据图纸资料计算工程量和编制单位工程预算书,以及按着编制方案确定的指标项目和人工及主要材料消耗指标,填写概算指标表格。

(3)审核定案及审批,概算指标初步确定后要进行审查、比较,并作必要的调整后,送国家授权机关审批。

102. 怎样应用概算指标?

概算指标的应用比概算定额具有更大的灵活性,由于它是一种综合性很强的指标,不可能与拟建工程的建筑特征、结构特征、自然条件、施工条件完全一致,因此在选用概算指标时要十分慎重,选用的指标与设计对象在各个方面应尽量一致或接近,不一致的地方要进行换算,以提高准确性。

概算指标的应用一般有两种情况:第一种情况,如果设计对象的结构特征与概算指标一致时,可以直接套用;第二种情况,如果设计对象的结构特征与概算指标的规定局部不同时,要对指标的局部内容进行调整后再套用。

(1)每 $100m^2$ 造价调整。调整的思路如同定额换算,即从原每 $100m^2$ 概算造价中,减去每 $100m^2$ 建筑面积需换算出结构构件的价值,加上每 $100m^2$ 建筑面积需换入结构构件的价值,即得每 $100m^2$ 修正概算造价调整指标,再将每 $100m^2$ 造价调整指标乘以设计对象的建筑面积,即得出拟建工程的概算造价。

(2)每 $100m^2$ 工料数量的调整。调整的思路是:从所选定指标的工料消耗量中,换出与拟建工程不同的结构构件的工料消耗量,换入所需结构构件的工料消耗量。

关于换算的工料数量,是根据换出换入结构构件的工程量乘以相应的概算定额中工料消耗指标得到的。根据调整后的工料消耗量和地区材料预算价格,人工工资标准、机械台班预算单价,计算每 $100m^2$ 的概算基价,然后根据有关取费规定,计算每 $100m^2$ 的概算造价。

这种方法主要适用于不同地区的同类工程编制概算。用概算指标编制工程概算,工程量的计算工作很小,也节省了大量的定额套用和工料分析工作,因此比用概算定额编制工程概算的速度要快,但是准确性差一些。

第四章

·楼地面工程计量与计价·

1. 什么是面层？

面层是直接承受各种物理和化学作用的建筑地面的表面层。面层类型和品种的选择，由设计部门根据生产特点、使用要求、就地取材和技术经济条件等综合考虑确定。建筑地面的名称按其相应的面层名称而定。

2. 什么是整体面层？

整体面层是以建筑砂浆为主要材料，用现场浇筑法做成整片直接接受各种荷载、摩擦、冲击作用的表面层。它包括水磨石面层、水泥砂浆面层、混凝土面层、菱苦土面层。

3. 什么是垫层？

垫层是承受并传递地面荷载于地基土上的构造层，分为刚性和柔性两类垫层。底层地面的垫层常用水泥混凝土或配筋混凝土构成弹性地基上的刚性板体，亦有采用碎石、炉渣、灰土等直接在素土夯实地基（基土层）上铺设而成；楼层地面则是钢筋混凝土楼板结构层。

4. 什么是找平层？

找平层是在垫层上、钢筋混凝土板（含空心板）上或填充层（轻质或松散材料）上起整平、找坡或加强作用的构造层。

5. 什么是防水层？

防水层是为了防止地下水或地面上的水渗入室内用沥青、冷底子油等防水材料在墙体中做的一种构造保护层。

6. 什么是防潮层？

防潮层是指防止地下水和地面各种液体透过地面或墙体的隔离层，如图 4-1 所示。

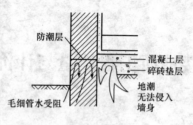

图 4-1　防潮层

7. 什么是水泥砂浆地面？

用 1：3 或 1：2 的水泥砂浆在基层上抹 15～20mm 厚,抹平后待其终凝前再用铁板压光而成的地面,叫水泥砂浆地面,如图 4-2 所示。

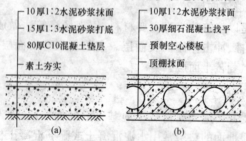

图 4-2　水泥砂浆楼层地面构造
(a)底层地面;(b)楼层地面

8. 什么是结合层？

结合层是指底层与上层之间的一层,有素水泥浆、砂浆等结合层。主要指整体面层和板块面层铺设在垫层、找平层上时,用胶凝材料予以连接牢固,以保证建筑地面工程的整体质量,防止面层起壳、空鼓等施工质量造成的缺陷。

9. 什么是填充层？

填充层是当面层、垫层和基土(或结构层)尚不能满足使用要求或因构造上需要而增设的构造层。构造层主要在建筑地面上起隔声、保温、找坡或敷设管线等作用。

10. 什么是隔离层？

隔离层是防止建筑地面面层上各种液体(主要指水、油、非腐蚀性和腐蚀性液体)侵蚀作用以及防止地下水和潮气渗入地面而增设的构造层。仅防止地下潮气透过地面时，可作为防潮层。

11. 什么是水磨石？

水磨石是指用水泥(普通水泥、白水泥或彩色水泥)、色石渣、水和着色剂按比例配制成的砂浆，经浇筑、抹平、养护、硬化后用磨具将表面磨光而成的一种人造石材。

12. 什么是水磨石地面？

现浇水磨石地面指天然石料的石子，用水泥浆拌合在一起，浇抹结硬，再经磨光、打蜡而成的地面，可依据设计制作成各种颜色的图案，施工时，浇筑一定厚度的水泥石渣浆并经补浆、细磨、打蜡即成水磨石地面，如图 4-3 所示。

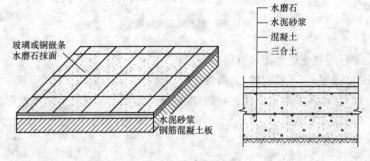

图 4-3　水磨石地面

水磨石地面特点表面光洁、美观、不易起灰。但其造价较高，黄梅天也易反潮。常用作公共建筑的大厅、走廊、楼梯以及卫生间的地面。

13. 什么是地面伸缩缝？

地面伸缩缝是指用刚性材料做面层和垫层时，为防止因温差或荷重不均匀而使地面变形、破裂设置的构造缝，如图 4-4 所示。

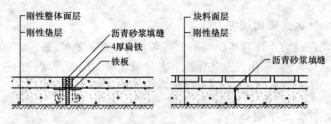

图 4-4　地面伸缩缝

14. 什么是细石混凝土地面?

细石混凝土地面指在结构层上做细石混凝土,浇好后随即用木板拍表浆或用铁辊滚压,待水泥浆液到表面时,再撒上水泥浆,最后用铁板压光(这种做法也称随打随抹)的地面,如图 4-5 所示。

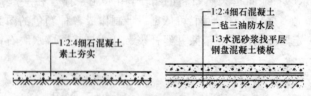

图 4-5　细石混凝土地面

细石混凝土楼地面具有以下特点:
(1)强度高,不易起砂,耐磨性能好。
(2)与水泥浆楼地面相比,细石混凝土楼地面的耐久性和防水性好。
(3)施工工艺简单。
(4)面层厚度较大。

15. 什么是菱苦土地面?

菱苦土楼地面是以菱苦土为胶结料,锯木屑(锯末)为主要填充料,加入适量具有一定浓度的氯化镁溶液,调制成可塑性胶泥铺设而成的一种整体楼地面工程。为使其表面光滑、色泽美观,调制时可加入少量滑石粉和矿物颜料;有时为了耐磨,还掺入一些砂粒或石屑。

菱苦土面层具有耐火、保温、隔声、隔热及绝缘等特点,而且质地坚硬并可具有一定的弹性,比较美观,但不耐水,易产生裂纹,所以不适用于有水或各种液体经常作用和温度经常处于 36℃ 以上的房间,这是因为氯化镁溶液遇水后溶解,木屑膨胀之故,适用于住宅、办公楼、教学楼、医院、俱乐部、托儿所及纺织车间等的楼地面。

菱苦土楼地面可铺设单层或双层。单层面层厚度一般为 12～15mm;双层的分底层和面层,底层厚度一般为 12～15mm,面层厚度一般为 8～12mm。但绝大多数均采用双层做法,很少采用单层做法。在双层做法中,由于下底与上层的作用不同,所以其配合比成分也不同。

16. 什么是预制水磨石?

预制水磨石系用水泥将彩色石屑拌合,经成形、研磨、养护、抛光后制成。其优点是可以制成各种形状的饰面板和制品。预制水磨石具有工艺简单、施工方便等优点,适用于高级住宅、饭店、宾馆、展示厅等工程,如图 4-6 所示。

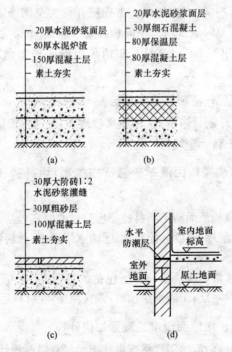

图 4-6　地面返潮现象的构造措施
(a)设保温层;(b)设保温层;(c)大阶砖真砂;(d)架空地面

解决水磨石地面返潮的现象有如下三种措施：

(1)在面层与结构层之间加一层保温层，如图 4-6(a)、(b)所示。

(2)架空地面，如图 4-6(c)所示。

(3)改换面层材料，如图 4-6(d)所示。

17. 楼地面工程工程量清单项目应如何设置？

楼地面工程工程量清单项目设置共 9 项，包括：整体面层；块料面层；橡塑面层；其他材料面层；踢脚线；楼梯装饰；扶手、栏杆、栏板装饰；台阶装饰；零星装饰项目。

楼地面工程工程量清单的一级编码为 02(清单计价规范附录 B)；二级编码 01(清单计价规范第一章楼地面工程)；三级编码 01～09(从水泥砂浆楼地面至水泥砂浆零星项目)；四级编码从 001 开始，根据各项目所包含的清单项目不同，依次递增。上述这九位为全国统一编码，编制分部分项工程量清单时应按附录中的相应编码设置，不得变动。五级编码为三位数，是清单项目名称编码，由清单编制人根据设置的清单项目编制。

18. 整体面层包括哪些清单项目？

整体面层清单项目包括：水泥砂浆楼地面、现浇水磨石楼地面、细石混凝土楼地面、菱苦土楼地面。

19. 水泥砂浆楼地面清单应怎样描述项目特征？包括哪些工程内容？

(1)水泥砂浆楼地面清单项目特征应描述的内容包括：①垫层材料种类、厚度；②找平层厚度、砂浆配合比；③防水层厚度、材料种类；④面层厚度、砂浆配合比。

(2)水泥砂浆楼地面清单项目所包括的工程内容有：①基层清理；②垫层铺设；③抹找平层；④防水层铺设；⑤抹面层；⑥材料运输。

20. 水泥砂浆楼地面清单工程量如何计算？

水泥砂浆楼地面清单工程量按设计图示尺寸以面积计算。扣除凸出地面构筑物、设备基础、室内管道、地沟等所占面积，不扣除间壁墙和 $0.3m^2$ 以内的柱、垛、附墙烟囱及孔洞所占面积。门洞、空圈、暖气包槽、壁龛的开口部分不增加面积。

【例 4-1】　如图 4-7 所示,计算住宅室内水泥砂浆(25mm)地面的清单工程量。

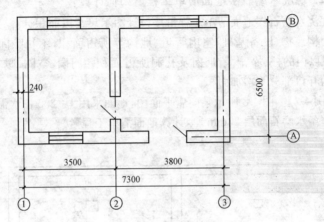

图 4-7　水泥砂浆地面示意图

【解】　水泥砂浆地面工程量＝(6.5－0.12×2)×(3.8－0.12×2)＋
　　　　　　(6.5－0.12×2)×(3.5－0.12×2)
　　　　　　＝22.29＋20.41＝42.70m²

水泥砂浆地面清单工程量见表 4-1。

表 4-1　　　　　　　水泥砂浆地面清单工程量表

项目编码	项目名称	项目特征描述	计量单位	工程量
020101001001	水泥砂浆楼地面	室内 25mm 厚水泥砂浆地面	m²	42.70

21. 现浇水磨石楼地面清单应怎样描述项目特征？包括哪些工程内容？

(1)现浇水磨石楼地面清单项目特征应描述的内容包括:①垫层材料种类、厚度;②找平层厚度、砂浆配合比;③防水层厚度、材料种类;④面层厚度、水泥石子浆配合比;⑤嵌条材料种类、规格;⑥石子种类、规格、颜色;⑦颜料种类、颜色;⑧图案要求;⑨磨光、酸洗、打蜡要求。

(2)现浇水磨石楼地面清单项目所包括的工程内容有:①基层清理;

②垫层铺设;③抹找平层;④防水层铺设;⑤面层铺设;⑥嵌缝条安装;⑦磨光、酸洗、打蜡;⑧材料运输。

22. 现浇水磨石楼地面清单工程量如何计算?

现浇水磨石楼地面清单工程量按设计图示尺寸以面积计算。扣除凸出地面构筑物、设备基础、室内管道、地沟等所占面积,不扣除间壁墙和0.3m² 以内的柱、垛、附墙烟囱及孔洞所占面积。门洞、空圈、暖气包槽、壁龛的开口部分不增加面积。

【例4-2】 图4-8所示某商店平面图,地面采用1:2.5白水泥白石子浆带嵌条水磨石面层20mm 厚,计算地面清单工程量。

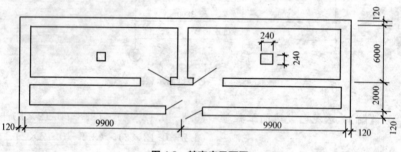

图4-8 某商店平面图

【解】 现浇水磨石楼地面应按设计图示尺寸以面积计算,门洞口面积不计。

$$现浇水磨石楼地面工程量 = (9.9-0.24) \times (6-0.24) \times 2 + (9.9 \times 2 - 0.24) \times (2-0.24)$$
$$= 145.71m^2$$

现浇水磨石楼地面清单工程量见表4-2。

表4-2　　　　　　　　现浇水磨石楼地面清单工程量表

项目编码	项目名称	项目特征描述	计量单位	工程量
020101002001	现浇水磨石楼地面	水磨石地面面层,玻璃嵌条,水泥白砂浆1:2.5素水泥浆一道,C10混凝土垫层厚20mm,素土夯实	m²	145.71

23. 细石混凝土楼地面清单应怎样描述项目特征? 包括哪些工程内容?

(1)细石混凝土楼地面清单项目特征应描述的内容包括:①垫层材料种类、厚度;②找平层厚度、砂浆配合比;③防水层厚度、材料种类;④面层厚度、混凝土强度等级。

(2)细石混凝土楼地面清单项目所包括的工程内容有:①基层清理;②垫层铺设;③抹找平层;④防水层铺设;⑤面层铺设;⑥材料运输。

24. 细石混凝土楼地面清单工程量如何计算?

细石混凝土楼地面清单工程量按设计图示尺寸以面积计算。扣除凸出地面构筑物、设备基础、室内管道、地沟等所占面积,不扣除间壁墙和0.3m² 以内的柱、垛、附墙烟囱及孔洞所占面积。门洞、空圈、暖气包槽、壁龛的开口部分不增加面积。

【例 4-3】 某会议室底层平面图如图 4-9 所示,试求会议室及休息室细石混凝土整体面层清单工程量。

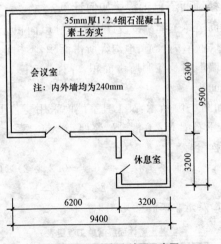

图 4-9 细石混凝土地面示意图

【解】 细石混凝土整体面层工程量＝(6.3－0.12×2)×(9.4－

0.12×2)＋(3.2－0.12×2)×

$$(3.2-0.12\times2)$$
$$=64.27m^2$$

细石混凝土整体面层清单工程量见表 4-3。

表 4-3　　　　　细石混凝土整体面层清单工程量表

项目编码	项目名称	项目特征描述	计量单位	工程量
020101003001	细石混凝土楼地面	室内细石混凝土整体面层	m²	64.27

25. 菱苦土楼地面清单应怎样描述项目特征？包括哪些工程内容？

(1)菱苦土楼地面清单项目应描述的内容包括：①垫层材料种类、厚度；②找平层厚度、砂浆配合比；③防水层厚度、材料种类；④面层厚度；⑤打蜡要求。

(2)菱苦土楼地面清单项目所包括的工程内容有：①基层清理；②垫层铺设；③抹找平层；④防水层铺设；⑤面层铺设；⑥打蜡；⑦材料运输。

26. 菱苦土楼地面清单工程量如何计算？

菱苦土楼地面清单工程量按设计图示尺寸以面积计算。扣除凸出地面构筑物、设备基础、室内管道、地沟等所占面积，不扣除间壁墙和 0.3m² 以内的柱、垛、附墙烟囱及孔洞所占面积。门洞、空圈、暖气包槽、壁龛的开口部分不增加面积。

【例 4-4】　如图 4-10 所示，某工具室地面采用菱苦土整体面层(菱苦土面层厚 20mm，毛石灌 M2.0 混合砂浆厚 100mm，素土夯实)，求菱苦土整体面层清单工程量。

【解】　菱苦土整体面层工程量$=(6.4-0.24\times2)\times(4-0.24)$
$$=22.26m^2$$

菱苦土整体面层清单工程量见表 4-4。

表 4-4　　　　　菱苦土整体面层清单工程量表

项目编码	项目名称	项目特征描述	计量单位	工程量
020101004001	菱苦土楼地面	菱苦土面层厚 20mm，毛石灌 M2.0 混合砂浆厚 100mm，素土夯实	m²	22.26

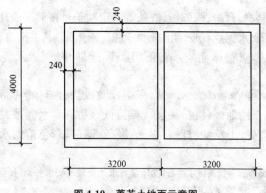

图 4-10 菱苦土地面示意图

27. 地面垫层定额包括哪些工作内容？

定额中地面垫层是按照垫层材料来划分的,主要包括灰土、三合土(或四合土)、砂、砂石、毛石、碎砖、砾(碎)石、原土夯砾石、炉(矿)渣、混凝土和炉(矿)渣混凝土共 17 个子项。其工作内容包括:

(1)灰土、三合土(或四合土)、砂、原土夯砾石、炉(矿)渣垫层:拌合、铺设、找平、夯实。

(2)砂石、碎砖、砾(碎)石、毛石垫层:①铺设、找平、夯实;②调制砂浆、灌缝。

(3)混凝土、炉(矿)渣混凝土垫层:混凝土搅拌、捣固、养护。

注:混凝土垫层按不分格考虑,分格者另行处理。

28. 找平层定额包括哪些工作内容？

找平层一般铺设在填充保温材料和硬基层(如楼板、垫层)表面上,以填平孔眼,抹平表面,使面层和基层结合牢固。找平层列水泥砂浆和细石混凝土两种,当厚度超过或不足时按每增减 5mm 子项调整,共列 5 个子项,其中水泥砂浆找平层又按基层材料不同分混凝土(或硬基层)上和在填充材料上两个子项。找平层的工作内容包括:

(1)水泥砂浆:清理基层、调运砂浆、抹灰、压实,刷素水泥浆。

(2)细石混凝土:清理基层、混凝土搅拌、捣平、压实,刷素水泥浆。

29. 整体面层定额包括哪些工作内容？

整体面层是大面积整体浇筑而成的现制地面或楼面。定额项目的范围包括楼地面、楼梯、台阶、踢脚板、嵌条等。定额子目按面层所用材料分为水泥砂浆、水磨石、水泥豆石浆、明沟等共列 27 个子项。其工作内容包括：

（1）水泥砂浆整体面层：清理基层、调运砂浆、刷素水泥浆、抹面、压光、养护。

注：水泥砂浆楼地面面层厚度每增减 5mm，按水泥砂浆找平层每增减 5mm 项目执行。

（2）水磨石楼地面：清扫基层、调制石子浆、刷素水泥浆、找平抹面、磨光、补砂眼、理光、上草酸、打蜡、擦光、嵌条、调色，彩色镜面水磨石还包括油石抛光。

注：彩色镜面磨石系指高级水磨石，除质量要求达到规范要求外，其操作工序一般应按"五浆五磨"研磨，七道"抛光"工序施工。

（3）水磨石踢脚板、楼梯、台阶：清理基层、调制石子浆、刷素水泥浆、找平抹面、磨光、补砂眼、理光、上草酸打蜡、擦光、调色。

（4）水泥豆石浆整体面层：清理基层、调运砂浆、刷素水泥浆、抹面。

（5）明沟包括土方、混凝土垫层、砌砖或浇捣混凝土、水泥砂浆面层。

（6）混凝土散水、水泥砂浆防滑坡道：清理基层、浇捣混凝土、面层抹灰压实；菱苦土地面包括调制菱苦土砂浆、打蜡等。

（7）金属嵌条包括划线、定位；金属防滑条包括钻眼、打木楔、安装；金刚砂、缸砖包括搅拌砂浆、敷设。

30. 地面垫层定额工程量如何计算？

地面垫层按室内主墙间净空面积乘以设计厚度以 m³ 计算。应扣除凸出地面的构筑物、设备基础、室内铁道、地沟等所占体积，不扣除柱、垛、间壁墙、附墙烟囱及面积在 0.3m² 以内孔洞所占体积。

【例 4-5】　某商店平面如图 4-11 所示，地面做法：C20 细石混凝土垫层 60mm 厚，1：2.5 白水泥色石子水磨石面层 20mm 厚，15mm×2mm 铜条分隔，距墙柱边 300mm 范围内按纵横 1m 宽分格。M1 的尺寸为 2100mm×900mm，M2 的尺寸为 2400mm×1200mm。计算地面垫层工程量。

【解】　地面垫层按室内主墙间净空面积乘以设计厚度计算。

$$垫层工程量 = [(9.9-0.24) \times (6-0.24) \times 2 + (9.9 \times 2-0.24) \times$$
$$(2-0.24) + 0.24 \times (0.9 \times 2+1.2)] \times 0.06$$
$$= 8.79 m^3$$

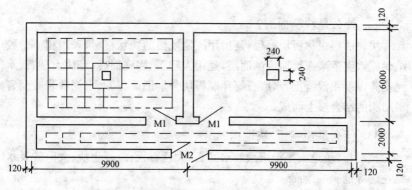

图 4-11 某商店平面

31. 整体面层定额工程量如何计算?

整体面层、找平层均按主墙间净空面积以 m^2 计算。应扣除凸出地面构筑物、设备基础、室内管道、地沟等所占面积,不扣除柱、垛、间壁墙、附墙烟囱及面积在 $0.3m^2$ 以内的孔洞所占面积,但门洞、空圈、暖气包槽、壁龛的开口部分亦不增加。

【例 4-6】 试计算图 4-12 所示住宅内水泥砂浆地面的工程量。

【解】 本例为整体面层,工程量按主墙间净空面积计算:

整体面层工程量 $=(4.5-0.24)\times(10.5-0.24\times3)=41.36m^2$

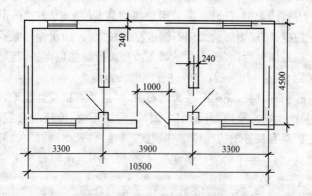

图 4-12 水泥砂浆地面示意图

32. 什么是块料面层?

块料面层也称板块面层,是指用一定规格的块状材料,采用相应的胶结料或水泥砂浆镶铺而成的面层,是用大理石、陶瓷锦砖、碎块大理石、水泥花砖以及用混凝土、水磨石等预制板块分别铺设在砂、水泥砂浆或沥青玛琋脂的结合层上而成。

33. 什么是预制板、块地面?

预制板、块地面是指用预制水磨石、大理石板、混凝土块、大阶砖及水泥花砖等铺砌的地面。

34. 什么是砖地面?

砖地面是指用普通机制砖作地面面层,通常将砖侧砌,垫层为 60mm 砂垫层,用水泥砂浆灌缝,也有平铺灌缝的,常需做耐腐蚀加工,将砖放在沥青中浸渍后铺砌,用沥青砂浆砌铺。

35. 石材楼地面分为哪几类?

石材楼地面包括大理石楼地面和花岗石楼地面等。

(1)大理石面层。大理石具有斑驳纹理,色泽鲜艳美丽。大理石的硬度比花岗石稍差,所以它比花岗石易于雕琢磨光。

大理石可根据不同色泽、纹理等组成各种图案。通常在工厂加工成 20～30mm 厚的板材,每块大小一般为 300mm×(300～500mm)×500mm。方整的大理石地面,多采用紧拼对缝,接缝不大于 1mm,铺贴后用纯水泥扫缝;不规则形的大理石铺地接缝较大,可用水泥砂浆或水磨石嵌缝。大理石铺砌后,表面应粘贴纸张或覆盖麻袋加以保护,待结合层水泥强度达到 60%～70% 后,方可进行细磨和打蜡。

(2)花岗石面层。花岗石系天然石材,一般具有抗拉性能差、密度大、传热快、易产生冲击噪声、开采加工困难、运输不便、价格昂贵等缺点,但是由于它们具有良好的抗压性能和硬度、质地坚实、耐磨、耐久、外观大方稳重等优点,所以至今仍为许多重大工程所使用。花岗石属于高档建筑装饰材料。

花岗石常加工成条形或块状,厚度较大,约 50～150mm,其面积尺寸是根据设计分块后进行订货加工的。花岗石在铺设时,相邻两行应错缝,

错缝为条石长度的 $1/3 \sim 1/2$。

　　铺设花岗石地面的基层有两种：一种是砂垫层；另一种是混凝土或钢筋混凝土基层。混凝土或钢筋混凝土表面常常要求用砂或砂浆做找平层，厚约 $30 \sim 50$mm。砂垫层应在填缝以前进行洒水拍实整平。

　　(3)大理石和花岗石面层是分别采用天然大理石板材和花岗石板材在结合层上铺设而成。构造做法如图 4-13 所示。

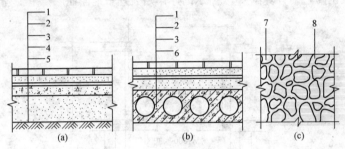

图 4-13　大理石、花岗石面层

(a)地面构造；(b)楼层构造；(c)碎拼大理石面层平面

1—大理石(碎拼大理石)、花岗石面层；2—水泥或水泥砂浆结合层；

3—找平层；4—垫层；5—素土夯实；6—结构层(钢筋混凝土楼板)；

7—拼块大理石；8—水泥砂浆或水泥石粒浆填缝

36. 楼地面块料面层包括哪些清单项目？

楼地面块料面层工程清单项目包括石材楼地面、块料楼地面。

37. 石材楼地面清单应怎样描述项目特征？包括哪些工程内容？

　　(1)石材楼地面清单项目特征应描述的内容包括：①垫层材料种类、厚度；②找平层厚度、砂浆配合比；③防水层、材料种类；④填充材料种类、厚度；⑤结合层厚度、砂浆配合比；⑥面层材料品种、规格、品牌、颜色；⑦嵌缝材料种类；⑧防护层材料种类；⑨酸洗、打蜡要求。

　　(2)石材楼地面清单项目所包括的工程内容有：①基层清理、铺设垫层、抹找平层；②防水层铺设、填充层；③面层铺设；④嵌缝；⑤刷防护材料；⑥酸洗、打蜡；⑦材料运输。

38. 石材楼地面清单工程量应如何计算?

石材楼地面清单工程量按设计图示尺寸以面积计算。扣除凸出地面构筑物、设备基础、室内管道、地沟等所占面积,不扣除间壁墙和 $0.3m^2$ 以内的柱、垛、附墙烟囱及孔洞所占面积。门洞、空圈、暖气包槽、壁龛的开口部分不增加面积。

【例 4-7】 计算图 4-14 所示门厅镶贴大理石地面面层清单工程量。

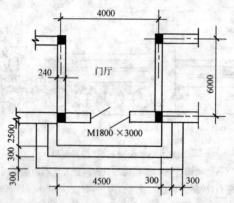

图 4-14　门厅镶贴大理石地面面层示意图

【解】 镶贴大理石地面工程应属于石材楼地面工程,石材楼地面工程量应按设计图示尺寸以面积计算,门洞开口部分面积不增加。

大理石楼地面工程量 $=(4-0.24)\times 6=22.56m^2$

大理石楼地面清单工程量见表 4-5。

表 4-5　　　　　　　　　　大理石楼地面清单工程量表

项目编码	项目名称	项目特征描述	计量单位	工程量
020102001	石材楼地面	门厅镶贴大理石地面	m^2	22.56

39. 块料楼地面清单应怎样描述项目特征? 它包括哪些工程内容?

(1)块料楼地面清单项目特征应描述的内容包括:①垫层材料种类、厚度;②找平层厚度、砂浆配合比;③防水层种类;④填充材料种类、厚度;⑤结合层厚度、砂浆配合比;⑥面层材料品种、规格、品牌、颜色;

⑦嵌缝材料种类；⑧防护层材料种类；⑨酸洗、打蜡要求。

（2）块料楼地面清单项目所包括的工程内容有：①基层清理、铺设垫层、抹找平层；②防水层铺设、填充层；③面层铺设；④嵌缝；⑤刷防护材料；⑥酸洗、打蜡；⑦材料运输。

40. 块料楼地面清单工程量如何计算？

块料楼地面清单工程量按设计图示尺寸以面积计算。扣除凸出地面构筑物、设备基础、室内管道、地沟等所占面积，不扣除间壁墙和 $0.3m^2$ 以内的柱、垛、附墙烟囱及孔洞所占面积。门洞、空圈、暖气包槽、壁龛的开口部分不增加面积。

【例 4-8】　计算图 4-15 所示块料楼地面清单工程量。

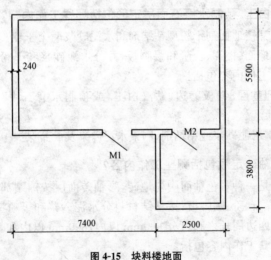

图 4-15　块料楼地面

【解】　块料楼地面工程量：

工程量计算公式 $=(7.4+2.5-0.24)\times(5.5-0.24)+(2.5-0.24)$
$$\times(3.8-0.24)$$
$$=50.81+8.05$$
$$=58.86m^2$$

块料楼地面清单工程量见表 4-6。

表 4-6　　　　　　　　　　　　　块料楼地面清单工程量表

项目编码	项目名称	项目特征描述	计量单位	工程量
020102002	块料楼地面	块料楼地面	m²	58.86

41. 大理石、花岗岩面层定额包括哪些工作内容？

大理石、花岗岩面层按部位分为楼地面、楼梯、台阶、零星装饰和踢脚板；按铺贴用粘结材料分水泥砂浆和干粉型粘结剂，共列子项 14 个。其工作内容如下：

(1)清理基层、锯板磨边、贴大理石(花岗岩)、拼花、勾缝、擦缝、清理净面。

(2)调制水泥砂浆或粘结剂、刷素水泥浆及成品保护。

42. 汉白玉、预制水磨石面层定额包括哪些工作内容？

汉白玉铺楼地面列干粉型粘结剂和水泥砂浆两个子项。预制水磨石按部位分楼地面、楼梯、台阶和踢脚板，并分水泥砂浆和干粉型粘结剂两个列项。其工作内容包括：

(1)清理基层、锯板磨边、贴汉白玉(或预制水磨石块)、擦缝、清理净面。

(2)调制水泥砂浆或粘结剂、刷素水泥砂浆及成品保护。

43. 彩釉砖定额包括哪些工作内容？

彩釉砖是一种彩色釉面陶瓷地砖，彩釉砖面层按铺贴部位分项包括楼地面、楼梯、台阶、踢脚板；按粘结材料分水泥砂浆和干粉型粘结剂；按每块彩釉砖四边周长之和可分 600mm 以内、800mm 以内和 800mm 以外三个列项。其工作内容包括：

(1)清理基层、锯板磨边、贴彩釉砖、擦缝、清理净面。

(2)调制水泥砂浆或粘结剂、刷素水泥浆。

44. 水泥花砖定额包括哪些工作内容？

水泥花砖又称水泥花阶砖，按铺贴部位分项包括楼地面和台阶；按粘结材料分水泥砂浆和干粉型粘结剂两个列项。其工作内容如下：

(1)清理基层、锯板磨边、贴水泥花砖、擦缝、清理净面。

(2)调制水泥砂浆或粘结剂。

45. 缸砖定额包括哪些工作内容?

缸砖俗称地砖或铺地砖,表面不上釉,色泽常为暗红、浅黄、深黄或青灰色,形状有正方形、长方形和六角形等,缸砖子目分为楼地面、楼梯、台阶、踢脚板和零星装饰几个子项,其中楼地面、踢脚板按水泥砂浆和干粉型粘结剂列项,楼地面分勾缝和不勾缝两种。其工作内容包括:

(1)清理基层、锯板磨边、贴缸砖、勾缝、清理净面。

(2)调制水泥砂浆或粘结剂。

46. 陶瓷锦砖定额包括哪些工作内容?

陶瓷锦砖俗称马赛克,定额包括楼地面、台阶和踢脚板三类子目,楼地面和踢脚板分水泥砂浆和干粉型粘结剂铺贴,楼地面分拼花和不拼花列项。其工作内容包括:

(1)清理基层、贴陶瓷锦砖、拼花、勾缝、清理净面。

(2)调制水泥砂浆或粘结剂。

47. 楼地面拼碎块料定额包括哪些工作内容?

楼地面拼碎块料分大理石、水磨石、花岗岩三类子目。其工作内容包括:清理基层、调制水泥砂浆、刷素水泥浆、贴面层、补缝、清理净面。

48. 红(青)砖地面定额包括哪些工作内容?

红(青)砖地面按铺设方式分平铺和侧铺,并分别按砂结合和砂浆结合列项。其工作内容包括:

(1)清理基层、铺砖、填缝。

(2)调制水泥砂浆。

49. 凸凹假麻石块定额包括哪些工作内容?

凸凹假麻石块定额列有楼地面、楼梯和台阶3个子项。其工作内容包括:清理基层、调制水泥砂浆、刷素水泥浆、贴块料、擦缝、清理净面。

50. 激光玻璃、块料面酸洗打蜡定额包括哪些工作内容?

激光玻璃楼地面分玻璃胶和水泥砂浆两个子目;块料面酸洗打蜡分楼地面和楼梯台阶两个子目。其主要工作内容包括:

(1)清理基层、调制水泥砂浆、刷素水泥浆、贴面层、净面。

（2）清理表面、上草酸、打蜡、磨光及成品保护。

51. 块料楼地面面层定额工程量如何计算？

块料楼地面面层，按图示尺寸实铺面积以 m^2 计算，门洞、空圈、暖气泡槽和壁龛的开口部分的工程量并入相应的面层内计算。

【例 4-9】　计算图 4-14 所示门厅镶贴大理石地面面层定额工程量。

【解】　大理石面层工程量按实铺面积计算，应加门洞开口部分面积。

大理石面层工程量＝$(4-0.24)×6+1.8×0.24=23m^2$

【例 4-10】　某展览厅，地用用 1：2.5 水泥砂浆铺全瓷抛光地板砖，地板砖规格为 1000mm×1000mm，地面实铺长度为 40m，实铺宽度为 30m，展览厅内有 6 个 600mm×600mm 的方柱，计算铺全瓷抛光地板砖工程量。

【解】　块料楼地面工程量计算如下：

块料楼地面工程量＝主墙间净长度×主墙间净宽度－每个 0.3m² 以上柱所占面积。

块料楼地面工程量＝$40×30-0.6×0.6×6=1197.84m^2$

52. 什么是塑料？

塑料是以合成树脂为基本材料，再按一定比例加入填料、增塑剂、固化剂、着色剂及其他助剂等经加工而成的材料。

塑料具有以下优越的性能：①优良的加工性能；②比强度高；③质轻；④导热系数小；⑤装饰日用性高；⑥具有经济性。

53. 什么是橡塑面层？

橡塑面层是指塑料面层和橡胶面层。塑料地板主要指塑料地板革、塑料地板砖等材料，它是用 PVC 塑料和其他塑料，再加上一些添加剂，通过热挤压法生产的一种片状地面装饰材料，塑料地板与涂料、地毯相比，在价格上较适中，使用性能较好，适应性强、耐腐蚀、行走舒适、应用面广泛，其花色品种多，装饰效果好，具有质轻耐磨、隔声隔热、耐腐蚀、脚感好、表面光滑、色泽鲜艳等特点。橡胶地面分单层和双层两种。双层橡胶地板的面层是用含填充料的合成橡胶制成的，表面可做成平的或带肋的。单层橡胶地板用于防滑地面，厚度为 4～6mm。双层橡胶地板的底层使用泡沫橡胶、橡胶废料或沥青。橡胶板面层具有吸声、耐磨、绝缘、防滑和弹性好的特点，主要用于对保温要求不高的防滑地面。

54. 橡胶板楼地面构造做法是怎样的?

橡胶板楼地面多用于有电缘或清洁、耐磨要求的场所,其构造做法如图 4-16 所示。

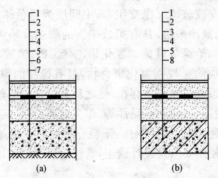

图 4-16 橡胶板楼地面

(a)橡胶板地面;(b)橡胶板楼地面

1—橡胶板 3 厚,用专用胶粘剂粘贴;2—1:2.5 水泥砂浆 20 厚,压实抹光;

3—聚氨酯防水层 1.5 厚(两道);4—1:3 水泥砂浆或细石混凝土找坡层最薄处

20 厚抹平;5—水泥浆一道(内掺建筑胶);6—C10 混凝土垫层 60 厚;

7—夯实土;8—现浇楼板或预制楼板上之现浇叠合层

55. 塑料板楼地面构造做法是怎样的?

塑料板面层应采用塑料板块、卷材并以粘贴、干铺或采用现浇整体式在水泥类基层上铺设而成。板块、卷材可采用聚氯乙烯树脂、聚氯乙烯-聚乙烯共聚地板、聚乙烯树脂、聚丙烯树脂和石棉塑料板等。现浇整体式面层可采用环氧树脂涂布面层、不饱和聚酯涂布面层和聚醋酸乙烯塑料面层等,构造做法如图 4-17 所示。

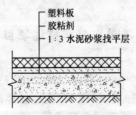

图 4-17 塑料板面层

56. 塑料卷材楼地面具有怎样的构造？

聚氯乙烯 PVC 铺地卷材,分为单色、印花和印花发泡卷材,常用规格为幅宽 900～1900mm,每卷长度 9～20m,厚度 1.5～3.0mm。基底材料一般为化纤无纺布或玻璃纤维交织布,中间层为彩色印花(或单色)或发泡涂层,表面为耐磨涂敷层,具有柔软丰满的脚感及隔声、保温、耐腐、耐磨、耐折、耐刷洗和绝缘等性能。氯化聚乙烯 CPE 铺地卷材是聚乙烯与氯氢取代反应制成的无规则氯化聚合物,具有橡胶的弹性,由于 CPE 分子结构的饱和性以及氯原子的存在,使之具有优良的耐候性、耐臭氧和耐热老化性,以及耐油、耐化学药品性等,作为铺地材料,其耐磨耗性能和延伸率明显优于普通聚氯乙烯卷材。塑料卷材铺贴于楼地面的做法,可采用活铺、粘贴,由使用要求及设计确定,卷材的接缝如采用焊接,即可成为无缝地面。

57. 什么是刮腻子？

刮腻子是指用石膏乳液腻子嵌补找平,然后用 0 号铁砂布打毛,再用滑石粉乳液腻子刮第二遍,直至基层平整、无浮灰后,再刷 108 胶水泥乳液一道,以增加胶结层的胶结力。

58. 橡胶地面具有哪些特点？

橡胶地面具有良好的弹性,双层橡胶地面的底层如改用海绵橡胶则弹性更好。橡胶地面耐磨、保温、消声性能均较好,表面光而不滑,行走舒适,比较适用于展览馆、疗养院、阅览室、实验室等公共场合。

59. 橡塑面层包括哪些清单项目？

橡塑面层清单项目包括橡胶板楼地、橡胶卷材楼地面、塑料板楼地面、塑料卷材楼地面。

60. 橡胶板楼地面清单应怎样描述项目特征？包括哪些工程内容？

(1)橡胶板楼地面清单项目特征应描述的内容包括:①找平层厚度、砂浆配合比;②填充材料种类、厚度;③粘结层厚度、材料种类;④面层材料品种、规格、品牌、颜色;⑤压线条种类。

(2)橡胶板楼地面清单项目所包括的工程内容有:①基层清理、抹找平层;②铺设填充层;③面层铺贴;④压缝条装钉;⑤材料运输。

61. 橡胶板楼地面清单工程量如何计算?

橡胶板楼地面清单工程量按设计图示尺寸以面积计算。门洞、空圈、暖气包槽、壁龛的开口部分并入相应的工程量内。

62. 橡胶卷材楼地面清单应怎样描述项目特征? 包括哪些工程内容?

(1)橡胶卷材楼地面清单项目特征应描述的内容包括:①找平层厚度、砂浆配合比;②填充材料种类、厚度;③粘结层厚度、材料种类;④面层材料品种、规格、品牌、颜色;⑤压线条种类。

(2)橡胶卷材楼地面清单项目所包括的工程内容有:①基层清理、抹找平层;②铺设填充层;③面层铺贴;④压缝条装钉;⑤材料运输。

63. 橡胶卷材楼地面清单工程量如何计算?

橡胶卷材楼地面清单工程量按设计图示尺寸以面积计算。门洞、空圈、暖气包槽、壁龛的开口部分并入相应的工程量内。

64. 塑料板楼地面清单应怎样描述项目特征? 包括哪些工程内容?

(1)塑料板楼地面清单项目特征应描述的内容包括:①找平层厚度、砂浆配合比;②填充材料种类、厚度;③粘结层厚度、材料种类;④面层材料品种、规格、品牌、颜色;⑤压线条种类。

(2)塑料板楼地面清单项目所包括的工程内容有:①基层清理、抹找平层;②铺设填充层;③面层铺贴;④压缝条装钉;⑤材料运输。

65. 塑料板楼地面清单工程量如何计算?

塑料板楼地面清单工程量按设计图示尺寸以面积计算。门洞、空圈、暖气包槽、壁龛的开口部分并入相应的工程量内。

【例 4-11】　某房间净长度为 5m,净宽度为 4m,欲使用 300mm×300mm×20mm 塑料板块料进行地面铺设,求其工程量。

【解】　塑料地板工程量应按设计图示尺寸以面积计算

$$地板工程量＝长×宽＝5×4＝20m^2$$

塑料板楼地面清单工程量见表 4-7。

表 4-7　　　　　　　　塑料板楼地面清单工程量表

项目编码	项目名称	项目特征描述	计量单位	工程量
020103003001	塑料板楼地面	300mm × 300mm × 20mm 塑料地板	m²	20

66. 塑料卷材楼地面清单应怎样描述项目特征？包括哪些工程内容？

(1)塑料卷材楼地面清单项目特征应描述的内容包括：①找平层厚度、砂浆配合比；②填充材料种类、厚度；③粘结层厚度、材料种类；④面层材料品种、规格、品牌、颜色；⑤压线条种类。

(2)塑料卷材楼地面清单项目所包括的工程内容有：①基层清理、抹找平层；②铺设填充层；③面层铺贴；④压缝条装钉；⑤材料运输。

67. 塑料卷材楼地面清单工程量如何计算？

塑料卷材楼地面清单工程量按设计图示尺寸以面积计算。门洞、空圈、暖气包槽、壁龛的开口部分并入相应的工程量内。

68. 塑料、橡胶板楼地面定额包括哪些工作内容？

塑料、橡胶板楼地面分橡胶板、塑料板、塑料卷材 3 个子项，塑料踢脚板分装配式和粘贴两个子项。其工作内容包括：

(1)清理基层、刮腻子、涂刷粘结层、贴面层、净面。

(2)制作及预埋木砖、安装矢具及踏脚板。

69. 橡塑面层定额工程量如何计算？

橡塑面层定额工程量按图示尺寸以"m²"计算。

70. 什么是地毯？可分为几类？

地毯是用动物毛、合成纤维、植物麻等为原料，经过编织、裁剪等加工制作而成的一种地面装饰材料，具有质地柔软、使用安全、脚感舒服等特点，装饰后能够体现高贵、美观、华丽、气派的风格，同时具有隔热防潮的作用。

地毯按编织工艺可分为手工编织地毯、机织地毯、簇绒编织地毯、无纺地毯。

　　按成品的形态可分为整幅成卷地毯和块状地毯,按材质可分为化纤地毯、纯毛地毯、塑料地毯和混纺地毯等。

71. 楼地面地毯分为几种形式?

　　楼地面地毯分为固定式、不固定式两种铺设方式。

　　(1)固定式地毯。固定式铺设是先将地毯按铺设面积的大小进行裁剪、拼缝,用烫带粘贴成一整块,然后用胶粘剂将周边与基层面粘结,并用木卡条、钢钉将地毯固定在地面基层上,地毯四周外露边缘用铝收口条固定,门洞口边缘用铝压条固定。

　　固定式地毯(定额中已考虑3%的损耗)分为带垫和不带垫两种。带垫地毯是指在地毯下面先加铺一层地毯胶垫;不带垫地毯是指地毯有正、反两面,反面胶贴有衬底,可直接铺在基层面上。

　　(2)不固定式地毯。不固定式铺设是将地毯直接平铺,浮搁在基层面上。若有小块需拼整者,用烫带粘结。

72. 怎样铺设地毯?

　　(1)需要经常将地毯卷起或搬动的场所,宜铺不固定式地毯。将地毯裁边粘结拼成一整个,直接摊铺于地上,不与地面粘贴,四周沿墙角修齐。

　　(2)对不需要卷起,而要求在受外力推动下地毯不致降起的场所,如走廊、前厅处可采用固定式铺法。将地毯裁边粘贴拼缝成一整片,四周与房间地面用胶粘剂或带有朝天小钩的木卡条(倒刺板)将地毯背面与地面固定。

　　(3)在固定式地毯铺设前,先把胶或倒刺在地面四周安放好,然后先铺地毯橡胶(底垫),地毯由一端展开随打开随铺。地毯摊平后,使用脚蹬张紧器把地毯向纵横方向伸展,由地毯中心线呈"V"字形向外拉开张紧固定,使地毯保持平整,然后用扁铲将地毯四周砸牢。

73. 地毯具有怎样的结构?

　　地毯可分为天然纤维和合成纤维两类,由面层、防松涂层和背衬构成,如图4-18所示。

　　(1)面层。化纤地毯的面层,一般采用中、长纤维做成,中长纤维制作的面层,绒毛不易脱落、起球,使用寿命较长。纤维的粗细也直接影响地

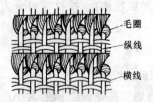

毛圈
纵线
横线

缎通（波斯结）
　　以经线与纬线编织而成基布，再用手工在其上编织毛圈。以中国的缎通为代表，波斯结缎通，土耳其毛毯等是有名的

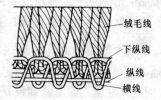

绒毛线
下纵线
纵线
横线

威尔顿
　　是一种机械编织，以经线与纬线编织成基布的同时，织入绒毛线而成的。可以使用 2～6 种色彩线

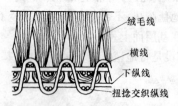

绒毛线
横线
下纵线
扭捻交织纵线

阿克斯明斯特
　　通过提花织机编织而成。编织色彩可达 30 种颜色，其特点是具有绘画图案

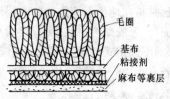

毛圈
基布
粘接剂
麻布等裹层

簇绒
　　在基布上针入绒毛线而成的一种制造方法。可以大量、快速且便宜地生产地毯

图 4-18　地毯的构造

毯的脚感与弹性。也可用短纤维，但不如中、长纤维质量好。

　　（2）防松涂层。在化纤地毯的初级背衬上涂一层以氯乙烯-偏氯乙烯共聚乳液为基料，添加增塑剂、增稠剂及填充料的防松层涂料，可以增加地毯绒面纤维的固着，使之不易脱落；同时可在棉纱或丙纶扁丝的初级背衬上形成一层薄膜，防止胶粘剂渗透到绒面层而使面层发硬；并在与次级背衬粘结复合时能减少胶粘剂的用量及增加粘结强度；水溶性防松层，是经过简单的热风烘道干燥装置干燥成膜。

　　（3）背衬。化纤地毯经过防松涂层处理后，用胶粘剂与麻布粘结复合，形成次级背衬，以增加步履轻松的感觉；同时覆盖织物层的针码，改善地毯背面的耐磨性。胶粘剂采用对化纤及黄麻织物均有良好粘结力的水溶性橡胶，如丁苯胶乳、天然乳胶，加入增稠剂、填充料、扩散剂等，并经过高速分散,使之成为黏稠的浆液,然后通过辊筒涂敷在预涂过防松层的初级背衬上。涂敷胶粘剂应以地毯面层与麻布间有足够的粘结力,但又不渗透到地毯的绒面里,并以不影响地毯的面层美观及柔软性为标准来控制涂布量。贴上麻布经过几分钟的加热加压使之粘结复合,然后通过简单的热风烘道进一步使乳胶热化、干燥,即可成卷。

74. 什么是竹地板?

竹地板是用竹片加工成平整的薄片为基材,用脲醛树脂胶为胶粘剂,经高压高温层层胶合而成,它具有防蛀、防潮等特点。竹地板一般直接用水胶粉和 XY401 胶粘贴在水泥基层面上。

75. 拼花木地板的特点有哪些? 具有哪些表现形式?

拼花木地板的特点是:木材经远红外线干燥,含水率达 12%,采取防腐材料、木材几何图案组合,四边企口串条使木材两个断面粘结以分散内应力、拉力,保持地面平整、光滑、不翘曲变形,如图 4-19 和图 4-20 所示。

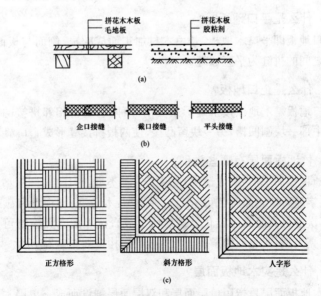

图 4-19 拼花木地板表现形式

(a)拼花木板面层;(b)拼花木板接缝;(c)拼花板面层图案

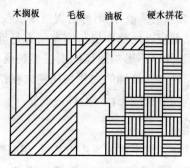

木搁板　　毛板　　油板　　硬木拼花

图 4-20　拼花木地板构造层次

76. 什么是复合木地板?

复合木地板是以中密度纤维板为基材和用特耐磨塑料贴面板为面材的新型地面装饰材料。

复合木地板分为:实木复合木地板、强化复合木地板。

77. 什么是平口地板?

平口地板即平口木地板,是由木材加工而成的,板侧面与板面垂直,板与板之间的拼缝为平直通缝。

78. 什么是企口地板?

企口地板是木地板按拼缝形式分的一种,它是将相邻拼接的两块板侧面的中部一块刨凹槽,另一块留凸棱,使两板拼接缝形成企口缝。

79. 竹地板面层有哪些类别?

竹地板按加工形式(或结构)可分为三种类型:平压型、侧压型和平侧压型(工字型);按表面颜色可分为三种类型:本色型、漂白型和碳化色型(竹片再次进行高温高压碳化处理后所形成);按表面有无涂饰可分为三种类型:亮光型、亚光型和素板。竹地板面层构造如图 4-21 所示。

80. 什么是实木地板面层?

实木地板面层是指用单层面层和双层面层铺设而成。单层木板面层是在木格栅上直接钉企口板;双层木板面层是在木格栅上先钉一层毛地板,再钉一层企口板。木格栅有空铺和实铺两种形式,空铺式是将格栅两

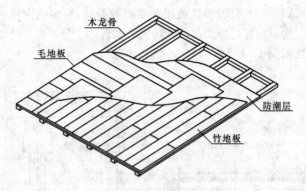

图 4-21　竹地板面层构造

头置于墙体的垫木上,木格栅之间加设剪刀撑;实铺式是将木格栅铺于混凝土结构层上或水泥混凝土垫层上,木格栅之间填以炉渣等隔声材料,并加设横向木撑,构造做法如图 4-22 所示。

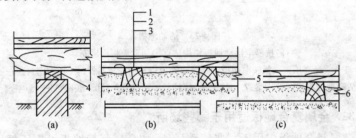

图 4-22　木板面层
(a)空铺式;(b)、(c)实铺式
1—企口板;2—毛地板;3—木格栅;4—垫木;5—剪刀撑;6—炉渣

81. 什么是防静电活动地板?

　　防静电活动地板面层是以特制的平压刨花板为基材,表面饰以装饰板和底层用镀锌钢板经粘结胶合组成的活动板块,配以横梁、橡胶垫条和可供调节高度的金属支架组装的架空活动地板在水泥类基层上铺设而成。面层下可敷设管道和导线,适用于防尘和导静电要求的专业用房地面,如仪表控制室、计算机房、变电所控制室、通信枢纽等。活动地板面层具有板面平整、光洁、装饰性好等优点。活动地板面层与原楼、地面之间的空间(即活动支架高度)可按使用要求进行设计,可容纳大量的电缆和空调管线。所有构件均可预制,运输、安装和拆卸十分方便。活动地板面层构造做法如图 4-23 所示。

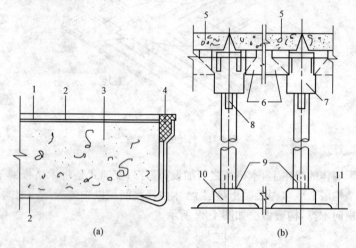

图 4-23　活动地板

(a)抗静电活动地板块构造;(b)活动地板面层安装

1—柔光高压三聚氰胺贴面板;2—镀锌铁板;3—刨花板基材;4—橡胶密封条;
5—活动地板板块;6—横梁;7—柱帽;8—螺柱;9—活动支架;10—底座;11—楼地面标高

82. 金属复合地板适用于哪些场所?

金属复合地板多用于一些特殊场所,如金属弹簧地板可用于舞厅中舞池地面;激光钢化夹层玻璃地砖,因其抗冲击、耐磨、装饰效果美观,多用于酒店、宾馆、酒吧等娱乐、休闲场所的地面。

83. 其他材料面层包括哪些清单项目?

其他材料面层清单项目包括楼地面地毯、竹木地板、防静电活动地板、金属复合地板。

84. 楼地面地毯清单应怎样描述项目特征? 包括哪些工程内容?

(1)楼地面地毯清单项目特征应描述的内容包括:①找平层厚度、砂浆配合比;②填充材料种类、厚度;③面层材料品种、规格、品牌、颜色;④防护材料种类;⑤粘结材料种类;⑥压线条种类。

(2)楼地面地毯清单项目所包括的工程内容有:①基层清理、抹找平层;②铺设填充层;③铺贴面层;④刷防护材料;⑤装钉压条;⑥材料运输。

85. 楼地面地毯清单工程量如何计算?

楼地面地毯清单工程量按设计图示尺寸以面积计算。门洞、空圈、暖气包槽、壁龛的开口部分并入相应的工程量内。

【例4-12】　如图4-24所示,某办公室内地面采用地毯面层,求地毯铺设的清单工程量。

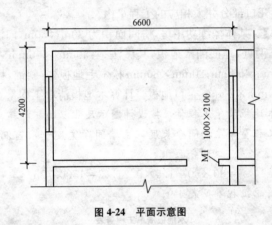

图4-24　平面示意图

【解】　按设计图示尺寸以面积计算:

楼地面地毯工程量=(6.6-0.12×2)×(4.2-0.12×2)+1×0.24

$$=25.43m^2$$

清单工程量见表4-8。

表4-8　　　　　　　　　楼地面地毯清单工程量表

项目编码	项目名称	项目特征描述	计量单位	工程量
020104001001	楼地面地毯	室内地面铺地毯	m²	25.43

86. 竹木地板清单应怎样描述项目特征? 包括哪些工程内容?

(1)竹木地板清单项目特征应描述的内容包括:①找平层厚度、砂浆配合比;②填充材料种类、厚度、找平层厚度、砂浆配合比;③龙骨材料种类、规格、铺设间距;④基层材料种类、规格;⑤面层材料品种、规格、品牌、颜色;⑥粘结材料种类;⑦防护材料种类;⑧油漆品种、刷漆遍数。

(2)竹木地板清单项目所包括的工程内容有:①基层清理、抹找平层;②铺设填充层;③龙骨铺设;④铺设基层;⑤面层铺贴;⑥刷防护材料;⑦材料运输。

87. 竹木地板清单工程量如何计算?

竹木地板清单工程量按设计图示尺寸以面积计算。门洞、空圈、暖气包槽、壁龛的开口部分并入相应的工程量内。

【例 4-13】 某体操练功用房,房间面积为 30m×50m,门洞开口部分 2.1m×1.5m 两处,地面铺木地板,其做法是:30mm×40mm 木龙骨中距(双向)450mm×450mm;20mm×80mm 松木毛地板 45°斜铺,板间留 2mm 缝宽;上铺 50mm×20mm 企口地板。计算木地板清单工程量。

【解】 木地板清单工程量应按设计图示尺寸以面积计算。

木地板工程量=主墙间净长度×主墙间净宽度+门窗洞口、壁龛开
口部分面积

$$=30×50+1.5×0.24×2=1500.72m^2$$

木地板清单工程量见表 4-9。

表 4-9 木地板清单工程量表

项目编码	项目名称	项目特征描述	计量单位	工程量
020104002001	竹木地板	50mm×20mm 木地板	m^2	1500.72

【例 4-14】 如图 4-25 所示某房间地面采用实木地板,求该房间地板清单工程量。

【解】 木地板清单工程量应按设计图示尺寸以面积计算:

木地板工程量=主墙间净长度×主墙间净宽度-柱子面积+门窗洞
口、壁龛开口部分面积

$$=(4.8+4.8-0.24)×(6.0-0.24)-0.7×(0.7-$$
$$0.24)×2+0.8×0.24$$
$$=53.46m^2$$

木地板清单工程量见表 4-10。

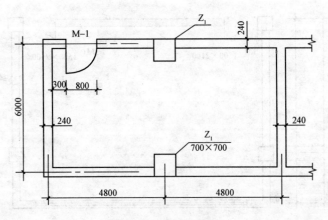

图 4-25 某房间平面图

表 4-10   木地板清单工程量表

项目编码	项目名称	项目特征描述	计量单位	工程量
020104002001	竹木地板	木地板	m²	53.46

88. 防静电活动地板清单应怎样描述项目特征？包括哪些工程内容？

(1)防静电活动地板清单项目特征应当描述的内容包括：①找平层厚度、砂浆配合比；②填充材料种类、厚度，找平层厚度、砂浆配合比；③支架高度、材料种类；④面层材料品种、规格、品牌、颜色；⑤防护材料种类。

(2)防静电活动地板清单项目所包括的工程内容有：①清理基层、抹找平层；②铺设填充层；③固定支架安装；④活动面层安装；⑤刷防护材料；⑥材料运输。

89. 防静电活动地板清单工程量如何计算？

防静电活动地板清单工程量按设计图示尺寸以面积计算。门洞、空圈、暖气包槽、壁龛的开口部分并入相应的工程量内。

【例 4-15】 如图 4-26 所示，求某住宅室内铺防静电活动地板清单工程量。

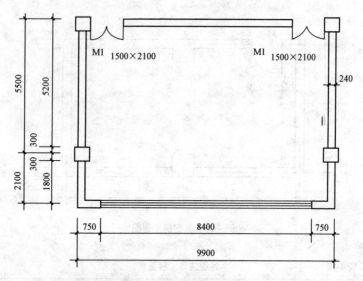

图 4-26　某住宅建筑平面图

【解】　防静电活动地板清单工程量按图示尺寸，以实铺面积计算。

防静电活动地板工程量＝(2.1＋5.5－0.12×2)×(9.9－0.12×2)＋

1.5×0.24×2

＝71.82m²

防静电活动地板清单工程量见表 4-11。

表 4-11　　　　　　　防静电活动地板清单工程量表

项目编码	项目名称	项目特征描述	计量单位	工程量
020104003001	防静电活动地板	室内防静电活动地板	m²	71.82

90. 金属复合地板清单应怎样描述项目特征？包括哪些工程内容？

(1)金属复合地板清单项目特征应描述的内容包括：①找平层厚度、砂浆配合比；②填充材料种类、厚度，找平层厚度、砂浆配合比；③龙骨材料种类、规格、铺设间距；④基层材料种类、规格；⑤面层材料品种、规格、品牌；⑥防护材料种类。

（2）金属复合地板清单项目所包括的工程内容有：①清理基层、抹找平层；②铺设填充层；③龙骨铺设；④基层铺设；⑤面层铺贴；⑥刷防护材料；⑦材料运输。

91. 金属复合地板清单工程量如何计算?

金属复合地板清单工程量按设计图示尺寸以面积计算。门洞、空圈、暖气包槽、壁龛的开口部分并入相应的工程量内。

92. 地毯及附件定额包括哪些工作内容?

楼地面地毯分不固定和固定两种形式，固定式铺设又分单层和双层，共 3 个子项。

楼梯地毯分满铺和不满铺两个子项。满铺是指从梯段最顶级到梯段最底级的整个楼梯全部铺设地毯。不满铺是指分散分块铺设，一般多为铺水平两部分，踏步踢面不铺。踏步铺地毯分压辊和压板 2 个子目。其工作内容包括：

（1）楼地面地毯及附件：清扫基层、拼接、铺设、修边、净面、刷胶、钉压条。

（2）楼梯、踏步地毯及附件：清扫基层、拼接、铺平、钉压条、修边、净面、钻眼、套管、安装。

93. 木地板定额包括哪些工作内容?

木地板以材质分为木地板、硬木地板、硬木拼花地板和地板砖；按铺贴或粘贴基层分为铺在木棱上、铺在毛地板上和粘贴在水泥面上三种情况，此外，还分平口缝和企口缝列项。其工作内容包括：

（1）木地板、硬木地板：木地板、龙骨、横撑、垫木制作、安装、打磨净面、涂防腐油、填炉渣、埋铁件等。

（2）硬木拼花地板、踢脚线、地板砖：清洗基层、刷胶、铺设、打磨净面；龙骨、毛地板制作、刷防腐剂；踢脚线埋木砖等。

94. 防静电活动地板定额包括哪些工作内容?

防静电活动地板分木质和铝质两个子项。其工作内容包括：清理基层、定位、安支架、横梁、地板、净面等。

95. 其他材料面层定额工程量如何计算?

其他材料面层定额工程量计算规则如下：

（1）楼梯满铺地毯按楼梯间净水平投影面积计算；不满铺地毯按实铺地毯的展开面积计算。

（2）木地板、活动地板按图示尺寸以"m²"计算。扣除柱子所占的面积，门洞口、暖气槽和壁龛的开口部分工程量并入相应面层内。

96. 什么是踢脚线？

踢脚线是指室内地面四周与内墙身交接处，高度一般为 150mm 左右的水泥砂浆抹灰。

踢脚线有缸砖、木、水泥砂浆和水磨石、大理石等类型，其构造如图 4-27 所示。

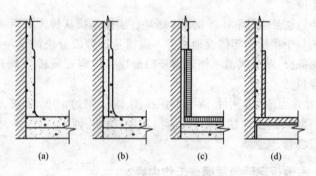

图 4-27　踢脚板
(a)水泥踢脚板；(b)水磨石踢脚板；
(c)缸砖踢脚板；(d)木踢脚板

97. 踢脚线包括哪些清单项目？

踢脚线清单项目包括水泥砂浆踢脚线、石材踢脚线、块料踢脚线、现浇水磨石踢脚线、塑料板踢脚线、木质踢脚线、金属踢脚线、防静电踢脚线。

98. 水泥砂浆踢脚线具有哪些构造形式？

水泥砂浆踢脚线构造如图 4-28 所示。其所用材料、施工工艺与水泥砂浆楼地面层相同，且同时施工。施工时要注意踢脚线上口平直，拉 5m 线(不足 5m 拉通线)检查不得超过 4mm。

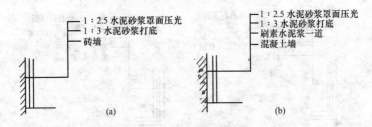

图 4-28 水泥砂浆踢脚线构造

(a)砖墙水泥砂浆踢脚线;(b)混凝土墙水泥砂浆踢脚线

99. 块料踢脚线的构造是怎样的?

块料类踢脚线包括大理石、花岗岩、预制水磨石、彩釉砖、缸砖、陶瓷锦砖等材料所做的踢脚线。块料类踢脚线构造如图 4-29 所示。

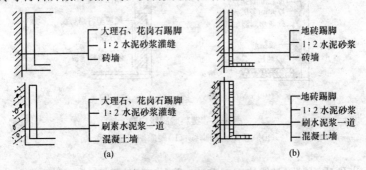

图 4-29 块料类踢脚板构造

(a)大理石、花岗石踢脚线;(b)地砖踢脚线

块料踢脚线施工用板后抹水泥砂浆或胶粘结贴在墙上的方法。踢脚线缝宜与地面缝对齐,踢脚线与地面接触部位应缝隙密实,踢脚线上口在同一水平线上,出墙厚度应一致。

100. 现浇水磨石踢脚线的构造是怎样的?

现浇水磨石踢脚线除不做嵌条外,其所用材料、施工工艺与现制水磨石楼地面面层相同,且同时施工。

现浇水磨石踢脚线构造如图 4-30 所示。

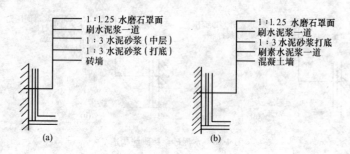

图 4-30　现浇水磨石踢脚线示意图
(a)砖墙水磨石踢脚线;(b)混凝土墙水磨石踢脚线

101. 塑料踢脚线的构造是怎样的?

塑料踢脚线的构造如图 4-31 所示。

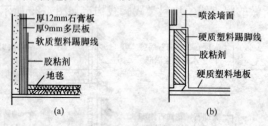

图 4-31　塑料踢脚线构造
(a)软质塑料踢脚线;(b)硬质塑料踢脚线

半硬质塑料踢脚线施工工艺为:弹上口标高水平线→刮胶粘剂→踢脚线铺贴。

铺贴一般从门口开始。遇阴角时,踢脚线下口应剪去一个三角切口,以保证粘贴平整,塑料踢脚线每卷 300~500m,一般不准有接头。

软质塑料踢脚线一般上口压一根木条或用硬塑料压条封口,阴角处理成小圆角或 90°。小圆角作法是将两面相交处作成半径 $R=50mm$ 的圆角;90°的作法是将两面相交处作成 90°角,用三角形焊条焊接。踢脚线铺贴后,须对立板和转角施压 24h,以利于板与基层的粘结良好。

102. 木质踢脚线的构造是怎样的?

木质踢脚线的构造如图 4-32 所示。木踢脚线所用木材最好与木地板面层所用材料相同。

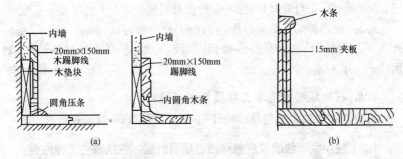

图 4-32　木踢脚线构造示意图

(a)木踢脚线及地面转角处做法；(b)用木夹板作踢脚线

103. 什么是金属踢脚线？

金属踢脚线是指用铝合金、不锈钢等金属做成的踢脚线。

104. 什么是防静电踢脚线？

防静电踢脚线是指将踢脚线上产生的静电荷及时释放的踢脚线。

防静电踢脚线应与防静电地板配合使用，其构造要求与木质踢脚线基本相同，只是踢脚线所使用的材料不同。防静电踢脚线适用于计算机机房等对静电有较高要求的房间。

105. 水泥砂浆踢脚线清单应怎样描述项目特征？包括哪些工程内容？

(1)水泥砂浆踢脚线清单项目特征应描述的内容包括：①踢脚线高度；②底层厚度、砂浆配合比；③面层厚度、砂浆配合比。

(2)水泥砂浆踢脚线清单项目所包括的工程内容有：①基层清理；②底层抹灰；③面层铺贴；④勾缝；⑤磨光、酸洗、打蜡；⑥刷防护材料；⑦材料运输。

106. 水泥砂浆踢脚线清单工程量如何计算？

水泥砂浆踢脚线清单工程量按设计图示长度乘以高度以面积计算。

107. 石材踢脚线清单应怎样描述项目特征？包括哪些工程内容？

(1)石材踢脚线清单项目特征应描述的内容包括：①踢脚线高度；②底层厚度、砂浆配合比；③粘贴层厚度、材料种类；④面层材料品种、规格、品牌、颜色；⑤勾缝材料种类；⑥防护材料种类。

(2)石材踢脚线清单项目所包括的工程内容有：①基层清理；②底层抹灰；③面层铺贴；④勾缝；⑤磨光、酸洗、打蜡；⑥刷防护材料；⑦材料运输。

108. 石材踢脚线清单工程量如何计算？

石材踢脚线清单工程量按设计图示长度乘以高度以面积计算。

109. 块料踢脚线清单应怎样描述项目特征？包括哪些工程内容？

(1)块料踢脚线清单项目特征应描述的内容包括：①踢脚线高度；②底层厚度、砂浆配合比；③粘贴层厚度、材料种类；④面层材料品种、规格、品牌、颜色；⑤勾缝材料种类；⑥防护材料种类。

(2)块料踢脚线清单项目所包括的工程内容有：①基层清理；②底层抹灰；③面层铺贴；④勾缝；⑤磨光、酸洗、打蜡；⑥刷防护材料；⑦材料运输。

110. 块料踢脚线清单工程量如何计算？

块料踢脚线清单工程量按设计图示长度乘以高度以面积计算。

111. 现浇水磨石踢脚线清单应怎样描述项目特征？包括哪些工程内容？

(1)现浇水磨石踢脚线清单项目特征应描述的内容包括：①踢脚线高度；②底层厚度、砂浆配合比；③面层厚度、水泥石子浆配合比；④石子种类、规格、颜色；⑤颜料种类、颜色；⑥磨光、酸洗、打蜡要求。

(2)现浇水磨石踢脚线清单项目所包括的工程内容有：①基层清理；②底层抹灰；③面层铺贴；④勾缝；⑤磨光、酸洗、打蜡；⑥刷防护材料；⑦材料运输。

112. 现浇水磨石踢脚线清单工程量如何计算？

现浇水磨石踢脚线清单工程量按设计图示长度乘以高度以面积计算。

113. 塑料板踢脚线清单应怎样描述项目特征？包括哪些工程内容？

(1)塑料板踢脚线清单项目特征应描述的内容包括：①踢脚线高度；

②底层厚度、砂浆配合比；③粘结层厚度、材料种类；④面层材料种类、规格、品牌、颜色。

(2)塑料板踢脚线清单项目所包括的工程内容有：①基层清理；②底层抹灰；③面层铺贴；④勾缝；⑤磨光、酸洗、打蜡；⑥刷防护材料；⑦材料运输。

114. 塑料板踢脚线清单工程量如何计算？

塑料板踢脚线清单工程量按设计图示长度乘以高度以面积计算。

115. 木质踢脚线清单应怎样描述项目特征？包括哪些工程内容？

(1)木质踢脚线清单项目特征应描述的内容包括：①踢脚线高度；②底层厚度、砂浆配合比；③基层材料种类、规格；④面层材料品种、规格、品牌、颜色；⑤防护材料种类；⑥油漆品种、刷漆遍数。

(2)木质踢脚线清单项目所包括的工程内容有：①基层清理；②底层抹灰；③基层铺贴；④面层铺贴；⑤刷防护材料；⑥刷油漆；⑦材料运输。

116. 木质踢脚线清单工程量如何计算？

木质踢脚线清单工程量按设计图示长度乘以高度以面积计算。

【例4-16】　如图4-33所示为某居室设计平面图，其中FDM-1为2.1m×0.8m，M-2为2.1m×0.8m，M-4为2.1m×0.7m，试计算下列条件的踢脚线清单工程量：

(1)客厅直线形大理石踢脚线，水泥砂浆粘贴；

(2)卧室榉木夹板踢脚线。

两种材料踢脚线的高度均按150mm考虑。

【解】　(1)大理石踢脚线计算。石材踢脚线工程量应按图示尺寸以平方米计算。

大理石踢脚线长度＝[(6.8－0.24)＋(11.4－4.8－0.24)]×2＋0.24×

$$4－0.8×2－0.8－0.7－1.3＝22.40m$$

大理石踢脚线工程量＝22.40×0.15＝3.36m²

(2)榉木夹板踢脚线计算。榉木夹板踢脚线属于木质踢脚线的一种，其工程量计算如下：

踢脚线长＝[(3.4－0.24)＋(4.8－0.24)]×4－2.40－0.8×2＋

$$0.24×2$$

=27.36m

榉木夹板踢脚线工程量＝27.36×0.15＝4.10m²

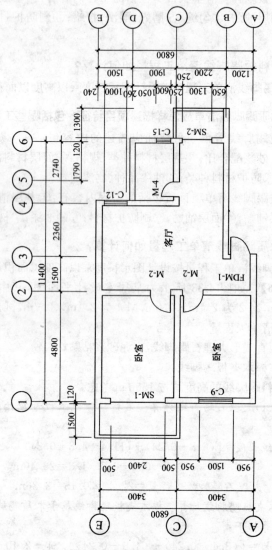

图 4-33　中套居室设计平面图

踢脚线清单工程量见表4-12。

表 4-12　　　　　　　　踢脚线清单工程量表

项目编码	项目名称	项目特征描述	计量单位	工程量
020105002001	石材踢脚线	石材踢脚线	m²	3.36
020105006001	木质踢脚线	木质踢脚线	m²	4.10

117. 金属踢脚线清单应怎样描述项目特征？包括哪些工程内容？

(1)金属踢脚线清单项目特征应描述的内容包括：①踢脚线高度；②底层厚度、砂浆配合比；③基层材料种类、规格；④面层材料品种、规格、品牌、颜色；⑤防护材料种类；⑥油漆品种、刷漆遍数。

(2)金属踢脚线清单项目所包括的工程内容有：①基层清理；②底层抹灰；③基层铺贴；④面层铺贴；⑤刷防护材料；⑥刷油漆；⑦材料运输。

118. 金属踢脚线清单工程量如何计算？

金属踢脚线清单工程量按设计图示长度乘以高度以面积计算。

119. 防静电踢脚线清单应怎样描述项目特征？包括哪些工程内容？

(1)防静电踢脚线清单项目特征应描述的内容包括：①踢脚线高度；②底层厚度、砂浆配合比；③基层材料种类、规格；④面层材料品种、规格、品牌、颜色；⑤防护材料种类；⑥油漆品种、刷漆遍数。

(2)防静电踢脚线清单项目所包括的工程内容有：①基层清理；②底层抹灰；③基层铺贴；④面层铺贴；⑤刷防护材料；⑥刷油漆；⑦材料运输。

120. 防静电踢脚线清单工程量如何计算？

防静电踢脚线清单工程量按设计图示长度乘以高度以面积计算。

121. 踢脚线定额工程量如何计算？

踢脚线定额工程量按延长米计算，洞口、空圈长度不予扣除，洞口、空圈、垛、附墙烟囱等侧壁长度也不增加。

122. 什么是石材楼梯面层？

石材楼梯面层是指采用大理石、花岗石等作装饰面层，如图 4-34

所示。

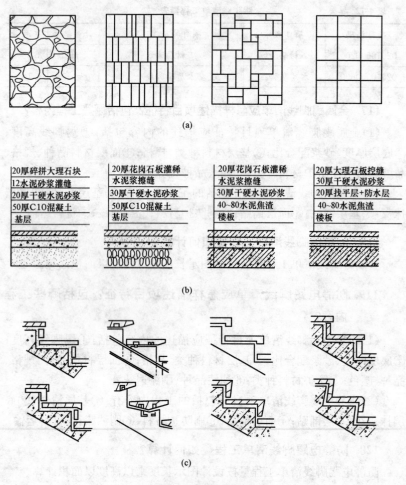

图 4-34　石材地面
(a)平面形式；(b)构造层次；(c)踏步结构

123. 石材楼梯面层构成材料有哪些？要求有哪些？

石材楼梯面层常采用大理石、花岗石块、水泥、砂、白水泥等材料，各材料的选用要求如下：

（1）大理石、花岗石块均应为加工厂的成品，其品种、规格、质量应符合设计和施工规范要求，在铺装前应采取防护措施，防止出现污损、泛碱等现象。

（2）水泥：宜选用普通硅酸盐水泥，强度等级不小于 42.5 级。

（3）砂：宜选用中砂或粗砂。

（4）擦缝用白水泥、矿物颜料，清洗用草酸、蜡。

124. 什么是防滑条？

防滑条是指人流较为集中、拥挤的建筑，为防止滑跌，踏步表面设防滑措施的形式。一般建筑常在近踏步口做防滑条或防滑包口，防滑条有金刚砂防滑条、贴马赛克防滑条，以及嵌橡皮防滑条，如图 4-35 所示。

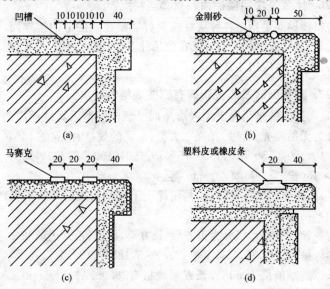

图 4-35　踏步防滑条

125. 螺旋楼梯水平投影面积怎样计算？

对于螺旋形楼梯的水平投影，可按下式计算：

$$螺旋水平面积 = BH\sqrt{1+\left(\dfrac{2\pi R_\Psi}{h}\right)^2}$$

式中 B——楼梯宽度；

H——螺旋梯全高；

h——螺距；

$R_平 = \dfrac{R+r}{2}$，r 为内圆半径，R 为外圆半径。

螺旋楼梯的内外侧面面积等于内（外）边螺旋长乘侧边面高。

$$内边螺旋长 = H\sqrt{1+\left(\dfrac{2\pi r}{h}\right)^2}$$

$$外边螺旋长 = H\sqrt{1+\left(\dfrac{2\pi R}{h}\right)^2}$$

126. 什么是块料楼梯面？有哪些特点？

块料楼梯面是指由各种块材或板材铺贴在基层上的楼梯面,包括各种人造和天然的块材和板材,其花色品种多样,经久耐用,易于保持清洁,强度高,刚度大,应用非常广泛。

127. 陶瓷面砖及陶瓷锦砖有哪些规格？

(1)陶瓷面砖是用瓷土加入添加剂经制模成型后烧结而成的。陶瓷面砖分为无釉哑光、彩釉、抛光三大类,常见的规格有 $150\times150\times10$, $150\times75\times10$, $150\times150\times15$, $150\times75\times15$, $150\times150\times8$, $200\times200\times10$, $200\times200\times15$(长、宽、厚单位为 mm)等。

(2)陶瓷锦砖又称马赛克,是用优质土烧制而成的片状小瓷砖,并按各种图案贴在牛皮纸上。

陶瓷锦砖按其形状分为正方形、长方形、梯形、正六边形和多边形等,正方形规格有 $39\times39\times5$, $23.6\times23.6\times5$, $18.5\times18.5\times5$, $15.2\times15.2\times4.5$(长、宽、厚单位为 mm),长方形规格有 $39.0mm\times18.5mm\times5.0mm$,正六边形规格边长为 25mm,厚 5mm 等。

128. 楼梯装饰包括哪些清单项目？

楼梯装饰清单项目包括:石材楼梯面层、块料楼梯面层、水泥砂浆楼梯面、现浇水磨石楼梯面、地毯楼梯面、木板楼梯面。

129. 石材楼梯面层清单应怎样描述项目特征？包括哪些工程内容？

(1)石材楼梯面层清单项目特征应描述的内容包括:①找平层厚度、

砂浆配合比;②贴结层厚度、材料种类;③面层材料品种、规格、品牌、颜色;④防滑条材料种类、规格;⑤勾缝材料种类;⑥防护层材料种类;⑦酸洗、打蜡要求。

(2)石材楼梯面层清单项目所包括的工程内容有:①基层清理;②抹找平层;③面层铺贴;④贴嵌防滑条;⑤勾缝;⑥刷防护材料;⑦酸洗、打蜡;⑧材料运输。

130. 石材楼梯面层清单工程量如何计算?

石材楼梯面层清单工程量按设计图示尺寸以楼梯(包括踏步、休息平台及 500mm 以内的楼梯井)水平投影面积计算。楼梯与楼地面相连时,算至梯口梁内侧边沿;无梯口梁者,算至最上一层踏步边沿加 300mm。

131. 块料楼梯面层清单应怎样描述项目特征? 包括哪些工程内容?

(1)块料楼梯面层清单项目特征应描述的内容包括:①找平层厚度、砂浆配合比;②贴结层厚度、材料种类;③面层材料品种、规格、品牌、颜色;④防滑条材料种类、规格;⑤勾缝材料种类;⑥防护层材料种类;⑦酸洗、打蜡要求。

(2)块料楼梯面层清单项目所包括的工程内容有:①基层清理;②抹找平层;③面层铺贴;④贴嵌防滑条;⑤勾缝;⑥刷防护材料;⑦酸洗、打蜡;⑧材料运输。

132. 块料楼梯面层清单工程量如何计算?

块料楼梯面层清单工程量按设计图示尺寸以楼梯(包括踏步、休息平台及 500mm 以内的楼梯井)水平投影面积计算。楼梯与楼地面相连时,算至梯口梁内侧边沿;无梯口梁者,算至最上一层踏步边沿加 300mm。

133. 水泥砂浆楼梯面清单应怎样描述项目特征? 包括哪些工程内容?

(1)水泥砂浆楼梯面清单项目特征应描述的内容包括:①找平层厚度、砂浆配合比;②面层厚度、砂浆配合比;③防滑条材料种类、规格。

(2)水泥砂浆楼梯面清单项目所包括的工程内容有:①基层清理;②抹找平层;③抹面层;④抹防滑条;⑤材料运输。

134. 水泥砂浆楼梯面清单工程量如何计算？

水泥砂浆楼梯面清单工程量：按设计图示尺寸以楼梯(包括踏步、休息平台及 500mm 以内的楼梯井)水平投影面积计算。楼梯与楼地面相连时，算至梯口梁内侧边沿；无梯口梁者，算至最上一层踏步边沿加 300mm。

135. 现浇水磨石楼梯面清单应怎样描述项目特征？包括哪些工程内容？

(1)现浇水磨石楼梯面清单项目特征应描述的内容包括：①找平层厚度、砂浆配合比；②面层厚度、水泥石子浆配合比；③防滑条材料种类、规格；④石子种类、规格、颜色；⑤颜料种类、颜色；⑥磨光、酸洗、打蜡要求。

(2)现浇水磨石楼梯面清单项目所包括的工程内容有：①基层清理；②抹找平层；③抹面层；④贴嵌防滑条；⑤磨光、酸洗、打蜡；⑥材料运输。

136. 现浇水磨石楼梯面清单工程量如何计算？

现浇水磨石楼梯面清单工程量按设计图示尺寸以楼梯(包括踏步、休息平台及 500mm 以内的楼梯井)水平投影面积计算。楼梯与楼地面相连时，算至梯口梁内侧边沿；无梯口梁者，算至最上一层踏步边沿加 300mm。

【例 4-17】 图 4-36 所示为某五层建筑楼梯图，设计为水磨石面层，试计算水磨石工程量。

【解】 水磨石楼梯工程量应按设计图示尺寸以水平投影面积计算。

每层楼梯工程量 $=(2.4-0.24)\times(0.24+2.08+1.5-0.12)=7.99m^2$

楼梯总工程量 $=7.99\times(5-1)=31.96m^2$

水磨石楼梯清单工程量见表 4-13。

表 4-13 水磨石楼梯清单工程量表

项目编码	项目名称	项目特征描述	计量单位	工程量
020106004001	水磨石楼梯面	水磨石楼梯	m²	31.96

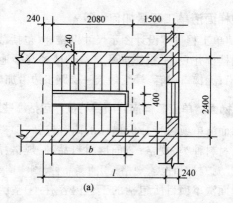

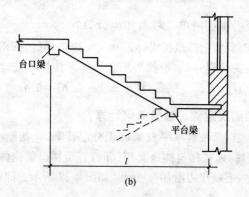

图 4-36 水磨石楼梯设计图

(a)平面;(b)剖面

137. 地毯楼梯面清单应怎样描述项目特征? 包括哪些工程内容?

(1)地毯楼梯面清单项目特征应描述的内容包括:①基层种类;②找平层厚度、砂浆配合比;③面层材料品种、规格、品牌、颜色;④防护材料种类;⑤粘结材料种类;⑥固定配件材料种类、规格。

(2)地毯楼梯面清单项目所包括的工程内容有:①基层清理;②抹找平层;③铺贴面层;④固定配件安装;⑤刷防护材料;⑥材料运输。

138. 地毯楼梯面清单工程量如何计算?

地毯楼梯面清单工程量按设计图示尺寸以楼梯(包括踏步、休息平台及 500mm 以内的楼梯井)水平投影面积计算。楼梯与楼地面相连时,算至梯口梁内侧边沿;无梯口梁者,算至最上一层踏步边沿加 300mm。

139. 木板楼梯面清单应怎样描述项目特征? 包括哪些工程内容?

(1)木板楼梯面清单项目特征应描述的内容包括:①找平层厚度、砂浆配合比;②基层材料种类、规格;③面层材料品种、规格、品牌、颜色;④粘结材料种类;⑤防护材料种类、规格;⑥油漆品种、刷漆遍数。

(2)木板楼梯面清单项目所包括的工程内容有:①基层清理;②抹找平层;③基层铺贴;④面层铺贴;⑤刷防护材料、油漆;⑥材料运输。

140. 木板楼梯面清单工程量如何计算?

木板楼梯面清单工程量按设计图示尺寸以楼梯(包括踏步、休息平台及 500mm 以内的楼梯井)水平投影面积计算。楼梯与楼地面相连时,算至梯口梁内侧边沿;无梯口梁者,算至最上一层踏步边沿加 300mm。

141. 楼梯面层定额工程量如何计算?

楼梯面层工程量按其水平投影面积分层计算,包括踏步、平台、小于500mm 宽的楼梯井,楼梯与楼地面相连时,算至梯口梁内侧边沿,无梯口梁者算至最上一层踏步边沿加 300mm,如图 4-37 所示。即

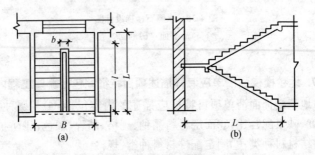

图 4-37　楼梯示意图

当 $b > 500$mm 时　　　$S = \Sigma L \times B - \Sigma l \times b$

当 $b \leqslant 500\text{mm}$ 时　　　　　$S = \Sigma L \times B$

式中　S——楼梯面层的工程量(m^2)；

　　　L——楼梯的水平投影长度(m)；

　　　B——楼梯的水平投影宽度(m)；

　　　l——楼梯井的水平投影长度(m)；

　　　b——楼梯井的水平投影宽度(m)。

142. 楼梯栏杆按其构造分为哪几种？

楼梯栏杆按其构造做法的不同有空花栏杆、栏板式栏杆及二者组合的栏杆三种。

143. 栏杆与梯段的连接有几种方式？

栏杆与梯段的连接有两种方式：一种是在梯段内预埋铁件与栏杆焊接；另一种方式是在梯段上预留孔洞，用细石混凝土、水泥砂浆或螺栓固定。

144. 不锈钢扶手具有怎样的构造？

目前应用较多的金属栏杆、扶手为不锈钢栏杆、扶手，如图 4-38 所示。楼梯扶手的构造如图 4-39 所示。

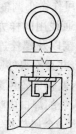

图 4-38　不锈钢(或铜)扶手构造示意图

145. 金属扶手、栏杆的安装应注意哪些问题？

金属扶手、栏杆的安装应注意以下各点：

(1)栏杆立杆安装应按要求及施工墨线从起步处向上的顺序进行。楼梯起步处平台两端立杆应先安装，安装分焊接和螺栓固定两种方法。

1)焊接施工时，其焊条应与母材材质相同，安装时将立杆与埋件点焊

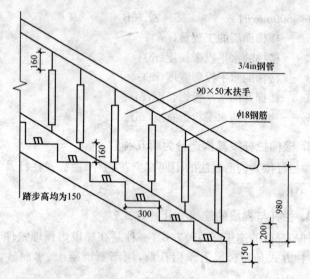

图 4-39　楼梯扶手示意图

临时固定,经标高、垂直校正后,施焊牢固。

2)采用螺栓连接时,立杆底部金属板上的孔眼应加工成腰圆形孔,以备膨胀螺栓位置不符,安装时可作微小调整。

两端立杆安装完毕后,接通线用同样方法安装其余立杆。立杆安装必须牢固,不得松动。立杆焊接以及螺栓连接部位,除不锈钢外,在安装完后,均应进行防腐防锈处理,并且不得外露,应在根部安装装饰罩或盖。

(2)金属扶手表面应光滑,镀膜金属色泽光亮一致,烤漆颜色均匀,表面无剥落、划痕,直拐角及接头处的焊口应吻合密实,弯拐角圆顺光滑,弧形扶手弧线自然,无硬弯、折角。金属栏杆、扶手连接处的焊口色泽同连接件一致。

146. 木栏杆、木扶手有什么特点?

木栏杆和木扶手是楼梯的主要部件,除考虑外形设计的实用和美观外,根据我国有关建筑结构设计规范要求应能承受规定的水平荷载,以保证楼梯的通行安全。所以,通常木栏杆和木扶手都要用材质密实的硬木制作。常用的木材树种有水曲柳、红松、红榉、白榉、泰柚木等。常用木扶手断面如图 4-40 所示。

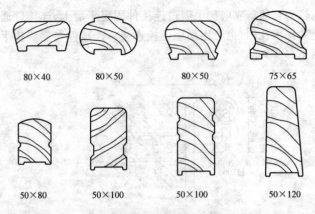

80×40　　80×50　　80×50　　75×65

50×80　　50×100　　50×100　　50×120

图 4-40　常用木扶手断面

147. 怎样安装塑料扶手？

塑料扶手(聚氯乙烯扶手料)系化工塑料产品,其断面形式、规格尺寸及色彩应按设计要求选用。塑料扶手的安装流程大致如下:

(1)找位与划线:按设计要求及选配的塑料扶手料,核对扶手支承的固定件、坡度、尺寸规格、转角形状找位、划线确定每段转角折线点,直线段扶手长度。

(2)弯头配制:一般塑料扶手,用扶手料割角配制。

(3)连接预装:安装塑料扶手,应由每跑楼梯扶手栏杆(栏板)的上端,设扁钢,将扶手料固定槽插入支承件上,从上向下穿入,即可使扶手槽紧握扁钢。直线段与上下折弯线位置重合,拼合割制折弯料相接。

(4)固定:塑料扶手主要靠扶手料槽插入支承扁钢件抱紧固定,折弯处与直线扶手端头加热压粘,也可用乳胶与扶手直线段粘结。

(5)整修:粘结硬化后,折弯处用木锉锉平磨光,整修平顺。

(6)塑料扶手安装后应及时包裹保护。

148. 什么是金属靠墙扶手？

金属靠墙扶手是指固定在墙上的用金属做成的扶手,其下面不设置栏杆、栏板。

149. 怎样安装靠墙扶手？

靠墙扶手一般采用硬木、塑料和金属材料制作,其中硬木和金属靠墙扶手应用较为普通。靠墙扶手通过连接件固定于墙上,连接件通常直接埋入墙上的预留孔内,也可用预埋螺栓连接。连接件与靠墙扶手的连接构造见图 4-41 所示。

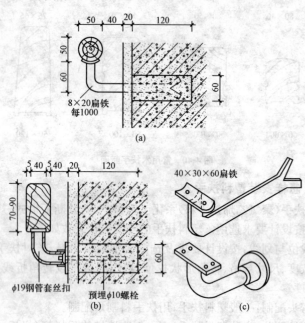

图 4-41　靠墙扶手
(a)圆木扶手;(b)条木扶条;(c)扶手铁脚

150. 扶手、栏杆、栏板装饰包括哪些清单项目?

扶手、栏杆、栏板装饰工程量清单项目包括金属扶手带栏杆、栏板,硬木扶手带栏杆、栏板,塑料扶手、带栏杆、栏板,金属靠墙扶手,硬木靠墙扶手,塑料靠墙扶手。

151. 金属扶手带栏杆、栏板清单应怎样描述项目特征? 包括哪些工程内容?

(1)金属扶手带栏杆、栏板清单项目特征应描述的内容包括:①扶手材料种类、规格、品牌、颜色;②栏杆材料种类、规格、品牌、颜色;③栏板材料种类、规格、品牌、颜色;④固定配件种类;⑤防护材料种类;⑥油漆品种、刷漆遍数。

(2)金属扶手带栏杆、栏板清单项目所包括的工程内容有:①制作;②运输;③安装;④刷防护材料;⑤刷油漆。

152. 金属扶手带栏杆、栏板清单工程量如何计算?

金属扶手带栏杆、栏板清单工程量按设计图示尺寸以扶手中心线长度(包括弯头长度)计算。

153. 硬木扶手带栏杆、栏板清单应怎样描述项目特征? 包括哪些工程内容?

(1)硬木扶手带栏杆、栏板清单项目特征应描述的内容包括:①扶手材料种类、规格、品牌、颜色;②栏杆材料种类、规格、品牌、颜色;③栏板材料种类、规格、品牌、颜色;④固定配件种类;⑤防护材料种类;⑥油漆品种、刷漆遍数。

(2)硬木扶手带栏杆、栏板清单项目所包括的工程内容有:①制作;②运输;③安装;④刷防护材料;⑤刷油漆。

154. 硬木扶手带栏杆、栏板清单工程量如何计算?

硬木扶手带栏杆、栏板清单工程量按设计图示尺寸以扶手中心线长度(包括弯头长度)计算。

155. 塑料扶手带栏杆、栏板清单应怎样描述项目特征? 包括哪些工程内容?

(1)塑料扶手带栏杆、栏板清单项目特征应描述的内容包括:①扶手材料种类、规格、品牌、颜色;②栏杆材料种类、规格、品牌、颜色;③栏板材料种类、规格、品牌、颜色;④固定配件种类;⑤防护材料种类;⑥油漆品种、刷漆遍数。

(2)塑料扶手带栏杆、栏板清单项目所包括的工程内容有:①制作;②运输;③安装;④刷防护材料;⑤刷油漆。

156. 塑料扶手带栏杆、栏板清单工程量如何计算?

塑料扶手带栏杆、栏板清单工程量按设计图示尺寸以扶手中心线长度(包括弯头长度)计算。

157. 金属靠墙扶手清单应怎样描述项目特征？包括哪些工程内容？

(1)金属靠墙扶手清单项目特征应描述的内容包括：①扶手材料种类、规格、品种、颜色；②固定配件种类；③防护材料种类；④油漆品种、刷漆遍数。

(2)金属靠墙扶手清单项目所包括的工程内容有：①制作；②运输；③安装；④刷防护材料；⑤刷油漆。

158. 金属靠墙扶手清单工程量如何计算？

金属靠墙扶手清单工程量按设计图示尺寸以扶手中心线长度(包括弯头长度)计算。

159. 硬木靠墙扶手清单应怎样描述项目特征？包括哪些工程内容？

(1)硬木靠墙扶手清单项目特征应描述的内容包括：①扶手材料种类、规格、品种、颜色；②固定配件种类；③防护材料种类；④油漆品种、刷漆遍数。

(2)硬木靠墙扶手清单项目所包括的工程内容有：①制作；②运输；③安装；④刷防护材料；⑤刷油漆。

160. 硬木靠墙扶手清单工程量如何计算？

硬木靠墙扶手清单工程量按设计图示尺寸以扶手中心线长度(包括弯头长度)计算。

【例 4-18】　六层建筑的楼梯如图 4-42 所示，做木扶手不锈钢管直线型(其他)栏杆，计算栏杆清单工程量。楼梯扶手剖面如图 4-42 所示，设扶手伸入平台 150mm。

【解】　楼梯扶手(栏杆)工程量均按中心线延长米计算。计算公式为：

工程量＝每层水平投影长度×(n−1)×1.15(系数)＋顶层水平扶手长度

$$=[(0.27×8+0.15×2(伸入长)+0.2)×2×(6−1)×$$
$$1.15+(2.4−0.24−0.2)/2]×2$$
$$=63.14m$$

硬木靠墙扶手清单工程量见表 4-14。

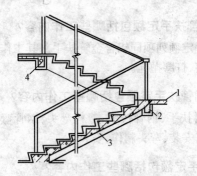

图 4-42　楼梯扶手示意图
1—平台板；2—平台梁；3—斜梁；4—台口梁

表 4-14　　　　　　　　硬木靠墙扶手清单工程量表

项目编码	项目名称	项目特征描述	计量单位	工程量
020107005001	硬木靠墙扶手	硬木靠墙扶手	m	63.14

161. 塑料靠墙扶手清单应怎样描述项目特征？包括哪些工程内容？

(1)塑料靠墙扶手清单项目特征应描述的内容包括：①扶手材料种类、规格、品种、颜色；②固定配件种类；③防护材料种类；④油漆品种、刷漆遍数。

(2)塑料靠墙扶手清单项目所包括的工程内容有：①制作；②运输；③安装；④刷防护材料；⑤刷油漆。

162. 塑料靠墙扶手清单工程量如何计算？

塑料靠墙扶手清单工程量按设计图示尺寸以扶手中心线长度(包括弯头长度)计算。

163. 铝合金管扶手定额包括哪些工作内容？

定额中铝合金管扶手包括有机玻璃栏板、茶色半玻栏板、茶色全玻栏板、铝合金栏杆和弯头共 5 个子项。其工作内容包括：放样、下料、铆接、玻璃安装、打磨抛光。

164. 不锈钢管扶手定额包括哪些工作内容？

不锈钢管扶手定额列项同铝合金管扶手。其工作内容包括：放样、下料、焊接、玻璃安装、打磨抛光。

165. 塑料、钢管扶手定额包括哪些工作内容？

定额分为塑料扶手、钢管扶手、塑料弯头、钢管弯头 4 个子项。其工作内容包括：焊接、安装、弯头制作、安装。

166. 硬木扶手定额包括哪些工作内容？

定额分为型钢栏杆、木栏杆、弯头 3 个子项。其工作内容包括：制作、安装。

167. 靠墙扶手定额包括哪些工作内容？

定额分不锈钢管、铝合金、钢管、硬木、塑料 5 个子项。其工作内容包括：制作、安装、支托煨弯、打洞堵混凝土。

168. 扶手、栏杆、栏板装饰工程定额工程量如何计算？

扶手、栏杆、栏板装饰工程定额工程量计算规定：栏杆、扶手包括弯头长度按延长米计算。

【例 4-19】　设图 4-42 所示六层建筑的楼梯，做扶手不锈钢管直线型（其他）栏杆，计算栏杆、扶手定额工程量。栏杆、扶手伸入平台 150mm。

【解】　楼梯扶手（栏杆）工程量均按中心线延长米计算。

工程量＝每层水平投影长度×$(n-1)$×系数 1.15＋顶层水平扶手长度

$$=[(0.27×8+0.15×2+0.2)×2×(6-1)×1.15+(2.4-0.24-0.2)/2]×2m$$

$$=63.14m$$

169. 什么是阳台？阳台有哪些形式？

阳台是指楼房建筑中，多层房间与室外接触的平台，人们可以在阳台上休息、眺望或从事家务活动。

按阳台与外墙相对位置和结构处理不同，阳台可以分为：挑阳台、凹阳台和半挑半凹阳台，如图 4-43 所示。

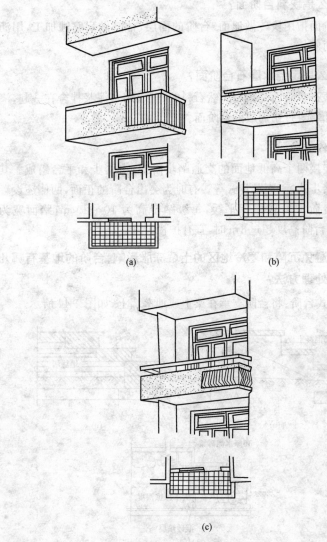

图 4-43 阳台形式

(a)挑阳台;(b)凹阳台;(c)半挑凹阳台

170. 什么是块料台阶面?

块料台阶面指用块砖做地面、台阶的面层,常需做耐腐蚀加工,用沥青砂浆铺砌而成。

171. 什么是现浇水磨石台阶面?

现浇水磨石台阶面是指用天然石料的石子,用水泥浆拌合在一起,浇抹结硬,再经磨光、打蜡而成的台阶面。

172. 什么是台阶?

台阶是连接两个高低地面的交通踏步阶梯,由踏步和平台组成。其形式有单面踏步式、三面踏步式等。有时为突出台阶的正面,两侧还设置台阶襟边。台阶坡度较楼梯平缓,每级踏步高为 $10\sim15\mathrm{cm}$,踏面宽为 $30\sim40\mathrm{cm}$,当台阶高度超过 $1\mathrm{m}$ 时,宜有护栏设施。

173. 为避免沉陷和寒冷地区的土壤冻胀影响,台阶的地基有哪几种处理方法?

(1)架空式台阶:将台阶支承在梁上或地垄墙上,如图 4-44 所示。

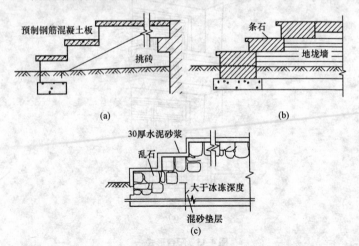

图 4-44　台阶构造

(a)预制钢筋混凝土架空台阶;(b)支承在地垄墙上的架空台阶;(c)地基换土台阶

(2)分离式台阶：台阶单独设立，如支承在独立的地垄墙上。

174. 什么是剁假石？

剁假石是一种人造石料，制作过程是用石粉、水泥等加水拌合抹在建筑物的表面，半凝固后，用斧子剁出像石头那样的纹理。

175. 台阶装饰包括哪些清单项目？

台阶装饰清单项目包括石材台阶面、块料台阶面、水泥砂浆台阶面、现浇水磨石台阶面、剁假石台阶面。

176. 石材台阶面清单应怎样描述项目特征？包括哪些工程内容？

(1)石材台阶面清单项目特征应描述的内容包括：①垫层材料种类、厚度；②找平层厚度、砂浆配合比；③粘结层材料种类；④面层材料品种、规格、品牌、颜色；⑤勾缝材料种类；⑥防滑条材料种类、规格；⑦防护材料种类。

(2)石材台阶面清单项目所包括的工程内容有：①基层清理；②铺设垫层；③抹找平层；④面层铺贴；⑤贴嵌防滑条；⑥勾缝；⑦刷防护材料；⑧材料运输。

177. 石材台阶面清单工程量如何计算？

石材台阶面清单工程量按设计图示尺寸以台阶（包括最上层踏步边沿加 300mm）水平投影面积计算。

178. 块料台阶面清单应怎样描述项目特征？包括哪些工程内容？

(1)块料台阶面清单项目特征应描述的内容包括：①垫层材料种类、厚度；②找平层厚度、砂浆配合比；③粘结层材料种类；④面层材料品种、规格、品牌、颜色；⑤勾缝材料种类；⑥防滑条材料种类、规格；⑦防护材料种类。

(2)块料台阶面清单项目所包括的工程内容有：①基层清理；②铺设垫层；③抹找平层；④面层铺贴；⑤贴嵌防滑条；⑥勾缝；⑦刷防护材料；⑧材料运输。

179. 块料台阶面清单工程量如何计算？

块料台阶面清单工程量按设计图示尺寸以台阶（包括最上层踏步边

沿加 300mm)水平投影面积计算。

180. 水泥砂浆台阶面清单应怎样描述项目特征？包括哪些工程内容？

(1)水泥砂浆台阶面清单项目特征应描述的内容包括：①垫层材料种类、厚度；②找平层厚度、砂浆配合比；③面层厚度、砂浆配合比；④防滑条材料种类。

(2)水泥砂浆台阶面清单项目所包括的工程内容有：①清理基层；②铺设垫层；③抹找平层；④抹面层；⑤抹防滑条；⑥材料运输。

181. 水泥砂浆台阶面清单工程量如何计算？

水泥砂浆台阶面清单工程量按设计图示尺寸以台阶(包括最上层踏步边沿加 300mm)水平投影面积计算。

182. 现浇水磨石台阶台面清单应怎样描述项目特征？包括哪些工程内容？

(1)现浇水磨石台阶台面清单项目特征应描述的内容包括：①垫层材料种类、厚度；②找平层厚度、砂浆配合比；③面层厚度、水泥石子浆配合比；④防滑条材料种类、规格；⑤石子种类、规格、颜色；⑥颜料种类、颜色；⑦磨光、酸洗、打蜡要求。

(2)现浇水磨石台阶台面清单项目所包括的工程内容有：①清理基层；②铺设垫层；③抹找平层；④抹面层；⑤贴嵌防滑条；⑥打磨、酸洗、打蜡；⑦材料运输。

183. 现浇水磨石台阶台面清单工程量如何计算？

现浇水磨石台阶台面清单工程量按设计图示尺寸以台阶(包括最上层踏步边沿加 300mm)水平投影面积计算。

184. 剁假石台阶面清单应怎样描述项目特征？包括哪些工程内容？

(1)剁假石台阶面清单项目特征应描述的内容包括：①垫层材料种类、厚度；②找平层厚度、砂浆配合比；③面层厚度、砂浆配合比；④剁假石要求。

(2)剁假石台阶面清单项目所包括的工程内容有：①清理基层；②铺

设垫层;③抹找平层;④抹面层;⑤剁假石;⑥材料运输。

185. 剁假石台阶面清单工程量如何计算?

剁假石台阶面清单工程量按设计图示尺寸以台阶(包括最上层踏步边沿加 300mm)水平投影面积计算。

186. 台阶面层定额工程量如何计算?

台阶面层工程量按台阶水平投影面积计算,但不包括翼墙、侧面装饰,当台阶与平台相连时,台阶与平台的分界线,应以最上层踏步外沿另加 300mm 计算,如图 4-45 所示台阶工程量可按下式计算。

$$S = L \times B$$

式中 S——台阶块料面层工程量(m^2);

L——台阶计算长度(m);

B——台阶计算宽度(m)。

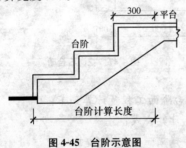

图 4-45 台阶示意图

【例 4-20】 某建筑物门前台阶如图 4-46 所示,试计算贴大理石面层的工程量。

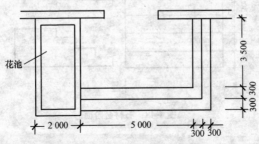

图 4-46 某建筑物门前台阶示意图

【解】 台阶贴大理石面层的工程量＝$(5.0+0.3\times2)\times0.3\times3+$
$$(3.5-0.3)\times0.3\times3$$
$$=7.92m^2$$

平台贴大理石面层的工程量＝$(5.0-0.3)\times(3.5-0.3)$
$$=15.04m^2$$

【例4-21】 某工程采用花岗石台阶,尺寸如图 4-47 所示,台阶及翼墙 1：2.5 水泥砂浆粘贴花岗石板(翼墙外侧不贴),计算其工程量。

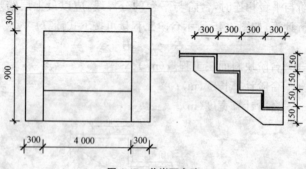

图 4-47　花岗石台阶

【解】 (1)石材台阶面工程量计算如下:

如图 4-48 所示,计算公式:

$$台阶工程量＝L\times(B\times n+0.3)$$

$$石材台阶面工程量＝4.00\times0.30\times4=4.80m^2$$

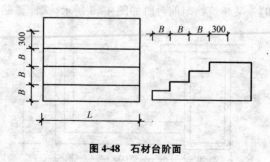

图 4-48　石材台阶面

(2)石材零星项目工程量计算如下:

$$石材零星项目工程量 = 0.3 \times (0.9 + 0.3 + 0.15 \times 4) \times 2 + (0.3 \times 3) \times$$
$$(0.15 \times 4)$$
$$= 1.62m^2$$

187. 什么是楼地面零星装饰项目？

楼地面零星装饰项目是指厕所、阳台、厨房等的装饰。定额中的"零星装饰"项目，适用于小便槽、便池蹲位、池槽、室内地沟等。定额未列的项目，可按墙、柱面中相应项目计算。

188. 什么是楼地面碎拼石材零星项目？

碎拼石材零星项目是指采用大理石碎片做勒脚、散水的饰面，将石材碎屑拼凑成各种作为零星项目的面层。

189. 楼地面零星项目适用于哪些项目？

零星项目适用于楼梯侧面、台阶牵边、小便池、蹲台、池槽以及面积在 $1m^2$ 以内且定额未列出的项目。

190. 楼地面零星装饰包括哪些清单项目？

零星装饰清单项目包括石材零星项目、碎拼石材零星项目、块料零星项目、水泥砂浆零星项目等。

191. 楼地面石材零星项目清单应怎样描述项目特征？ 包括哪些工程内容？

(1)石材零星清单项目特征应描述的内容包括：①工程部位；②找平层厚度、砂浆配合比；③贴结合层厚度、材料种类；④面层材料品种、规格、品牌、颜色；⑤勾缝材料种类；⑥防护材料种类；⑦酸洗、打蜡要求。

(2)石材零星清单项目所包括的工程内容有：①清理基层；②抹找平层；③面层铺贴；④勾缝；⑤刷防护材料；⑥酸洗、打蜡；⑦材料运输。

192. 楼地面碎拼石材零星项目清单应怎样描述项目特征？ 包括哪些工程内容？

(1)碎拼石材零星清单项目特征应描述的内容包括：①工程部位；②找平层厚度、砂浆配合比；③贴结合层厚度、材料种类；④面层材料品种、规格、品牌、颜色；⑤勾缝材料种类；⑥防护材料种类；⑦酸洗、打蜡要求。

（2）碎拼石材零星清单项目所包括的工程内容有：①清理基层；②抹找平层；③面层铺贴；④勾缝；⑤刷防护材料；⑥酸洗、打蜡；⑦材料运输。

193. 楼地面块料零星项目清单应怎样描述项目特征？包括哪些工程内容？

（1）块料零星清单项目特征应描述的内容包括：①工程部位；②找平层厚度、砂浆配合比；③贴结合层厚度、材料种类；④面层材料品种、规格、品牌、颜色；⑤勾缝材料种类；⑥防护材料种类；⑦酸洗、打蜡要求。

（2）块料零星清单项目所包括的工程内容有：①清理基层；②抹找平层；③面层铺贴；④勾缝；⑤刷防护材料；⑥酸洗、打蜡；⑦材料运输。

194. 楼地面水泥砂浆零星项目清单应怎样描述项目特征？包括哪些工程内容？

（1）水泥砂浆零星清单项目特征应描述的内容包括：①工程部位；②找平层厚度、砂浆配合比；③面层厚度、砂浆厚度。

（2）水泥砂浆零星清单项目所包括的工程内容有：①清理基层；②抹找平层；③抹面层；④材料运输。

195. 楼地面零星装饰项目清单工程量如何计算？

零星装饰项目清单工程量按设计图示尺寸以面积计算。

【例 4-22】　求图 4-49 所示水泥砂浆抹灰小便池（长 2m）清单工程量。

【解】　小便池抹灰工程量应按零星装饰项目的水泥砂浆零星项目计算。

水泥砂浆零星项目工程量应按设计图示尺寸以面积计算。

$$水泥砂浆零星项目工程量 = (0.18 + 0.3 + 0.4 \times 3.142 \div 2) \times 2$$
$$= 2.22 m^2$$

水泥砂浆零星项目清单工程量见表 4-15。

表 4-15　　　　　　　　　水泥砂浆零星项目清单工程量表

项目编码	项目名称	项目特征描述	计量单位	工程量
020109004001	水泥砂浆零星	水泥砂浆零星	m²	2.22

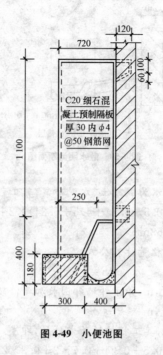

图 4-49　小便池图

196. 楼地面零星装饰项目定额工程量如何计算?

零星装饰项目定额工程量按实铺面积计算。

197. 散水、防滑坡道定额工程量如何计算?

散水、防滑坡道按图示尺寸以 m^2 计算。

198. 防滑条定额工程量如何计算?

防滑条按楼梯踏步两端距离减 300mm 以延长米计算。

199. 明沟定额工程量如何计算?

明沟按图示尺寸以延长米(m)计算。

【例 4-23】　已知某建筑物平面为矩形,其尺寸为 10500mm × 4500mm,现在其周边设置图 4-50 所示的散水和明沟,试计算散水和明沟工程量。

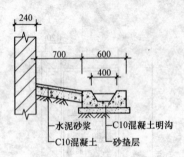

图 4-50　散水明沟断面图

【解】　(1)项目散水为混凝土、水泥砂浆,其工程量以平方米计算。

散水工程量 = [(10.5+0.24+4.5+0.24)×2+4×0.7]×0.7

　　　　　 = 23.63m²

由此,引出散水工程量计算公式。

$$S = l_s \times w$$

式中　l_s——散水长度,m;等于外墙外围长加 4 倍散水宽度;

　　　w——散水宽度,m。

(2)明沟为混凝土,其工程按延长米计算,即

明沟工程量 = [(10.5+0.24+0.7×2+0.3×2)+(4.5+0.24+

　　　　　　0.7×2+0.3×2)]×2

　　　　　 = 38.96m

第五章

·墙、柱面工程计量与计价·

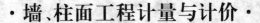

1. 什么是墙面抹灰?

墙面抹灰是指由水泥、石灰膏等胶结材料加入砂或石渣,再与水拌合成砂浆或石渣浆抹到墙面上的一种操作工艺,属湿作业范畴,是一种传统的墙面装饰方式。其主要优点在于材料来源广,施工操作简便,造价低廉。其缺点是饰面的耐久性低、易开裂、易变色,且多系手工操作、工效较低。抹灰工程是用灰浆涂抹在墙体表面,起到找平、装饰、保护墙面的作用。按建筑物要求装饰效果的不同,抹灰工程分为一般抹灰和装饰抹灰。

2. 什么是抹面层?

抹面层是指一般抹灰的普通抹灰(一层底层和一层面层或不分层一遍成活)、中级抹灰(一层底层、一层中层和一层面层或一层底层、一层面层)、高级抹灰(一层底层、数层中层和一层面层)的面层。

3. 墙可分为哪几种类型?

墙的类型按其所处位置可分为外墙和内墙。外墙指房屋四周与室外接触的墙;内墙是位于房屋内部的墙。

按其方向墙可分为纵墙与横墙。纵墙指与房屋长轴方向一致的墙;横墙是与房屋短轴方向一致的墙。外纵墙又称檐墙,外横墙习惯上称山墙。

按其受力情况墙可分为承重墙和非承重墙。承重墙指承受上部传来荷载的墙,非承重墙是不承受上部传来荷载的墙。只承受自身重力的墙,属于非承重墙。所以,非承重墙包括自承重墙和框架墙。框架墙是指在框架结构中填充在框架间的墙,它的重力由楼板、梁、柱承受。房屋中的隔墙也属于非承重墙。

按构成墙的材料和制品,墙又可分为砖墙、石墙、砌块墙、板材墙等。

4. 什么是抹装饰面?

抹装饰面是指装饰抹灰(抹底灰、涂刷 108 胶溶液、刮或刷水泥浆液、抹中层、抹装饰面层)的面层。

5. 块料饰面板有哪些种类?

块料饰面板主要包括石材饰面板(天然花岗石、大理石、人造花岗石、人造大理石、预制水磨石饰面板等)、陶瓷面砖(内墙彩釉面瓷砖、外墙面砖、陶瓷锦砖、大型陶瓷锦面板等)、玻璃面砖(玻璃锦砖、玻璃面砖等)、金属饰面板(彩色涂色钢板、彩色不锈钢板、镜面不锈钢饰面板、铝合金板、铝塑板等)、塑料饰面板(聚氯乙烯塑料饰面板、玻璃钢饰面板、聚酯装饰板、复塑中密度纤维板等)、木质饰面板(胶合板、硬质纤维板、细木工板、刨花板、建筑纸面草板、水泥木屑板、灰板条等)等。

6. 抹灰工程采用的砂浆应符合哪些规定?

(1)外墙门窗洞口的外侧壁、檐口、勒脚、压顶等的抹灰采用水泥砂浆或水泥混合砂浆。

(2)湿度较大的房间抹灰采用水泥砂浆或水泥混合砂浆。

(3)混凝土板和墙的底层抹灰采用水泥混合砂浆、水泥砂浆或聚合物水泥砂浆。

(4)硅酸盐砌块、加气混凝土块和板的底层抹灰采用水泥混合砂浆或聚合物水泥砂浆。

(5)金属网天棚和墙的底层和中层抹灰采用麻刀石灰砂浆或纸筋石灰砂浆。

7. 什么是砂浆黏稠度?

砂浆黏稠度即流动性,是指砂浆在自重或外力作用下是否易于流动的性能。

8. 什么是护角线?

护角线是指在门洞口墙柱容易碰撞部位的阳角抹的水泥砂浆保护角层。与墙面抹灰厚度相同的叫暗护角,凸出墙面抹灰的叫明护角。

9. 什么是窗台线?

窗台线是指与窗台平行的外墙装饰线。

10. 什么是腰线?

腰线是指为增加建筑立面上的美感而设在窗台高度的装饰线条。一般与窗台高度相同,与外窗台虎头砖相连接。但也有与窗台不在一条水平线的。

11. 什么是石材挂贴方式?

挂贴方式是指对大规格的石材(大理石、花岗石、青石等)使用先挂后灌浆的方式固定于墙、柱面。

12. 什么是石材干挂方式?

干挂方式是指通过不锈钢膨胀螺栓、不锈钢挂件、不锈钢连接件、不锈钢钢针等,将外墙饰面板连接在外墙墙面;间接干挂法,是通过固定的墙、柱、梁上的龙骨,再通过各种挂件固定外墙饰面板。

13. 什么是嵌缝材料?

嵌缝材料是指嵌缝砂浆、嵌缝油膏、密封胶水材料等。

14. 什么是基层材料?

基层材料是指面层内的底板材料,如木墙裙、木护墙、木板隔墙等,在龙骨上,粘贴或铺钉一层加强面层的底板。

15. 墙面一般抹灰应符合怎样的施工工序?

一般抹灰工程按质量要求分为普通抹灰和高级抹灰,主要工序如下:

普通抹灰——分层赶平、修整,表面压光。

高级抹灰——阴、阳角找方,设置标筋,分层赶平、修整,表面压光。

墙面抹灰由底层抹灰、中层抹灰和面层抹灰组成,如图 5-1 所示。

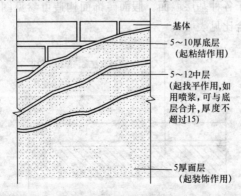

图 5-1 抹灰的构造

16. 什么是水刷石抹灰?

水刷石是石粒类材料饰面的传统做法,其特点是采取适当的艺术处理,如分格分色、线条凹凸等,使饰面达到自然、明快和庄重的艺术效果。水刷石一般多用于建筑物墙面、檐口、腰线、窗楣、窗套、门套、柱子、阳台、雨篷、勒脚、花台等部位。

17. 什么是斩假石抹灰?

斩假石又称剁斧石,是仿制天然石料的一种建筑饰面。用不同的骨料或掺入不同的颜料,可以制成仿花岗石、玄武石、青条石等斩假石。斩假石在我国有悠久的历史,其特点是通过细致的加工使其表面石纹逼真、规整,形态丰富,给人一种类似天然岩石的美感效果。

18. 什么是干粘石抹灰?

干粘石面层粉刷,也称干撒石或干喷石。它是在水泥纸筋灰或纯水泥浆或水泥白灰砂浆粘结层的表面,用人工或机械喷枪均匀地撒喷一层石子,用钢板拍平板实。此种面层,适用于建筑物外部装饰。这种做法与水刷石比较,既节约水泥、石粒等原材料,减少湿作业,又能明显提高工效。

19. 什么是假面砖墙面抹灰?

假面砖饰面是近年来通过反复实践比较成功的新工艺。这种饰面操作简单,美观大方,在经济效果上低于水刷石造价的 50%,提高工效达 40%。它适用于各种基层墙面。假面砖饰面构造可参见图 5-2 和图 5-3,彩色砂浆的配合比见表 5-1。

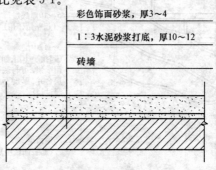

彩色饰面砂浆,厚3~4

1:3水泥砂浆打底,厚10~12

砖墙

图 5-2　假面砖饰面构造(一)

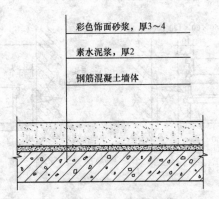

彩色饰面砂浆，厚3~4

素水泥浆，厚2

钢筋混凝土墙体

图 5-3　假面砖饰面构造(二)

表 5-1　　　　　　彩色砂浆的配合比(体积比)

设计颜色	水泥	白灰	色料(按水泥量%)	细砂
土黄色	(青)5	1	氧化铁红:氧化铁黄=(0.3~0.4):0.006	9
咖啡色	(青)5	1	氧化铁红 0.5	9
淡黄色	(白)5		铬黄 0.9	9
浅桃色	(白)5		铬黄:红珠=0.5:0.4	9
淡绿色	(白)5		氧化铬绿 2	9
灰绿色	(青)5	1	氧化铬绿 2	9
白色	(白)5			9

20. 什么是挂镜线？有哪几种形式？

挂镜线又叫画镜线，指围绕墙壁装设的与窗顶或门顶平齐的水平条，用以挂镜框、图片或字画。可分为塑料挂镜线、金属挂镜线等，如图 5-4 和图 5-5 所示。

21. 雨篷有哪几种形式？

雨篷是建筑物入口处位于外门上部用以遮挡雨水，保护外门免受雨水侵害的水平构件，多采用现浇钢筋混凝土悬臂板，其悬臂长度一般为 1~1.5m。

常见的钢筋混凝土悬臂雨篷有板式和梁板式两种，为防止雨篷产生倾覆，常将雨篷与入口处门上过梁(或圈梁)浇在一起，如图 5-6 所示。

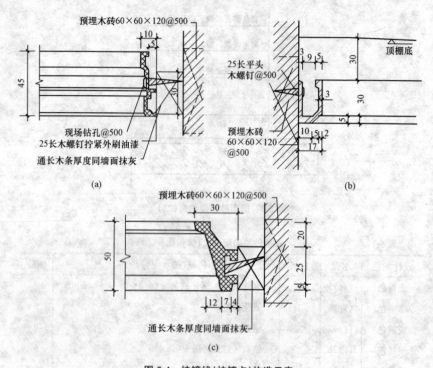

图 5-4 挂镜线(挂镜点)构造示意

(a)塑料挂镜线;(b)金属挂镜线;(c)金属挂镜点

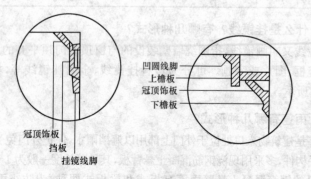

图 5-5 木线脚檐板及挂镜线

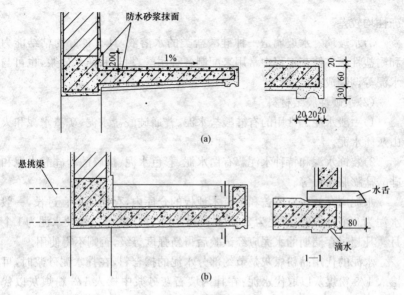

图 5-6 雨篷构造

(a)板式雨篷;(b)梁式雨篷

22. 常用的抹灰材料有哪些?

(1)气硬性胶结材料。

1)石灰膏。块状生石灰经加水熟化,并用于不大于 3mm 筛孔的筛子过滤,然后贮存在沉淀池中而成。其熟化时间,常温下一般不少于 15 天;用于罩面时,不应少于 30 天。使用时石灰膏内不得有未熟化颗粒及其他杂质。在陈伏期内,石灰膏表面应保存一层水,以免其与空气接触硬化。已冻结、风化、硬化的石灰膏不得使用。用磨细生石灰粉代替石灰膏,可节约石灰 20%~30%,并适用于冬期施工。

2)石膏。是将生石膏在 107~170℃ 的温度下煅烧而成熟石膏,经磨细成为建筑石膏。石膏掺水后几分钟内就开始凝结,终凝不超过 30min。施工中如要速凝,可加入食盐或少量未经煅烧的石膏粉;如需缓凝,可掺入石灰浆或掺入占水重量 0.1%~0.2% 的明胶。

抹灰用的石膏一般用于室内高级抹灰或隔热、保温、吸声和防火等装饰面层。但不宜靠近 60℃ 以上高温,不宜用于室外抹灰,因其耐水性和抗冻性均较差。

3)水玻璃。水玻璃是一种硅酸盐类的水溶液,具有良好的粘结能力和耐盐性。在抹灰工程中常用来配制各种耐酸、耐热和防水砂浆,也可与水泥等调制成粘结剂。

(2)水硬性胶结材料。

1)一般水泥。常用的有硅酸盐水泥、普通硅酸盐水泥、矿渣水泥和火山灰质水泥。

2)装饰水泥和特种水泥。有白水泥、彩色水泥、抗硫酸盐硅酸水泥和硅酸盐膨胀水泥等。

水泥应存放在有屋盖和垫有木地板的仓库内,存储期不宜过长,一般水泥为 3 个月,高铝水泥为 2 个月,高级水泥为 1.5 个月,快硬水泥为 1 个月。凡超过存储期的水泥应经试验后得新强度等级,否则不得使用。

水泥的代用品粉煤灰是节约部分水泥的掺合料,在拌水泥砂浆时,可掺入 1/3 粉煤灰以取代水泥;在拌内墙石灰砂浆中掺入 1/3 粉煤灰以代替石灰膏;当用于输送泵作机械喷涂时,效果更好。

(3)砂和纤维材料。

1)砂。抹灰用砂最好的是中砂,或中砂与粗砂混合掺用,不可用特细砂。使用前应过筛,不得含有杂质,颗粒要坚硬洁净,含泥量不超过 3%。

2)玻璃纤维。将玻璃纤维切成 1cm 长左右,每 100kg 石灰膏掺入 200~300g,搅拌均匀成玻璃丝灰。用此种灰抹出的墙面洁白光滑,且耐热、耐腐蚀。

23. 墙、柱面工程清单项目应如何设置?

清单计价规范中把墙柱面工程分为:墙面抹灰、柱面抹灰、零星抹灰、墙面镶贴块料、柱面镶贴块料、零星镶贴块料、墙饰面、柱(梁)饰面、隔断、幕墙等部分。

墙、柱面工程量清单的一级编码为 02(清单计价规范附录 B);二级编码 02(清单计价规范第二章墙、柱面工程);三级编码 01~10(从墙面抹灰至幕墙);四级编码从 001 始,根据各项目所包含的清单项目不同,依次递增。上述这 9 位为全国统一编码,编制分部分项工程量清单时应按附录中的相应编码设置,不得变动。五级编码为三位数,是清单项目名称编码,由清单编制人根据设置的清单项目编制。

24. 墙面抹灰包括哪些清单项目？

墙面抹灰清单项目包括墙面一般抹灰、墙面装饰抹灰、墙面勾缝。

25. 墙面一般抹灰包括哪些类型？

墙面一般抹灰包括石灰砂浆、水泥混合砂浆、水泥砂浆、聚合物水泥砂浆、膨胀珍珠岩水泥砂浆和麻刀灰、纸筋石灰、石膏灰等类型。

26. 墙面装饰抹灰包括哪些类型？

墙面装饰抹灰包括水刷石、水磨石、斩假石（剁斧石）、干粘石、假面砖、拉条灰、拉毛灰、甩毛灰、扒拉石、喷毛灰、喷涂、喷砂、滚涂、弹涂等类型。

27. 墙面勾缝有哪些类型？

墙面勾缝的类型有平缝、平凹缝、圆凹缝、凸缝、斜缝五种，如图 5-7 所示。

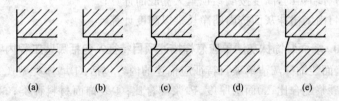

图 5-7　勾缝形式

(a)平缝；(b)平凹缝；(c)圆凹缝；(d)凸缝；(e)斜缝

(1)平缝。勾成的墙面平整，用于外墙及内墙勾缝。

(2)凹缝。照墙面退进 2～3mm 深。凹缝又分平凹缝和圆凹缝，圆凹缝是将灰缝压溜成一个圆形的凹槽。

(3)凸缝。凸缝是将灰缝做成圆形凸线，使线条清晰明显，墙面美观，多用于石墙。

(4)斜缝。斜缝是将水平缝中的上部勾缝砂浆压进一些，使其成为一个斜面向上的缝，该缝泄水方便，多用于烟囱。

28. 墙面一般抹灰清单应怎样描述项目特征？包括哪些工程内容？

(1)墙面一般抹灰清单项目特征应描述的内容包括：①墙体类型；

②底层厚度、砂浆配合比;③面层厚度、砂浆配合比;④装饰面材料种类;⑤分格缝宽度、材料种类。

(2)墙面一般抹灰清单项目所包括的工程内容有:①基层清理;②砂浆制作、运输;③底层抹灰;④抹面层;⑤抹装饰面;⑥勾分格缝。

29. 墙面一般抹灰清单工程量应如何计算?

墙面一般抹灰清单工程量按设计图示尺寸以面积计算。扣除墙裙、门窗洞口及单个 0.3m² 以外的孔洞面积,不扣除踢脚线、挂镜线和墙与构件交接处的面积,门窗洞口和孔洞的侧壁及顶面不增加面积。附墙柱、梁、垛、烟囱侧壁并入相应的墙面面积内。

(1)外墙抹灰面积按外墙垂直投影面积计算;

(2)外墙裙抹灰面积按其长度乘以高度计算;

(3)内墙抹灰面积按主墙间的净长乘以高度计算;

1)无墙裙的,高度按室内楼地面至天棚底面计算;

2)有墙裙的,高度按墙裙顶至天棚底面计算;

(4)内墙裙抹灰面按内墙净长乘以高度计算。

30. 墙面装饰抹灰清单应怎样描述项目特征? 包括哪些工程内容?

墙面装饰抹灰清单项目特征应描述的内容包括:①墙体类型;②底层厚度、砂浆配合比;③面层厚度、砂浆配合比;④装饰面材料种类;⑤分格缝宽度、材料种类。

墙面装饰抹灰清单项目所包括的工程内容有:①基层清理;②砂浆制作、运输;③底层抹灰;④抹面层;⑤抹装饰面;⑥勾分格缝。

31. 墙面装饰抹灰清单工程量应如何计算?

墙面装饰抹灰清单工程量按设计图示尺寸以面积计算。扣除墙裙、门窗洞口及单个 0.3m² 以外的孔洞面积,不扣除踢脚线、挂镜线和墙与构件交接处的面积,门窗洞口和孔洞的侧壁及顶面不增加面积。附墙柱、梁、垛、烟囱侧壁并入相应的墙面面积内。

(1)外墙抹灰面积按外墙垂直投影面积计算;

(2)外墙裙抹灰面积按其长度乘以高度计算;

(3)内墙抹灰面积按主墙间的净长乘以高度计算;

1)无墙裙的,高度按室内楼地面至天棚底面计算;

2)有墙裙的,高度按墙裙顶至天棚底面计算;

(4)内墙裙抹灰面按内墙净长乘以高度计算。

32. 墙面勾缝清单应怎样描述项目特征? 包括哪些工程内容?

墙面勾缝清单项目特征应描述的内容包括:①墙体类型;②勾缝类型;③勾缝材料种类。

墙面勾缝清单项目所包括的工程内容有:①基层清理;②砂浆制作、运输;③勾缝。

33. 墙面勾缝清单工程量应如何计算?

墙面勾缝清单工程量按设计图示尺寸以面积计算。扣除墙裙、门窗洞口及单个 $0.3m^2$ 以外的孔洞面积,不扣除踢脚线、挂镜线和墙与构件交接处的面积,门窗洞口和孔洞的侧壁及顶面不增加面积。附墙柱、梁、垛、烟囱侧壁并入相应的墙面面积内。

(1)外墙抹灰面积按外墙垂直投影面积计算;

(2)外墙裙抹灰面积按其长度乘以高度计算;

(3)内墙抹灰面积按主墙间的净长乘以高度计算;

1)无墙裙的,高度按室内楼地面至天棚底面计算;

2)有墙裙的,高度按墙裙顶至天棚底面计算;

(4)内墙裙抹灰面按内墙净长乘以高度计算。

【例 5-1】　某工程如图 5-8 所示,室内墙面抹 1∶2 水泥砂浆打底,1∶3 石灰砂浆找平层,麻刀石灰浆面层,共 20mm 厚。室内墙裙采用 1∶3 水泥砂浆打底(19mm 厚),1∶2.5水泥砂浆面层(6mm 厚),计算室内墙面一般抹灰和室内墙裙清单工程量。

【解】　(1)墙面一般抹灰应按设计图示尺寸以面积计算。

室内墙面抹灰工程量＝主墙间净长度×墙面高度－门窗洞口所占面积＋
　　　　　　　垛的侧面抹灰面积
　　　　　　　＝[(4.20×3－0.24×2＋0.12×2)×2＋(4.80－
　　　　　　　0.24)×4]×(3.60－0.10－0.90)－1.00×(2.70－
　　　　　　　0.90)×4－1.50×1.80×4
　　　　　　　＝93.70m²

(2)墙面装饰抹灰应按设计图示尺寸以面积计算。

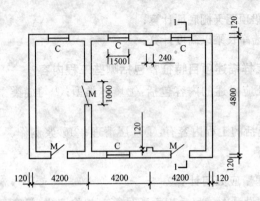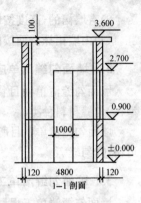

图 5-8　某工程剖面图

室内墙裙抹灰工程量＝主墙间净长度×墙裙高度－门窗洞口所占面积＋
　　　　　　　　垛的侧面抹灰面积
　　　　　　　＝[(4.20×3－0.24×2＋0.12×2)×2＋(4.80－
　　　　　　　　0.24)×4－1.00×4]×0.90
　　　　　　　＝35.06m²

抹灰清单工程量见表 5-2。

表 5-2　　　　　　　　　　　　抹灰清单工程量表

项目编码	项目名称	项目特征描述	计量单位	工程量
020201001001	墙面一般抹灰	1:2 水泥砂浆打底,1:3 石灰砂浆找平层,麻刀石灰浆面层,共 20mm 厚	m²	93.70
020201002001	墙面装饰抹灰	1:3 水泥砂浆打底(19mm厚),1:2.5 水泥砂浆面层(6mm 厚)	m²	35.06

【例5-2】　如图5-9所示平房住宅,试求其内墙抹混合砂浆清单工程量。

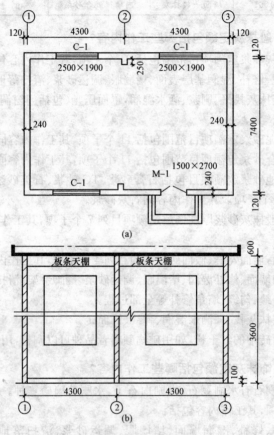

图 5-9　房屋示意图

(a)平面图;(b)剖面图

【解】　一般抹灰工程量=[8.6-0.12×2+0.25×2+7.4-0.12×
2]×2×3.6-2.5×1.9×3-1.5×2.7×1
=97.04m²

一般抹灰清单工程量见表5-3。

表 5-3　　　　　　　　　　一般抹灰清单工程量表

项目编码	项目名称	项目特征描述	计量单位	工程量
020201001001	墙面一般抹灰	内墙抹混合砂浆	m²	97.04

34. 一般抹灰定额包括哪些工作内容?

(1)石灰砂浆定额项目范围包括 24 个子项,其工作内容包括:

1)清理、修补、湿润基层表面、堵墙眼、调运砂浆、清扫落地灰。

2)分层抹灰找平、刷浆、洒水湿润,罩面压光(包括门窗洞口侧壁及护角线抹灰)。

(2)水泥砂浆定额项目范围包括 11 个子项,其工作内容同石灰砂浆。

(3)混合砂浆定额项目范围包括 11 个子项,其工作内容同石灰砂浆。

(4)其他砂浆定额项目包括石膏砂浆、TG 砂浆、石英砂浆、珍珠岩浆等,共列 10 个子项。其工作内容同石灰砂浆。

(5)一般抹灰砂浆厚度调整定额项目列 7 个子项,其工作内容是调运砂浆。

(6)砖石墙面勾缝、假面砖定额项目列 4 个子项,其工作内容如下:

1)清扫墙面、修补湿润、堵墙眼、调运砂浆、翻脚手架、清扫落地灰。

2)刻瞎缝、勾缝、墙角修补等全部过程。

3)分层抹灰找平、洒水湿润、弹线、饰面砖。

假饰面砖中的红土粉,如用矿物颜料者品种可以调整,用量不变。

35. 装饰抹灰定额包括哪些工作内容?

(1)水刷石有水刷豆石、水刷白石子、水刷玻璃碴三种。定额项目共列 12 个子项,其工作内容包括:

1)清理、修补、湿润墙面、堵墙眼、调运砂浆、清扫落地灰、翻移脚手板。

2)分层抹灰、刷浆、找平、起线拍平、压实、刷面(包括门窗侧壁抹灰)。

(2)干粘石定额项目共列 12 个子项,其工作内容包括:

1)清理、修补、湿润基层表面、堵墙眼、调运砂浆、清扫落地灰、翻移脚手板。

2)分层抹灰、刷浆、找平、起线、粘石、压平、压实(包括门窗侧壁抹灰)。

（3）斩假石定额项目列 4 个子项，其工作内容包括：

1）清理、修补、湿润基层表面、堵墙眼、调运砂浆、清扫落地灰、翻移脚手板。

2）分层抹灰、刷浆、找平、起线、压平、压实、刷面（包括门窗洞口侧壁抹灰）。

（4）水磨石定额项目共列 4 个子项，其工作内容包括：

1）清理、修补、湿润基层表面、堵墙眼、调运砂浆、清扫落地灰、翻移脚手板。

2）分层抹灰、刷浆、找平、配色抹面、起线、压平、压实、磨光（包括门窗洞口侧壁抹灰）。

（5）拉条灰、甩毛灰定、额项目包括墙、柱面拉条和墙、柱面甩毛共列 4 个子项，其工作内容包括：

1）清理、修补、湿润基层表面、堵墙眼、调运砂浆、清扫落地灰。

2）分层抹灰、刷浆、找平、罩面、分格、甩毛、拉条（包括门窗洞口侧壁抹灰）。

甩毛如采用矿物颜料代替红土粉者品种可以调整，用量不变。

（6）装饰抹灰砂浆厚度调整及分格嵌缝。定额项目共列 7 个子项，其工作内容如下：

1）调运砂浆。

2）玻璃条制作安装、划线分格。

3）清扫基层、涂刷素水泥浆。

36. 内墙抹灰定额工程量应如何计算？

（1）内墙抹灰面积计算，内墙抹灰面积应扣除门窗洞口和空圈所占的面积，不扣除踢脚板、挂镜线、0.3m² 以内的孔洞和墙与构件交接处的面积，洞口侧壁和顶面亦不增加。墙垛和附墙烟囱侧壁面积与内墙抹灰工程量合并计算。

（2）内墙面抹灰长度及高度计算，内墙面抹灰的长度，以主墙间的图示净长尺寸计算。其高度确定如下：

1）无墙裙的，其高度按室内地面或楼面至天棚底面之间距离计算。

2）有墙裙的，其高度按墙裙顶至天棚底面之间距离计算。

3）钉板条天棚的内墙面抹灰，其高度按室内地面或楼面至天棚底面另加 100mm 计算。

(3)内墙裙抹灰面积计算,内墙裙抹灰面积按内墙净长乘以高度计算。应扣除门窗洞口和空圈所占的面积,门窗洞口和空圈的侧壁面积不另增加,墙垛、附墙烟囱侧壁面积并入墙裙抹灰面积内计算。

37. 外墙抹灰定额工程量应如何计算?

(1)外墙抹灰面积计算。外墙抹灰面积按外墙面的垂直投影面积以 m^2 计算。应扣除门窗洞口、外墙裙和大于 $0.3m^2$ 孔洞所占面积,洞口侧壁面积不另增加。附墙垛、梁、柱侧面抹灰面积并入外墙面抹灰工程量内计算。栏板、栏杆、窗台线、门套、窗套、扶手、压顶、挑檐、遮阳板、突出墙外的腰线等,另按相应规定计算。

(2)外墙裙抹灰面积计算。外墙裙抹灰面积按其长度乘高度计算,扣除门窗洞口和大于 $0.3m^2$ 孔洞所占的面积,门窗洞口及孔洞的侧壁不增加。

(3)零星抹灰计算。窗台线、门窗套、挑檐、腰线、遮阳板等展开宽度在 300mm 以内者,按装饰线以延米计算。如展开宽度超过 300mm 以上时,按图示尺寸以展开面积计算,套零星抹灰定额项目。

(4)栏板、栏杆抹灰计算。栏板、栏杆(包括立柱、扶手或压顶等)抹灰按立面垂直投影面积乘以系数 2.2 以 m^2 计算。

(5)阳台底面抹灰计算。阳台底面抹灰按水平投影面积以 m^2 计算,并入相应天棚抹灰面积内。阳台如带悬臂梁者,其工程量乘系数 1.30。

(6)雨篷底面或顶面抹灰计算。雨篷底面或顶面抹灰分别按水平投影面积以 m^2 计算,并入相应天棚抹灰面积内。雨篷顶面带反沿或反梁者,其工程量乘系数 1.20,底面带悬臂梁者,其工程量乘以系数 1.20。雨篷外边线按相应装饰或零星项目执行。

(7)墙面勾缝计算。墙面勾缝按垂直投影面积计算,应扣除墙裙和墙面抹灰的面积,不扣除门窗洞口、门套、窗套、腰线等零星抹灰所占的面积,附墙柱和门窗洞口侧面的勾缝面积亦不增加。独立柱、房上烟囱勾缝,按图示尺寸以 m^2 计算。

【例 5-3】 某工程见图 5-10 所示,外墙面抹水泥砂浆,底层为 1:3 水泥砂浆打底 14mm 厚,面层为 1:2 水泥砂浆抹面 6mm 厚,外墙裙水刷石,1:3 水泥砂浆打底 12mm 厚,素水泥浆两遍,1:2.5 水泥白石子

10mm厚(分格),挑檐水刷白石,计算外墙面抹灰和外墙裙及挑檐装饰抹灰工程量。

　　M:1000mm×2500mm

　　C:1200mm×1500mm

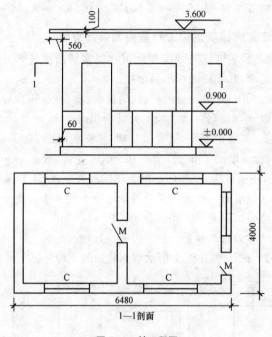

图5-10　某工程图

【解】　(1)墙面一般抹灰工程量。

外墙面抹灰工程量=外墙面长度×墙面高度-门窗等面积+垛梁柱
　　　　　　　的侧面抹灰面积

外墙面水泥砂浆工程量=(6.48+4.00)×2×(3.6-0.10-0.90)-
　　　　　　　1.00×(2.50-0.90)-1.20×1.50×5
　　　　　　　=43.90m²

(2)墙面装饰抹灰工程量。

外墙装饰抹灰工程量=外墙面长度×抹灰高度-门窗等面积+垛梁
　　　　　　　柱的侧面抹灰面积

外墙裙水刷白石子工程量＝[(6.48＋4.00)×2－1.00]×0.90
$$＝17.96m^2$$

(3)零星项目装饰抹灰工程量。

零星项目装饰抹灰工程量＝按设计图示尺寸展开面积计算

挑檐水刷石工程＝[(6.48＋4.00)×2＋0.56×8]×0.10＝2.54m²

38. 外墙装饰抹灰定额工程量应如何计算？

(1)外墙各种装饰抹灰均按图示尺寸以实抹面积计算。应扣除门窗洞口空圈的面积，其侧壁面积不另增加。

(2)挑檐、天沟、腰线、栏杆、栏板、门窗套、窗台线、压顶等均按图示尺寸展开面积以 m² 计算，并入相应的外墙面积内。

【例 5-4】　某墙面工程，三合板基层，塑料板墙面 500mm×1000mm，共 16 块。胶合板墙裙 13m 长，净高 0.9m，木龙骨(成品)40mm×30mm，间距 400mm，中密度板基层，面层贴无花榉木夹板，计算工程量。

【解】　装饰墙面工程量＝设计图示墙净长度×净高度－门窗面积；

塑料板墙面工程量＝0.50×1.00×16＝8.00m²

胶合板墙裙面层工程量＝13×0.9＝11.70m²

【例 5-5】　试计算图 5-11 所示墙面装饰的工程量。

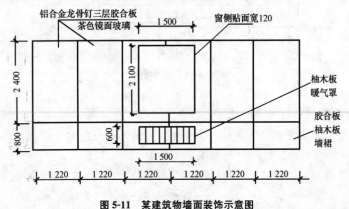

图 5-11　某建筑物墙面装饰示意图

【解】　(1)铝合金龙骨的工程量＝1.22×6×(2.4＋0.8)－1.5×2.1＋
　　　　　　　　　　　　　　　(2.1＋1.5)×2×0.12－1.5×0.6

$$=21.238m^2$$

(2)龙骨上钉三层胶合板基层的工程量$=1.22\times6\times2.4-1.5\times$
$$2.1+(2.1+1.5)\times$$
$$2\times0.12$$
$$=15.282m^2$$

(3)镶贴茶色镜面玻璃墙面的工程量同本例(2),即15.282m²

(4)胶合板柚木板墙裙的工程量$=1.22\times6\times0.8-1.5\times0.6$
$$=4.96m^2$$

(5)钉木压条工程量$=0.8\times4+1.22\times6=10.52m$

(6)柚木板暖气罩工程量$=1.5\times0.6=0.9m^2$

39. 什么是空心柱?

空心柱是指柱身做成空心以达到节约材料并减轻重量的目的;若将双肢柱的两个肢柱做成空心板的形式,就成为空心板柱;若是用两根或一根空心管并成一个柱身来代替其双肢的话,就成为了空心管柱。

40. 柱面一般抹灰有哪些类型?

柱按材料一般分为砖柱、砖壁柱和钢筋混凝土柱,按形状又可分为方柱、圆柱、多角形柱等。柱面抹灰根据柱的材料、形状、用途的不同,抹灰方法也有所不同。

一般来说,室内柱一般用石灰砂浆或水泥混合砂浆抹底层、中层,麻刀石灰或纸筋石灰抹面层;室外常用水泥砂浆抹灰。

41. 柱面装饰抹灰有哪些类型?

柱面装饰抹灰包括水刷石抹灰、斩假石抹灰、干粘石抹灰、假面砖柱面抹灰等。其构造要求及操作方法参见上述"墙面装饰抹灰"的内容。

42. 柱面勾缝有哪些类型?

柱面勾缝的类型有平缝、平凹缝、圆凹缝、凸缝、斜缝等种类,其构造类型见上述"墙面勾缝"的内容。

43. 柱面抹灰包括哪些清单项目?

柱面抹灰清单项目包括柱面一般抹灰、柱面装饰抹灰、柱面勾缝。

44. 柱面一般抹灰清单应怎样描述项目特征？包括哪些工程内容？

（1）柱面一般抹灰清单项目特征应描述的内容包括：①柱体类型；②底层厚度、砂浆配合比；③面层厚度、砂浆配合比；④装饰面材料种类；⑤分格缝宽度、材料种类。

（2）柱面一般抹灰清单项目所包括的工程内容有：①基层清理；②砂浆制作、运输；③底层抹灰；④抹面层；⑤抹装饰面；⑥勾分格缝。

45. 柱面一般抹灰清单工程量应如何计算？

柱面一般抹灰清单工程量按设计图示柱断面周长乘以高度以面积计算。

46. 柱面装饰抹灰清单应怎样描述项目特征？包括哪些工程内容？

（1）柱面装饰抹灰清单项目特征应描述的内容包括：①柱体类型；②底层厚度、砂浆配合比；③面层厚度、砂浆配合比；④装饰面材料种类；⑤分格缝宽度、材料种类。

（2）柱面装饰抹灰清单项目所包括的工程内容有：①基层清理；②砂浆制作、运输；③底层抹灰；④抹面层；⑤抹装饰面；⑥勾分格缝。

47. 柱面装饰抹灰清单工程量应如何计算？

柱面装饰抹灰清单工程量按设计图示柱断面周长乘以高度以面积计算。

【例5-6】　某工程大厅砖柱 4 根，砖柱块料面层设计尺寸如图 5-12 所示，面层水泥砂浆抹灰勾缝，试计算其清单工程量。

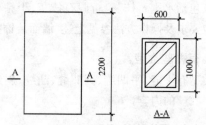

图 5-12　某大门砖柱块料面层尺寸

【解】　柱面抹灰工程量应按设计图示柱面周长乘以高度以面积计算。

柱面抹灰工程量＝柱结构断面周长×设计柱抹灰高度

$$＝(0.6+1.0)×2×2.2×4$$

$$＝28.16m^2$$

柱面抹灰清单工程量见表5-4。

表5-4　　　　　　　　柱面抹灰清单工程量表

项目编码	项目名称	项目特征	计量单位	工程量
020202002001	水泥砂浆抹灰勾缝	柱面抹灰	m^2	28.16

48. 柱面勾缝清单应怎样描述项目特征？包括哪些工程内容？

(1)柱面勾缝清单项目特征应描述的内容包括：①墙体类型；②勾缝类型；③勾缝材料种类。

(2)柱面勾缝清单项目所包括的工程内容有：①基层清理；②砂浆制作、运输；③勾缝。

49. 柱面勾缝清单工程量应如何计算？

柱面勾缝清单工程量按设计图示柱断面周长乘以高度以面积计算。

【例5-7】　如图5-13所示，截面为600mm×600mm的钢筋混凝土桩，计算柱面勾缝抹水泥砂浆清单工程量。

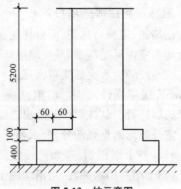

图5-13　柱示意图

【解】 (1)立柱工程量＝0.6×4×5.2＝12.48m²

(2)平面工程量＝(0.6+0.06×4)²－0.6×0.6＝0.35m²

(3)立面工程量＝(0.6+0.06×4)×4×0.4+(0.6+0.06×2)×

4×0.1

＝1.632m²

柱面勾缝工程量＝12.48+0.35+1.632＝14.46m²

柱面勾缝清单工程量见表5-5。

表 5-5 柱面勾缝清单工程量表

项目编码	项目名称	项目特征描述	计量单位	工程量
020202003001	柱面勾缝	如图 5-14 所示,柱用水泥砂浆勾缝,断面尺寸 600mm×600mm	m²	14.64

50. 柱面抹灰定额工程量应如何计算？

柱面抹灰定额工程量按结构断面周长乘高计算。

51. 什么是零星抹灰？

"零星项目"是指腰线、天沟、门窗套、窗台线、雨篷外边线、压顶等的抹灰宽度超过 300mm,以及大便槽、洗衣池、小便槽等项目,这些项目的抹灰称为零星抹灰。

52. 零星项目一般抹灰包括哪些项目？

零星项目抹灰包括墙裙、里窗台抹灰、阳台抹灰、挑檐抹灰等。

(1)墙裙、里窗台均为室内易受碰撞、易受潮湿部位。一般用 1：3 水泥砂浆作底层,用1：(2~2.5)的水泥砂浆罩面压光。其水泥强度等级不宜太高,一般选用 42.5R 级早强性水泥。墙裙、里窗台抹灰是在室内墙面、天棚、地面抹灰完成后进行。其抹面一般凸出墙面抹灰层5~7mm。

(2)阳台抹灰,是室外装饰的重要部分,要求各个阳台上下成垂直线,左右成水平线,进出一致,各个细部划一,颜色一致。抹灰前要注意清理基层,把混凝土基层清扫干净并用水冲洗,用钢丝刷子将基层刷到露出混凝土新槎。

(3)挑檐是指天沟、遮阳板、雨篷等挑出墙面用作挡雨、避阳的结构物,挑檐抹灰的构造做法如图 5-14 所示。

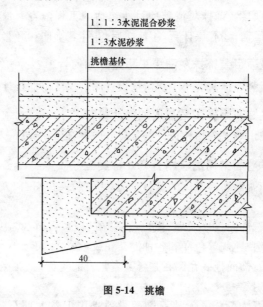

图 5-14 挑檐

53. 零星项目一般抹灰清单应怎样描述项目特征？包括哪些工程内容？

(1)零星项目一般抹灰清单项目特征应描述的内容包括：①墙体类型；②底层厚度、砂浆配合比；③面层厚度、砂浆配合比；④装饰面材料种类；⑤分格缝宽度、材料种类。

(2)零星项目一般抹灰清单项目所包括的工程内容有：①基层清理；②砂浆制作、运输；③底层抹灰；④抹面层；⑤抹装饰面；⑥勾分格缝。

54. 零星项目一般抹灰清单工程量应如何计算？

零星项目一般抹灰清单工程量按设计图示尺寸以面积计算。

55. 零星项目装饰抹灰清单应怎样描述项目特征？它包括哪些工程内容？

(1)零星项目装饰抹灰清单项目特征应描述的内容包括：①墙体类型；②底层厚度、砂浆配合比；③面层厚度、砂浆配合比；④装饰面材料种类;⑤分格缝宽度、材料种类。

(2)零星项目装饰抹灰清单项目所包括的工程内容有:①基层清理;②砂浆制作、运输;③底层抹灰;④抹面层;⑤抹装饰面;⑥勾分格缝。

56. 零星项目装饰抹灰清单工程量应如何计算?

零星项目装饰抹灰清单工程量按设计图示尺寸以面积计算。

57. 零星抹灰定额工程量应如何计算?

零星抹灰定额工程量按设计图示尺寸以展开面积计算。

58. 石材墙面常用的块料有哪几种类型?

石材墙面镶贴块料常用的材料有天然大理石、花岗石、人造石饰面材料等。

(1)大理石饰面板。大理石是一种变质岩,系由石灰岩变质而成,颜色有纯黑、纯白、纯灰等色泽和各种混杂花纹色彩。

(2)花岗石饰面板。花岗石是各类岩浆岩的统称,如花岗岩、安山岩、辉绿岩、辉长岩等。

(3)人造石饰面板。人造石饰面材料是用天然大理石、花岗石之碎石、石屑、石粉为填充材料,由不饱和聚酯树脂为胶粘剂(也可用水泥为胶粘剂),经搅拌成形、研磨、抛光而制成。其中常用的是树脂型人造大理石和预制水磨石饰面板。树脂型人造大理石采用不饱和聚酯为胶粘剂,与石英砂、大理石、方解石粉等搅拌混合,浅铸成形固化,经脱模、烘干、抛光等工艺制成。

59. 什么是碎拼石材墙面?

碎拼石材墙面是指使用裁切石材剩下的边角余料经过分类加工作为填充材料,由不饱和聚酯树脂(或水泥)为胶粘剂,经搅拌成型、研磨、抛光等工序组合而成的墙面装饰项目。常见碎拼石材墙面一般为碎拼大理石墙面。

在生产大理石光面和镜面饰面板材时,裁剪的边角余料经过适当的分类加工后可用以制作碎拼大理石墙面、地面等,使建筑饰面丰富多彩。

60. 碎拼大理石墙面所用大理石边角余料可分为哪些类型?

大理石边角余料按其形状不同可分为三种:

(1)非规格块料:长方形或正方形,尺寸不一,每边均切割整齐。使用时大小搭配,镶拼粘贴于墙面。

(2)水裂状块料:成几何形状多边形,大小不一,每边均切割整齐。使用时搭配成图案,镶拼粘贴于墙面。

(3)毛边碎块料:不定形的碎块,使用时大小搭配,颜色搭配,镶拼粘贴于墙面。

以上三种类型的大理石碎块的板面均应是光面或镜面的,其厚度不超过 20mm。最大边长≤30cm。

61. 碎拼大理石墙面的构造作法是怎样的?

(1)砖墙面上构造:厚 8mm 的 1∶3 的水泥砂浆打底,刷掺 108 胶素水泥浆一道,厚 12mm 的 1∶0.2∶2 混合砂浆结合层,拼 20mm 厚碎大理石,用 1∶1.5 水泥白石子砂浆勾缝。

(2)混凝土墙面构造:刷素水泥浆两道,厚 5mm 的 1∶0.5∶3 混合砂浆打底,厚 12mm 的 1∶0.2∶2 混合砂浆结合层,拼厚 20mm 碎大理石,用 1∶1.5 水泥白石子砂浆勾缝。

62. 什么是块料墙面?

块料墙面指采用大理石、陶瓷锦砖、碎块大理石、水泥花砖等预制板块铺贴在墙表面,起装饰效果。

63. 什么是块料镶贴?

块料镶贴是指各种装饰块材通过镶贴的方法装饰在建筑结构的表面,达到美化环境、保护结构和满足使用功能的作用。

64. 什么是干挂石材?

干挂石材是采用金属挂件将石材饰面直接悬挂在主体结构上,形成一种完整的围护结构体系。钢骨架常采用型钢龙骨、轻钢龙骨、铝合金龙骨等材料。常用干挂石材钢骨架的连接方式有两种,第一种是角钢在槽钢的外侧,这种连接方式成本较高,占用空间较大,适合室外使用;第二种是角钢在槽钢的内侧,这种连接方式成本较低,占用空间小,适合室内使用。

65. 大理石板材搬运与装卸应遵守哪些规定？

(1)搬运时应轻装轻放,严禁摔滚,直立码放时必须背面边棱先着地。

(2)板材单块面积超过 0.25m² 时,一律直立搬运。用起重工具搬运大型产品时,其受力边棱必须衬垫。

(3)用起重设备装卸木箱包装的产品时,每次吊装以一箱为宜。草绳包装的产品搬运时,不得提拉草绳。

66. 墙面镶贴块料包括哪些清单项目？

墙面镶贴块料清单项目包括石材墙面、碎拼石材墙面块料墙面、干挂石材钢骨架。

67. 石材墙面清单应怎样描述项目特征？包括哪些工程内容？

(1)石材墙面清单项目特征应描述的内容包括：①墙体类型；②底层厚度、砂浆配合比；③贴结层厚度、材料种类；④挂贴方式；⑤干挂方式(膨胀螺栓、钢龙骨)；⑥面层材料品种、规格、品牌、颜色；⑦缝宽、嵌缝材料种类；⑧防护材料种类；⑨磨光、酸洗、打蜡要求。

(2)石材墙面清单项目所包括的工程内容有：①基层清理；②砂浆制作、运输；③底层抹灰；④结合层铺贴；⑤面层铺贴；⑥面层挂贴；⑦面层干挂；⑧嵌缝；⑨刷防护材料；⑩磨光、酸洗、打蜡。

68. 石材墙面清单工程量如何计算？

石材墙面清单工程量按设计图示尺寸以镶贴表面积计算。

69. 碎拼石材墙面清单应怎样描述项目特征？包括哪些工程内容？

(1)碎拼石材墙面清单项目特征应描述的内容包括：①墙体类型；②底层厚度、砂浆配合比；③贴结层厚度、材料种类；④挂贴方式；⑤干挂方式(膨胀螺栓、钢龙骨)；⑥面层材料品种、规格、品牌、颜色；⑦缝宽、嵌缝材料种类；⑧防护材料种类；⑨磨光、酸洗、打蜡要求。

(2)碎拼石材墙面清单项目所包括的工程内容有：①基层清理；②砂浆制作、运输；③底层抹灰；④结合层铺贴；⑤面层铺贴；⑥面层挂贴；⑦面层干挂；⑧嵌缝；⑨刷防护材料；⑩磨光、酸洗、打蜡。

70. 碎拼石材墙面清单工程量如何计算？

碎拼石材墙面清单工程量按设计图示尺寸以镶贴表面积计算。

【例5-8】 某建筑物平面图如图5-15所示，层高3.6m，有150mm高的木质踢脚板，屋面板厚0.1m。试求图示墙面碎拼大理石清单工程量。

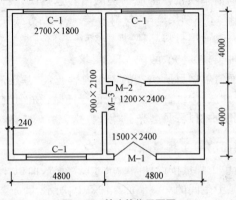

图5-15　某建筑物平面图

【解】 碎拼大理石墙面工程量按实铺面积计算，凡是铺到的部位都要计算出其展开面积，并入墙面工程量内。

毛面积＝[(4.8-0.24)+(4-0.24)]×2×(3.6-0.15-0.1)×
　　　　2+[(4.8-0.24)+(8-0.24)]×2×(3.6-0.15-0.1)
　　　＝194.03m²

由于M-2、M-3在内墙上所以需减两面：

M-1：1.5×(2.4-0.15)=3.38m²

M-2：1.2×(2.4-0.15)×2(两面)=5.4m²

M-3：0.9×(2.1-0.15)×2(两面)=3.51m²

C-1：2.7×1.8×3=14.58m²

碎拼大理石墙面的工程量＝194.03-3.38-5.4-3.51-14.58
　　　　　　　　　　　＝167.16m²

碎拼大理石墙面清单工程量见表5-6。

表5-6　　　　　　　碎拼大理石墙面清单工程量表

项目编码	项目名称	项目特征描述	计量单位	工程量
020204002001	碎拼石材墙面	层高3.6m，有150mm高的木踢脚板，墙面碎拼大理石	m²	167.16

71. 块料墙面清单应怎样描述项目特征？包括哪些工程内容？

（1）块料墙面清单项目特征应描述的内容包括：①墙体类型；②底层厚度、砂浆配合比；③贴结层厚度、材料种类；④挂贴方式；⑤干挂方式（膨胀螺栓、钢龙骨）；⑥面层材料品种、规格、品牌、颜色；⑦缝宽、嵌缝材料种类；⑧防护材料种类；⑨磨光、酸洗、打蜡要求。

（2）块料墙面清单项目所包括的工程内容有：①基层清理；②砂浆制作、运输；③底层抹灰；④结合层铺贴；⑤面层铺贴；⑥面层挂贴；⑦面层干挂；⑧嵌缝；⑨刷防护材料；⑩磨光、酸洗、打蜡。

72. 块料墙面清单工程量如何计算？

块料墙面清单工程量按设计图示尺寸以镶贴表面积计算。

【例 5-9】　某卫生间的一侧墙面如图 5-16 所示，墙面贴 2m 高的白色瓷砖，窗侧壁贴瓷砖宽 120mm，试计算贴瓷砖清单工程量。

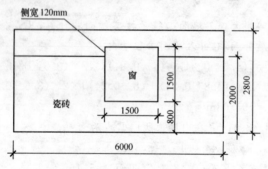

图 5-16　某卫生间墙面示意图

【解】　块料墙面工程量应按设计图示尺寸以镶贴表面积计算。

工程量＝$6.0×2.0-1.5×(2.0-0.8)+[(2.0-0.8)×2+1.5]×0.12$
　　　　$=10.668m^2$

块料墙面清单工程量见表 5-7。

表 5-7　　　　　　　　　　块料墙面清单工程量表

项目编码	项目名称	项目特征描述	计量单位	工程量
020204003001	块料墙面	块料墙面	m²	10.668

【例 5-10】　某建筑物平面图如图 5-17 所示,层高为 3.3m,内墙裙高 1.2m,窗台高 0.9m,屋面板厚 0.1m。试求图示建筑物内墙面铺贴水泥花砖清单工程量。

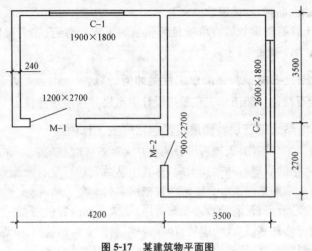

图 5-17　某建筑物平面图

【解】　块料墙面清单工程量按实贴面积计算,块料高度在 300mm 以内者,按踢脚板定额执行。

$$
\begin{aligned}
块料面墙工程量 = & \{[(4.2-0.24)+(3.5-0.24)]\times 2+[(3.5- \\
& 0.24)+(3.5+2.7-0.24)]\times 2\}\times(3.3-0.1- \\
& 1.2)-1.9\times[1.8-(1.2-0.9)]-1.2\times(2.7- \\
& 1.2)-0.9\times(2.7-1.2)-2.6\times[1.8-(1.2- \\
& 0.9)] \\
= & 55.86\text{m}^2
\end{aligned}
$$

块料墙面清单工程量见表 5-8。

表 5-8　　　　　　　　　　　块料墙面清单工程量表

项目编码	项目名称	项目特征描述	计量单位	工程量
020204003001	块料墙面	内墙面铺贴水泥花砖,层高 3.3m,内墙裙高 1.2m,窗台高 0.9m	m²	55.86

73. 干挂石材钢骨架清单应怎样描述项目特征？包括哪些工程内容？

(1)干挂石材钢骨架清单项目特征应描述的内容包括：①骨架种类、规格；②油漆品种、刷油遍数。

(2)干挂石材钢骨架清单项目所包括的工程内容有：①骨架制作、运输、安装；②骨架油漆。

74. 干挂石材钢骨架清单工程量如何计算？

干挂石材钢骨架清单工程量按设计图示尺寸以质量计算。

75. 镶贴大理石块料面层定额包括哪些工作内容？

按施工工艺不同，大理石可分为挂贴大理石（灌缝砂浆 50mm 厚）、拼碎大理石、粘贴大理石和干挂大理石，其中粘贴大理石又有水泥砂浆粘贴和干粉型粘结剂粘贴两种。定额项目范围共列 9 个子项。

(1)挂贴大理石（灌缝砂浆 50mm 厚）定额工作内容包括：

1)清理修补基层表面、刷浆、预埋铁件、制作安装钢筋网、电焊固定。

2)选料湿水、钻孔成槽、镶贴面层及阴阳角、穿丝固定。

3)调运砂浆、磨光打蜡、擦缝、养护。

(2)拼碎大理石定额工作内容包括：

1)清理基层、调运砂浆、打底刷浆。

2)镶贴块料面层、砂浆勾缝（灌缝）。

3)磨光、擦缝、打蜡养护。

(3)粘贴大理石定额工作内容包括：

1)清理基层、调运砂浆、打底刷浆。

2)镶贴块料面层、刷粘结剂、切割面料。

3)磨光、擦缝、打蜡养护。

(4)干挂大理石定额工作内容包括：

1)清理基层、清洗大理石、钻孔成槽、安铁件（螺栓）、挂大理石。

2)刷胶、打蜡、清洁面层。

76. 花岗岩面层定额包括哪些工作内容？

按施工工艺不同，花岗岩分为挂贴花岗岩（灌缝砂浆 50mm 厚）、干挂花岗岩、拼碎花岗岩和粘贴花岗岩四种。定额项目共列 12 子项。

(1)挂贴花岗岩(灌缝砂浆 50mm 厚)定额工作内容包括：

1)清理、修补基层表面、刷浆、预埋铁件、制作安装钢筋网、电焊固定。

2)选料湿水、钻孔成槽、镶贴面层及阴阳角、穿丝固定。

3)调运砂浆、磨光、打蜡、擦缝、养护。

(2)干挂花岗岩定额工作内容包括：

1)清理基层、清洗花岗岩、钻孔成槽、安铁件(螺栓)、挂花岗岩。

2)刷胶、打蜡、清洁面层。

勾缝缝宽 10mm 以内为准，超过者，花岗岩及密封胶用量允许换算。

(3)拼碎花岗岩和粘贴花岗岩定额工作内容包括：

1)清理基层、调运砂浆、打底刷浆。

2)镶贴块料面层、刷粘结剂、砂浆勾缝。

3)磨光、擦缝、打蜡、养护。

77. 汉白玉面层定额包括哪些工作内容？

按施工工艺不同，汉白玉可分为挂贴汉白玉(灌缝砂浆 50mm 厚)和零星项目粘贴汉白玉，定额项目共列 6 个子项。

(1)挂贴汉白玉(灌缝砂浆 50mm 厚)定额工作内容包括：

1)清理修补基层表面、刷浆、预埋铁件、制作钢筋网、电焊固定。

2)选料湿水、钻孔成槽、镶贴面层及阴阳角、穿丝固定。

3)调运砂浆、磨光打蜡、擦缝、养护。

(2)零星项目粘贴汉白玉定额工作内容包括：

1)清理基层、调运砂浆、打底刷浆。

2)镶贴块料面层、刷粘结剂、砂浆勾缝。

3)磨光、擦缝、打蜡、养护。

78. 预制水磨石面层定额包括哪些工作内容？

预制水磨石按生产工艺分挂贴预制水磨石(灌缝砂浆 50mm 厚)和零星项目粘贴预制水磨石。定额项目共列 6 个子项。

(1)挂贴预制水磨石(灌缝砂浆 50mm 厚)定额工作内容包括：

1)清理基层、清洗水磨石块、钻孔成槽、安铁件(螺栓)挂贴水磨石块。

2)刷胶、打蜡、清洗面层。

(2)零星项目粘贴预制水磨石定额工作内容包括：

1)清理基层、调运砂浆、打底刷浆。

2)镶贴块料面层、刷粘结剂、砂浆勾缝。

3)磨光、擦缝、打蜡、养护。

79. 凸凹假磨石面层定额包括哪些工作内容？

凸凹假磨石项目定额列 6 个子目,其工作内容包括:

(1)清理基层、拌制砂浆、砂浆找平。

(2)选料、拌结合层砂浆、刷粘结剂贴凹凸面、擦缝。

80. 陶瓷锦砖面层定额包括哪些工作内容？

陶瓷锦砖按材料不同分陶瓷锦砖和玻璃马赛克两种。定额项目共列 12 个子目。

(1)清理修补基层表面、打底抹灰、砂浆找平。

(2)选料、抹结合层砂浆、刷粘结剂、贴陶瓷锦砖、贴玻璃马赛克、擦缝、清洁表面。

81. 瓷板面层定额包括哪些工作内容？

瓷板项目定额列 6 个子项,其工作内容如下:

(1)清理修补基层表面、刷粘结剂、打底抹灰、砂浆找平。

(2)选料、抹结合层砂浆、刷粘结剂、贴瓷板、擦缝、清洁表面。

82. 釉面砖面层定额包括哪些工作内容？

釉面砖项目定额共列 12 个子目,其工作内容同瓷板。

83. 劈离砖面层定额包括哪些工作内容？

劈离砖面层项目定额共列 6 个子目,其工作内容如下:

(1)清理修补基层表面、打底抹灰、砂浆找平。

(2)选料、抹结合层砂浆、刷粘结剂、贴劈离砖、擦缝、清洁表面。

84. 金属面砖定额包括哪些工作内容？

金属面砖项目定额共列 6 个子目,其工作内容如下:

(1)清理修补基层表面、刷粘结剂、打底抹灰、砂浆找平。

(2)选料、抹结合层砂浆、刷粘结剂、贴金属面砖、擦缝、清洁表面。

85. 块料墙柱面面层定额工程量如何计算?

(1)墙面贴块料面层均按图示尺寸以实贴面积计算。

(2)墙裙以高度在 1500mm 以内为准,超过 1500mm 时按墙面计算,高度低于 300mm 时,按踢脚板计算。

【例 5-11】　某变电室,外墙面尺寸如图 5-18 所示,M:1500mm×2000mm;C1:1500mm×1500mm;C2:1200mm×800mm;门窗侧面宽度100mm,外墙水泥砂浆粘贴规格194mm×94mm瓷质外墙砖,灰缝 5mm,计算工程量。

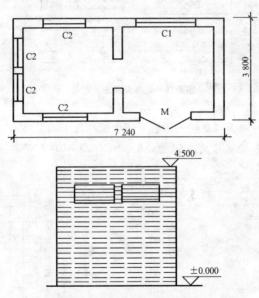

图 5-18　某变电室外墙面尺寸

【解】　块料墙面工程量计算如下:

块料墙面工程量=按设计图示尺寸展开面积计算

$$=(7.24+3.80)\times2\times4.50-(1.50\times2.00)-$$
$$(1.50\times1.50)-(1.20\times0.80)\times4+[2.00\times2+$$
$$1.50\times3+(1.2\times2+0.8)\times4]\times0.10$$
$$=92.4\text{m}^2$$

【例 5-12】 试计算图 5-19 所示墙面装饰工程量。

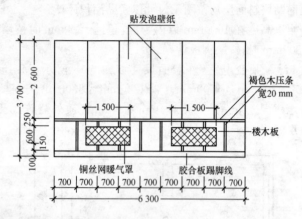

图 5-19 某墙面装饰示意图

【解】 (1)墙面贴壁纸的工程量=6.30×2.6=16.38m²

(2)贴柚木板墙裙的工程量=6.30×(0.15+0.60+0.25)-1.50×

0.60×2=4.5m²

(3)铜丝网暖气罩的工程量=1.50×0.60

×2

=1.8m²

(4)木压条的工程量=6.3+(0.15+0.60

+0.25)×8

=14.3m

(5)踢脚板的工程量=6.3m

【例 5-13】 求图 5-20 便池墙裙镶贴瓷

砖面层工程量(长 3.84m)。

【解】 瓷砖面层工程量=[0.78×2+

(3.84-0.24)]×1.5=7.74m²

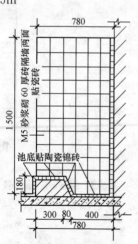

86. 石材柱面有哪些构造作法?

石材柱面的构造作法与石材墙面基本相

图 5-20 便池墙裙镶贴

瓷砖面层示意图

同,常用的石材柱面的镶贴块料有天然大理石、花岗石、人造石等。

87. 碎拼石材柱面有哪些构造作法?

碎拼石材柱面的构造作法与碎拼石材墙面基本相同,常见的碎拼石材柱面一般为碎拼大理石柱面。

88. 什么是块料柱面?

块料柱面是指用水泥花砖、大理石、花岗岩等块状材料作为装饰材料来装饰的柱面。

89. 块料柱面有哪些构造作法?

块料柱面的构造要求及施工方法与块料墙面基本相同,常见的块料柱面有釉面砖柱面、陶瓷锦砖柱面等。

90. 天然石材按表观密度分为哪几类?

天然石材按表观密度分为重石和轻石两类,表观密度大于 1800kg/m^3 的为重石,用于建筑物的基础、覆面,房屋的外墙、地面,路面、桥梁以及水工建筑等;表观密度小于 1800kg/m^3 的为轻石,主要用作采暖房屋的墙壁。

91. 石材梁面有哪些构造作法?

石材梁面的构造要求与作法与石材墙面基本相同,石材梁面的灌缝应饱满,嵌缝应严密,且应选用平整、方正、未出现碰损、污染现象的石材。

92. 什么是块料梁面?

块料梁面主要是指过梁和圈梁用大理石、水磨石等块料做成其装饰面。

93. 块料梁面有哪些构造作法?

块料梁面的构造要求及作法与前述块料墙面基本相同。块料梁面选料时应剔除色纹、暗缝、隐伤的板材,加工孔洞、开槽时应仔细操作。

94. 柱面镶贴块料包括哪些清单项目?

柱面镶贴块料清单项目包括石材柱面、块料柱面、石材梁面、块料梁面。

95. 石材柱面清单应怎样描述项目特征？包括哪些工程内容？

(1)石材柱面清单项目特征应描述的内容包括：①柱体材料；②柱截面类型、尺寸；③底层厚度、砂浆配合比；④粘结层厚度、材料种类；⑤挂贴方式；⑥干贴方式；⑦面层材料品种、规格、品牌、颜色；⑧缝宽、嵌缝材料种类；⑨防护材料种类；⑩磨光、酸洗、打蜡要求。

(2)石材柱面清单项目所包括的工程内容有：①基层清理；②砂浆制作、运输；③底层抹灰；④结合层铺贴；⑤面层铺贴；⑥面层挂贴；⑦面层干挂；⑧嵌缝；⑨刷防护材料；⑩磨光、酸洗、打蜡。

96. 石材柱面清单工程量如何计算？

石材柱面清单工程量按设计图示尺寸以面积计算。

97. 碎拼石材柱面清单应怎样描述项目特征？包括哪些工程内容？

(1)碎拼石材柱面清单项目特征应描述的内容包括：①柱体材料；②柱截面类型、尺寸；③底层厚度、砂浆配合比；④粘结层厚度、材料种类；⑤挂贴方式；⑥干贴方式；⑦面层材料品种、规格、品牌、颜色；⑧缝宽、嵌缝材料种类；⑨防护材料种类；⑩磨光、酸洗、打蜡要求。

(2)碎拼石材柱面清单项目所包括的工程内容有：①基层清理；②砂浆制作、运输；③底层抹灰；④结合层铺贴；⑤面层铺贴；⑥面层挂贴；⑦面层干挂；⑧嵌缝；⑨刷防护材料；⑩磨光、酸洗、打蜡。

98. 碎拼石材柱面清单工程量如何计算？

碎拼石材柱面清单工程量按设计图示尺寸以面积计算。

99. 块料柱面清单应怎样描述项目特征？包括哪些工程内容？

(1)块料柱面清单项目特征应描述的内容包括：①柱体材料；②柱截面类型、尺寸；③底层厚度、砂浆配合比；④粘结层厚度、材料种类；⑤挂贴方式；⑥干贴方式；⑦面层材料品种、规格、品牌、颜色；⑧缝宽、嵌缝材料种类；⑨防护材料种类；⑩磨光、酸洗、打蜡要求。

(2)块料柱面清单项目所包括的工程内容有：①基层清理；②砂浆制作、运输；③底层抹灰；④结合层铺贴；⑤面层铺贴；⑥面层挂贴；⑦面层干挂；⑧嵌缝；⑨刷防护材料；⑩磨光、酸洗、打蜡。

100. 块料柱面清单工程量如何计算？

块料柱面清单工程量按设计图尺寸以面积计算。

【例 5-14】 某建筑物有一横截面为 490mm×490mm、高为 3.6m 的独立砖柱，欲在其表面镶贴厚度为 25mm 的人造石板材。若水泥砂浆结合层的厚度为 15mm，试计算柱外围镶贴块料面层的工程量。

【解】 柱外围镶贴块料面层的工程量应按设计图示尺寸以镶贴表面积计算。

$$柱面镶贴块料面层工程量＝(0.49＋0.015×2＋0.025×2)×4×3.6$$
$$＝8.21m^2$$

柱面镶贴块料面层清单工程量见表 5-9。

表 5-9 柱面镶贴块料面层清单工程量表

项目编码	项目名称	项目特征描述	计量单位	工程量
020205003001	柱面镶贴块料	柱面镶贴块料	m²	8.21

101. 石材梁面清单应怎样描述项目特征？包括哪些工程内容？

(1)石材梁面清单项目特征应描述的内容包括：①底层厚度、砂浆配合比；②粘结层厚度、材料种类；③面层材料品种、规格、品牌、颜色；④缝宽、嵌缝材料种类；⑤防护材料种类；⑥磨光、酸洗、打蜡要求。

(2)石材梁面清单项目所包括的工程内容有：①基层清理；②砂浆制作、运输；③底层抹灰；④结合层铺贴；⑤面层铺贴；⑥面层挂贴；⑦嵌缝；⑧刷防护材料；⑨磨光、酸洗、打蜡。

102. 石材梁面清单工程量如何计算？

石材梁面清单工程量按设计图示尺寸以面积计算。

103. 块料梁面清单应怎样描述项目特征？包括哪些工程内容？

(1)块料梁面清单项目特征应描述的内容包括：①底层厚度、砂浆配合比；②粘结层厚度、材料种类；③面层材料品种、规格、品牌、颜色；④缝宽、嵌缝材料种类；⑤防护材料种类；⑥磨光、酸洗、打蜡要求。

(2)块料梁面清单项目所包括的工程内容有：①基层清理；②砂浆制作、运输；③底层抹灰；④结合层铺贴；⑤面层铺贴；⑥面层挂贴；⑦嵌缝；⑧刷防护材料；⑨磨光、酸洗、打蜡。

104. 块料梁面清单工程量如何计算？

块料梁面清单工程量按设计图示尺寸以面积计算。

105. 墙、柱面龙骨基层定额包括哪些工作内容？

龙骨基层项目定额共列 22 个子目，其工作内容包括：

(1)木龙骨：定位下料、打眼剔洞、埋木砖、安装龙骨、刷防腐油等。

(2)轻钢龙骨、铝合金龙骨、型钢龙骨、石膏龙骨、龙骨上钉胶合板基层：定位、弹线、安装龙骨。

106. 墙、柱面装饰面层定额包括哪些工作内容？

面层项目定额列 27 个子目，其工作内容包括：

(1)镜面玻璃、镭射玻璃装饰面层工作内容包括：安装玻璃面层、玻璃磨砂打边、钉压条。

(2)贴人造革、贴丝绒、塑料板面、胶合板面、硬木条吸声内墙面、硬木板条墙面墙裙、石膏板墙面、竹片内墙面装饰面层工作内容包括：贴或钉面层、钉压条、清理等全部操作过程；人造革、胶合板、硬木板条包括踢脚线部分。

(3)电化铝板墙面，铝合金装饰板墙面、墙裙，镀锌铁皮墙面，纤维板，刨花板，松木薄板，木丝板装饰面层工作内容包括：钉(或贴)面层、钉压条、清理等全部操作过程。

(4)石棉板墙面、柚木皮装饰面层工作内容包括：钉或铺贴面层、清理等。

107. 墙、柱面龙骨及饰面定额包括哪些工作内容？

龙骨及饰面项目定额共列 14 个子项，其内容包括以下几点：

(1)不锈钢柱饰面工作内容包括定位、弹线、截割龙骨、安装龙骨、铺装夹板、面层材料、清扫等全部操作过程；定位下料、木骨架安装、钉夹板、安装面板、清扫、预埋木砖等。

(2)铝合金茶色玻璃幕墙、铝合金玻璃隔墙工作内容均包括型材矫正、放样下料、切割断料、钻孔、安装框料、玻璃配件、周边塞扣、清扫；水泥砂浆找平、清理基层、调运砂浆、清理残灰落地灰、定位、弹线、选料、下料、打孔剔洞、安装龙骨。

（3）木骨架玻璃隔墙、铝合金装饰隔断工作内容均包括定位、弹线、选料、下料、打孔剔洞、木骨架制作安装、装玻璃、钉面板。

（4）柱面包镁铝曲板、浴厕木隔断工作内容均包括定位、钉木基层、封夹板、贴面层；选料、下料、钉木楞、钉面板、刷防腐油、安装小五金配件。

（5）玻璃砖隔断、活动塑料隔断工作内容均包括定位划线、安装预埋铁件、铁架、搅拌运浆、运玻璃砖、砌玻璃砖墙、勾缝、钢筋绑扎、玻璃砖砌体面清理；截割路轨、安装路槽、塑料隔断。

108. 柱面镶贴块料定额工程量如何计算?

柱面镶贴块料定额工程量按结构断面周长乘高计算。

109. 独立柱定额工程量如何计算?

（1）一般抹灰、装饰抹灰、镶贴块料按结构断面周长乘柱高度以 m^2 计算。

（2）柱面装饰按柱外围饰面尺寸乘柱的高以 m^2 计算。

【例 5-15】　木龙骨,五合板基层,不锈钢柱面尺寸如图 5-21 所示,共 4 根,龙骨断面30mm×40mm,间距 250mm,计算工程量。

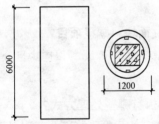

图 5-21　不锈钢柱面尺寸

【解】　柱面装饰工程量计算如下:

柱面装饰板工程量＝柱饰面外围周长×装饰高度＋柱帽、柱墩面积

＝1.20×3.14×6.00×4＝90.43m²

110. 柱面镶贴块料定额工程量计算应注意哪些问题?

（1）圆弧形、锯齿形、不规则墙面抹灰、镶贴块料、饰面,按相应项目人工乘以系数 1.15。

(2)外墙贴块料釉面砖、劈离砖和金属面砖项目灰缝宽分密缝、10mm以内和 20mm 以内列项,其人工、材料已综合考虑。如灰缝超过 20mm 以上者,其块料及灰缝材料用量允许调整,其他不变。

(3)定额木材种类除注明者外,均以一、二类木种为准,如采用三、四类木种,其人工及木工机械乘以系数 1.3。

111. 什么是墙、柱面零星镶贴块料?

零星镶贴块料是指窗台板、阳台、遮阳板等项目的镶贴工程。包括贴(抹)挑檐、檐沟侧边、窗台、门窗套、扶手、栏、板、遮阳板、雨篷、阳台共享空间侧边、柱帽、柱墩、各种壁柜、过人洞、池槽、花台以及墙面贴(挂)大理石、花岗岩边等。

112. 什么是墙、柱面石材零星项目?

石材零星项目是指小面积($0.5m^2$)以内少量分散的石材零星面层项目。

113. 什么是墙、柱面拼碎石材零星项目?

拼碎石材零星项目是指小面积($0.5m^2$)以内的少量分散拼碎石材面层项目。

114. 什么是墙、柱面块料零星项目?

块料零星项目是指小面积($0.5m^2$)以内少量分散的釉面砖面层、陶瓷锦砖面层等项目。

115. 木墙裙踢脚板有哪些处理方式?

木墙裙踢脚板主要有外凸式和内凹式两种,当护墙板的距离较大时,宜用内凹式,且踢脚板与地面间宜平接,如图 5-22 所示。

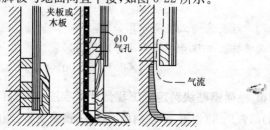

图 5-22　踢脚板构造

116. 木墙裙及木护墙板间的拼缝有哪几种?

板间的拼缝可分为平缝、高低缝、压条、密缝和离缝等,如图 5-23 所示。

塑料装饰板是指以树脂为材料或以树脂为基材,采用一定的生产工艺制成的具有装饰功能的普通或异型断面的板,塑料装饰板材以其重量轻、装饰性强、生产工艺简单、施工简便、易于保养、适合与其他材料复合等特点,在装饰工程中得到愈来愈广泛的应用,塑料装饰板按原材料的不同可分为塑料金属复合板、硬质 PVC 板、三聚氰胺层压板、玻璃钢板、有机玻璃装饰板等类型,按结构和断面型式可分为平板、波型板、实体异型断面板、格子板、夹芯板等类型。

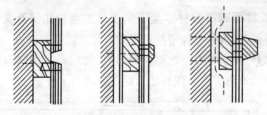

图 5-23　板材间的拼缝

117. 墙、柱面零星镶贴块料包括哪些清单项目?

零星镶贴块料清单项目包括石材零星项目、碎拼石材零星项目、块料零星项目。

118. 墙、柱面石材零星项目清单应怎样描述项目特征? 包括哪些工程内容?

(1)石材零星清单项目特征应描述的内容包括:①柱、墙体类型;②底层厚度、砂浆配合比;③粘结层厚度、材料种类;④挂贴方式;⑤干挂方式;⑥面层材料品种、规格、品牌、颜色;⑦缝宽、嵌缝材料种类;⑧防护材料种类;⑨磨光、酸洗、打蜡要求。

(2)石材零星清单项目所包括的工程内容有:①基层清理;②砂浆制作、运输;③底层抹灰;④结合层铺贴;⑤面层铺贴;⑥面层挂贴;⑦面层干挂;⑧嵌缝;⑨刷防护材料;⑩磨光、酸洗、打蜡。

119. 墙、柱面石材零星项目清单工程量如何计算?

石材零星清单工程量按设计图示尺寸以面积计算。

120. 墙、柱面碎拼石材零星项目清单应怎样描述项目特征？包括哪些工程内容？

（1）碎拼石材零星清单项目特征应描述的内容包括：①柱、墙体类型；②底层厚度、砂浆配合比；③粘结层厚度、材料种类；④挂贴方式；⑤干挂方式；⑥面层材料品种、规格、品牌、颜色；⑦缝宽、嵌缝材料种类；⑧防护材料种类；⑨磨光、酸洗、打蜡要求。

（2）碎拼石材零星清单项目所包括的工程内容有：①基层清理；②砂浆制作、运输；③底层抹灰；④结合层铺贴；⑤面层铺贴；⑥面层挂贴；⑦面层干挂；⑧嵌缝；⑨刷防护材料；⑩磨光、酸洗、打蜡。

121. 墙、柱面碎拼石材零星项目清单工程量如何计算？

碎拼石材零星清单工程量按设计图示尺寸以面积计算。

【例 5-16】 某小型办公室平面图如图 5-24 所示，内墙面有 150mm 高度的踢脚板，试求用零星大理石装饰踢脚板清单工程量。

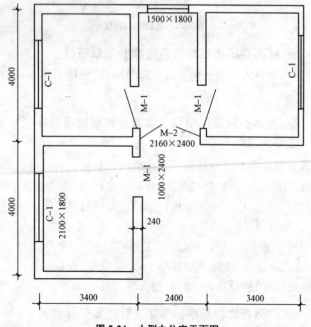

图 5-24 小型办公室平面图

【解】　碎拼石材零星项目工程量按设计图示尺寸以展开面积计算。

碎拼石材零星项目工程量$=[(3.4-0.24)+(4-0.24)]\times2\times$

$$0.15\times3+[(2.4-0.24)+(4-0.24)]\times$$

$$2\times0.15-1.0\times0.15\times5-2.16\times0.15$$

$$=6.93\text{m}^2$$

碎拼石材零星项目清单工程量见表5-10。

表5-10　　　　　　碎拼石材零星项目清单工程量表

项目编码	项目名称	项目特征描述	计量单位	工程量
020206002001	碎拼石材零星项目	用零星大理石装饰踢脚板，踢脚板高150mm	m²	6.93

122. 墙、柱面块料零星项目清单应怎样描述项目特征？包括哪些工程内容？

(1)块料零星项目清单项目特征应描述的内容包括：①柱、墙体类型；②底层厚度、砂浆配合比；③粘结层厚度、材料种类；④挂贴方式；⑤干挂方式；⑥面层材料品种、规格、品牌、颜色；⑦缝宽、嵌缝材料种类；⑧防护材料种类；⑨磨光、酸洗、打蜡要求。

(2)块料零星项目清单项目所包括的工程内容有：①基层清理；②砂浆制作、运输；③底层抹灰；④结合层铺贴；⑤面层铺贴；⑥面层挂贴；⑦面层干挂；⑧嵌缝；⑨刷防护材料；⑩磨光、酸洗、打蜡。

123. 墙、柱面块料零星项目清单工程量如何计算？

块料零星项目清单工程量按设计图示尺寸以面积计算。

124. 墙、柱面零星项目定额工程量如何计算？

零星项目定额工程量均按图示尺寸以展开面积计算。

【例5-17】　某单位大门砖柱4根，砖柱块料面层设计尺寸如图5-25所示，面层水泥砂浆贴玻璃马赛克，计算工程量。

【解】　(1)柱面一般抹灰、装饰抹灰和勾缝工程量＝柱结构断面周长×设计柱抹灰(勾缝)高度

柱面贴块料工程量＝柱设计图示外围周长×装饰高度

柱面装饰板工程量＝柱饰面外围周长×装饰高度＋柱帽、柱墩面积

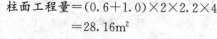

$$柱面工程量=(0.6+1.0)\times2\times2.2\times4$$
$$=28.16m^2$$

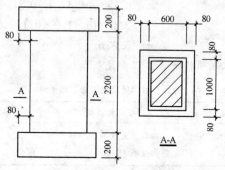

图 5-25　某大门砖柱块料面层尺寸

(2)块料零星项目工程量＝按设计图示尺寸展开面积计算

压顶及柱脚工程量＝$[(0.76+1.16)\times2\times0.2+(0.68+1.08)\times$
$$2\times0.08]\times2\times4$$
$$=8.40m^2$$

125. 墙、柱面零星项目定额工程量计算应注意哪些问题?

零星项目定额工程量计算应注意:块料镶贴和装饰抹灰的"零星项目"适用于挑檐、天沟、腰线、窗台线、门窗套、压顶、栏板、扶手、遮阳板、雨篷周边等。一般抹灰的"零星项目"适用于各种壁柜、碗柜、过人洞、暖气壁龛、池槽、花台以及 $1m^2$ 以内的抹灰。抹灰的"装饰线条"适用于门窗套、挑檐腰线、压顶、遮阳板、楼梯边梁、宣传栏边框等凸出墙面或灰面展开宽度小于 300mm 以内的竖、横线条抹灰。超过 300mm 的线条抹灰按"零星项目"执行。

126. 墙、柱面其他项目定额包括哪些工作内容?

其他项目定额共列 25 个子项,其工作内容包括以下几点:

(1)压条、金属装饰条、木装饰条、木装饰压角条工作内容均包括定位、弹线、下料、钻孔、加榫、刷胶、安装、固定等。

(2)硬塑料线条、石膏条、镜面玻璃条、镁铝曲板条工作内容均包括定位、弹线、下料、刷胶、安装、固定等。软塑料线条者,其人工乘以系数 0.5。

（3）硬木窗台板、硬木筒子板工作内容均包括选料、制作、安装、剔砖打洞、下木砖、立木筋、起缝、对缝、钉压条等全部操作过程。

（4）塑料、硬木窗帘盒工作内容均包括制作、安装、剔砖打洞、铁件制作、固定盖板、组装塑料窗帘盒等全部操作过程。

（5）明装式铝合金窗帘轨、钢筋窗帘杆工作内容均包括组配铝合金窗帘轨、安装支撑及校正清理；铁件制作、安装、钢筋下料、套丝、试配螺母、安装校正等。

127. 墙、柱面其他项目定额工程量计算应注意哪些问题？

其他项目定额工程量计算应注意哪些事项：压条、装饰条以成品安装为准。如在现场制作木压条者，每 10m 增加 0.25 工日。木材按净断面加刨光损耗计算。如在木基层天棚面上钉压条、装饰条者，其人工乘以系数 1.34；在轻钢龙骨天棚板面钉压装饰条者，其人工乘以系数 1.68；木装饰条做图案者，人工乘以系数 1.8。

128. 装饰板墙面清单应怎样描述项目特征？包括哪些工程内容？

（1）装饰板墙面清单项目特征应描述的内容包括：①墙体类型；②底层厚度、砂浆配合比；③龙骨材料种类、规格、中距；④隔离层材料种类、规格；⑤基层材料种类、规格；⑥面层材料品种、规格、品牌、颜色；⑦压条材料种类、规格；⑧防护材料种类；⑨油漆品种、刷漆遍数。

（2）装饰板墙面清单项目所包括的工程内容有：①基层清理；②砂浆制作、运输；③底层抹灰；④龙骨制作、运输、安装；⑤钉隔离层；⑥基层铺钉；⑦面层铺贴；⑧刷防护材料、油漆。

129. 装饰面清单工程量如何计算？

装饰面清单工程量按设计图示墙净长乘以净高以面积计算。扣除门窗洞口及单个 0.3m² 以上的孔洞所占面积。

【例 5-18】 求如图 5-26 所示的墙面铺木龙骨、胶合板基层和面层的清单工程量。

装饰面清单工程量设计图示墙净长乘以净高以面积计算。

【解】 装饰板墙面工程量＝12×10＝120m²

装饰板墙面清单工程量见表 5-11。

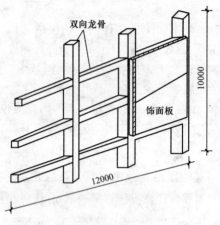

图 5-26　墙面铺木龙骨

表 5-11　　　　　　　　　　　装饰板墙面清单工程量表

项目编码	项目名称	项目特征描述	计量单位	工程量
020207001001	装饰板墙面	墙面铺木龙骨、胶合板基层、面层	m²	120

130. 装饰面定额工程量如何计算？

装饰面定额工程量按图示尺寸以"m²"计算。

131. 计算墙饰面工程量时高度应如何确定？

在计算墙饰面工程量时，高度应按如下规定确定：

(1)无墙裙的，其高度按室内地面或楼面至天棚底面之间距离计算。

(2)有墙裙的，其高度按墙裙顶至天棚底面之间的距离计算。

(3)钉板条天棚的内墙抹灰，其高度按室内地面或楼面至天棚底面计算。

132. 柱(梁)面装饰有哪些构造作法？

柱(梁)面装饰的构造及作法与墙饰面基本相同，其所用材料要求参见前述"墙饰面"的相关内容。

133. 柱面装饰的作用是什么？

(1)柱面装饰设计是建筑设计中十分重要的内容之一，它对提高建筑物的功能、质量、艺术效果,美化环境起重要作用,它将给人们创造一个优美舒适的工作、学习和休息的环境,与地面、墙面、天棚的装饰相协调,围合成实用、美观的建筑空间。

(2)对柱体进行装修处理,还可以防止柱体结构免遭风、雨的直接袭击,提高柱体防潮、抗风化的能力,从而增强了柱体的坚固性和耐久性。

(3)对柱体进行装修处理,还可改善柱体热工性能,对室内可增加光线的反射,提高室内照度。

134. 柱(梁)饰面清单应怎样描述项目特征? 包括哪些工程内容?

(1)柱(梁)饰面清单项目特征应描述的内容包括:①柱(梁)体类型;②底层厚度、砂浆配合比;③龙骨材料种类、规格、中距;④隔离层材料种类;⑤基层材料种类、规格;⑥面层材料品种、规格、品牌、颜色;⑦压条材料种类、规格;⑧防护材料种类;⑨油漆品种、刷漆遍数。

(2)柱(梁)饰面清单项目所包括的工程内容有:①清理基层;②砂浆制作、运输;③底层抹灰;④龙骨制作、运输、安装;⑤钉隔离层;⑥基层铺钉;⑦面层铺贴;⑧刷防护材料、油漆。

135. 柱(梁)饰面清单工程量如何计算?

柱(梁)饰面清单工程量按设计图示饰面外围尺寸以面积计算。柱帽、柱墩并入相应柱饰面工程量内。

【例 5-19】 某高为 4.7m,直径为 600mm 的柱采用不锈钢镀锌饰面,试求不锈钢镀锌饰面包柱清单工程量。

【解】 饰面工程量=0.6×3.14×4.7m²=8.85m²

柱面装饰清单工程量见表 5-12。

表 5-12　　　　　　　　　柱面装饰清单工程量表

项目编码	项目名称	项目特征描述	计量单位	工程量
020208001001	柱面装饰	不锈钢镀锌饰面包柱,柱高 4700mm,直径为 600mm	m²	8.85

136. 柱(梁)饰面木龙骨基层包括哪些工作?

柱、梁饰面木龙骨基层工作包括了定位、下料、打眼剔洞、埋木砖、安装龙骨、刷防腐油等。

137. 柱、梁饰面工程基层材料是指什么？

柱、梁饰面工程基层材料是指面层的底板材料，在龙骨上粘贴或铺钉一层加强面层的底板。

138. 柱（梁）饰面定额工程量如何计算？

柱（梁）饰面定额工程量按柱饰面面积按外围饰面尺寸乘以高度计算。

139. 什么叫隔墙？有哪些形式？

隔墙是指非承重的内墙起着分隔房间的作用。作为隔墙，根据所处条件应分别具有自重轻、隔声以及防水、防潮等不同的要求。

常见的隔墙可分为砌块隔墙、立筋隔墙和条板隔墙等，如图 5-27 所示。

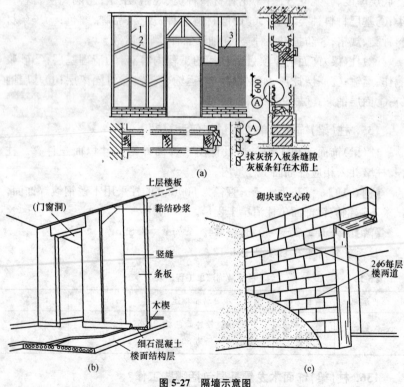

图 5-27　隔墙示意图

（a）立筋隔墙；（b）条板隔墙；（c）砌块隔墙

1—墙盘；2—斜撑；3—板条

140. 什么是隔断？有哪些形式？

隔断是指用以分割房屋或建筑物内部的空间，作用是使空间大小更加合适，并保持通风采光效果，一般要求隔断自重轻、厚度薄，拆移方便，并具有一定的刚度和隔声能力，按使用材料区分有木隔断、石膏板隔断等。

从限定程度来分，有空透式隔断和隔墙式隔断（含玻璃隔断）；从隔断的固定方式来分，则有固定式隔断和移动式隔断；从隔断开闭方式来考虑，移动式隔断中又有折叠式、直滑式、拼装式以及双面硬质折叠式、软质折叠等多种；如果从材料角度来分，则有竹木隔断、玻璃隔断以及金属混凝土花格等。另外，还有诸如硬质隔断与软质隔断；家具式隔断（图 5-28）与屏风式隔断等。

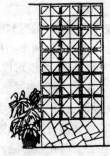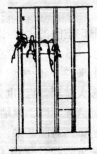

图 5-28　家具式隔断

141. 轻质隔墙有哪些种类？

轻质隔墙是分隔建筑物内部空间的非承重构件（图 5-29），可分为板材隔墙、骨架隔墙、活动隔墙和玻璃隔墙。轻质隔墙所用材料的品种、规格以及构造做法均应符合设计要求。轻质隔墙安装前应按品种、规格、颜色等进行分类选配。材料在运输和安装时，应轻拿轻放，不得损坏表面和边角。

142. 隔断与隔墙的区别是什么？

隔断与隔墙的区分可以从两个方面来考虑。一是它们在分隔空间的程度及特点上不同，通常认为，隔墙都是到顶的，既能在较大程度上限定空间，又能在一定程度上满足隔声、遮挡视线等要求。与隔墙相比，隔断

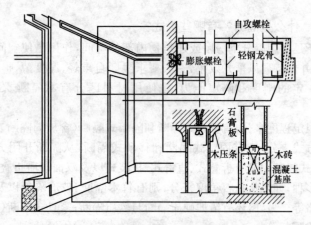

图 5-29 轻质隔墙示意图

限定空间的程度比较小,在隔声、遮挡视线等方面往往并无要求,甚至要求其具有一定的空透性能,以使两个空间有一定的视觉交流等。从高度上来说,隔断一般为不到顶的,但也可以是到顶的。比如有的隔断全部镶嵌大玻璃,虽然也做到顶,但隔声和遮挡视线的能力较差。二是它们拆装灵活性不同。隔墙一经设置,往往具有不可更改性,至少是不能经常变动的。而对隔断来说,如果其具有隔声和遮挡视线等能力,还应是容易移动或拆装的,从而可以在必要时使被分隔的相邻空间连通在一起。如推拉、折叠式隔断,虽然也可以做到顶,关闭时也具有一定的隔声能力和遮挡视线能力,但是根据需要可以随时打开,使分隔的两空间连通到一起,空透式及屏风式隔断,在分隔空间上就更灵活了。

143. 木隔断墙的结构形式有哪几种?

木隔断墙分为全封隔断墙、有门窗隔断墙和半高隔断墙三种,其结构形式不尽相同。

144. 隔断清单应怎样描述项目特征? 包括哪些工程内容?

(1)隔断清单项目特征应描述的内容包括:①骨架、边框材料种类、规格;②隔板材料品种、规格、品牌、颜色;③嵌缝、塞口材料品种;④压条材料种类;⑤防护材料种类;⑥油漆品种、刷漆遍数。

(2)隔断清单项目所包括的工程内容有:①骨架及边框制作、运输、安装;②隔板制作、运输、安装;③嵌缝、塞口;④装订压条;⑤刷防护材料、油漆。

145. 隔断清单工程量如何计算?

隔断清单工程量按设计图示框外围尺寸以面积计算。扣除单个 $0.3m^2$ 以上的孔洞所占面积;浴厕门的材质与隔断相同时,门的面积并入隔断面积内。

【例 5-20】　屏风式隔断示意图如图 5-30 所示,试求其清单工程量。

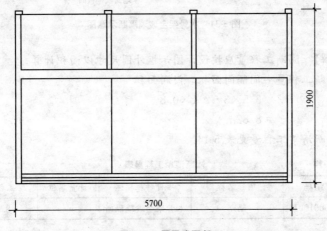

图 5-30　屏风式隔断

【解】　隔断工程量设计图示框外围尺寸以面积计算,不扣除单个面积在 $0.3m^2$ 以下的孔洞,浴厕门的材质与隔断相同时,门的面积并入隔断面积内。

则屏风式隔断的工程量 $=5.7 \times 1.9 = 10.83m^2$

隔断清单工程量见表 5-13。

表 5-13　　　　　　　　　　　隔断清单工程量表

项目编码	项目名称	项目特征描述	计量单位	工程量
020209001001	隔断	屏风式隔断	m^2	10.83

【例 5-21】　图 5-31 所示为木骨架全玻璃隔断,求其清单工程量。

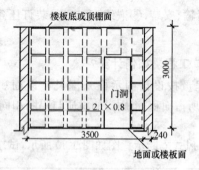

图 5-31　木骨架全玻璃隔断示意图

【解】　隔断工程量应按设计图示框外围尺寸以面积计算。

隔断工程量＝间隔间面积－门洞面积

　　　　　＝3.5×3－2.1×0.8

　　　　　＝8.82m²

隔断清单工程量见表 5-14。

表 5-14　　　　　　　　　　　　隔断清单工程量表

项目编码	项目名称	项目特征描述	计量单位	工程量
020209001001	隔断	木骨架全玻璃隔断	m²	8.82

146. 隔断定额工程量如何计算？

隔断定额工程量按隔断按墙的净长乘净高计算，扣除门窗洞口及 0.3m² 以上的孔洞所占面积。

147. 木隔断、墙裙、护壁板定额工程量如何计算？

木隔断、墙裙、护壁板的工程量计算均按图示尺寸长度乘高度按实铺面积以 m² 计算。

【例 5-22】　图 5-32 所示龙骨截面为 40mm×35mm，间距为 500mm×1000mm 的玻璃木隔断，木压条镶嵌花玻璃，门口尺寸为 900mm×2000mm，安装艺术门扇；钢筋混凝土柱面钉木龙骨，中密度板基层，三合板面层，刷调合漆三遍，装饰后断面为 400mm×400mm，计算工程量。

【解】　（1）隔断工程量。

木间壁、隔断工程量＝图示长度×高度－不同材质门窗面积

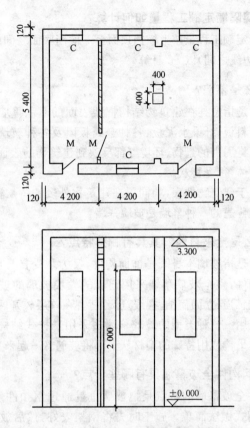

图 5-32　木隔断、墙裙、护壁板装饰示意图

间壁墙工程量 $= (5.40 - 0.24) \times 3.3 - 0.9 \times 2.0 = 15.23\text{m}^2$

(2)柱面装饰工程量。

柱面装饰板工程量＝柱饰面外围周长×装饰高度＋柱帽、柱墩面积

柱面工程量 $= 0.40 \times 4 \times 3.3 = 5.28\text{m}^2$

148. 浴厕木隔断定额工程量如何计算?

浴厕木隔断定额工程量按下横挡底面至上横挡顶面高度乘图示长度以 m^2 计算,门扇面积并入隔断面积内计算。

149. 玻璃隔墙定额工程量如何计算？

玻璃隔墙定额工程量按上横挡顶面至下横档底面之间的高度乘宽度（两边立挺外边线之间）以 m^2 计算。

150. 什么是幕墙？

幕墙通常是指悬挂在建筑物结构框架表面的非承重墙，用于幕墙的材料有复合材料板、纤维水泥板、各种金属板以及各种玻璃，特别是热反射玻璃的幕墙将周围的景物、环境等都反映到建筑物的表面，使建筑物与环境整合成一体，很受喜欢。

幕墙装饰于建筑物外表，如同罩在建筑物外表的一层薄薄帷幕的墙体。使用最为普遍的一种幕墙是玻璃幕墙。

151. 什么是全玻幕墙？其具有哪些特点？

全玻幕墙是指玻璃本身既是饰面构件，又为承受自身质量荷载和风荷载的承力构件，整个玻璃幕墙采用通长的大块玻璃的玻璃幕墙体系。这种幕墙通透感强，立面简洁，视线宽阔，适宜在首层较开阔的部位采用，不宜在高层使用。这种类型的玻璃幕墙多采用悬挂式结构，即以间隔一定距离设置的吊钩或用特殊的型材从上部将玻璃悬吊起来。

152. 带钢构件全玻幕墙具有哪些特点？

带钢构件全玻幕墙的特点是把玻璃重量通过钢扣件传递给后面的钢架。这种型式做法简单。施工时先将钢架安好，然后放线，一块块玻璃用胶安装，由于玻璃分块小，安装工人的工作强度小，安装危险性小，因而安装质量也易保证。由于金属边框视野宽广，建筑立面更显得豪华壮观。

153. 什么是带肋玻璃？

带肋玻璃是指与面部玻璃相垂直设立的玻璃，其作用是加强面玻璃的刚度，从而保证玻璃幕墙整体在风压作用下的稳定性。

154. 玻璃幕墙饰面材料有哪些？

玻璃幕墙所用的饰面材料，其品种有热反射玻璃、双层玻璃、中空玻璃、浮法透明玻璃、新型防热片——窗用遮阳绝热薄膜等。

155. 嵌缝耐候胶注胶时应注意哪些问题？

(1)充分清洁板材间缝隙，不应有水、油漬、涂料、铁锈、水泥砂浆、灰尘等。充分清洁黏结面，加以干燥，可采用甲苯或甲基乙酮作清洁剂。

(2)为调整缝的深度，避免三边黏胶，缝内应填聚乙烯发泡材料(小圆棒)。

(3)为避免密封胶污染玻璃，应在缝两侧贴保护胶纸。

(4)注胶后应将胶缝表面抹平，去掉多余的胶。

(5)注胶完毕后，将保护胶纸撕掉，必要时可用溶剂擦拭。

(6)注意注胶后养护，胶在未完全硬化前，不要沾染灰尘和划伤。

嵌缝胶的厚度应小于缝宽度，因为当板材发生相对位移时，胶被拉伸，胶缝越厚，边缘的拉伸变形越大，越容易开裂。

156. 用于建筑墙面装饰的玻璃有哪些种类？

用于建筑墙面装饰的玻璃有：①普通平板玻璃；②镜面玻璃；③钢化玻璃；④釉面玻璃；⑤夹层玻璃；⑥压花玻璃；⑦彩色玻璃；⑧激光玻璃；⑨夹丝玻璃；⑩装饰玻璃砖；⑪泡沫玻璃；⑫热反射玻璃；⑬中空玻璃；⑭玻璃马赛克；⑮玻璃幕墙。

157. 玻璃幕墙分为哪几类？

(1)全隐框玻璃幕墙。全隐框玻璃幕墙的构造是在铝合金构件组成的框格上固定玻璃框，玻璃框的上框挂在铝合金整个框格体系的横梁上，其余三边分别用不同方法固定在立柱及横梁上(图 5-33)。

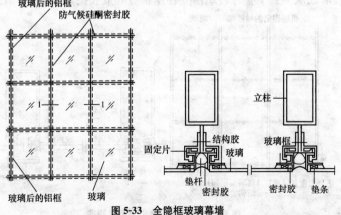

图 5-33　全隐框玻璃幕墙

(2)半隐框玻璃幕墙。

1)竖隐横不隐玻璃幕墙。这种玻璃幕墙只有立柱隐在玻璃后面,玻璃安放在横梁的玻璃镶嵌槽内,镶嵌槽外加盖铝合金压板,盖在玻璃外面(图 5-34)。

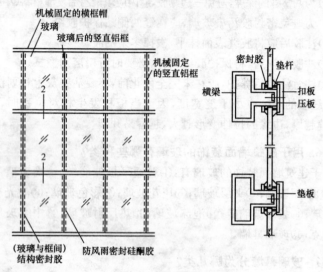

图 5-34　竖隐横不隐玻璃幕墙构造

2)横隐竖不隐玻璃幕墙。竖边用铝合金压板固定在立柱的玻璃镶嵌槽内,形成从上到下整片玻璃由立柱压板分隔成长条形画面(图 5-35)。

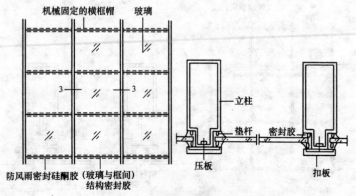

图 5-35　横隐竖不隐玻璃幕墙构造

（3）挂架式玻璃幕墙。挂架式玻璃幕墙构造如图 5-36 所示。

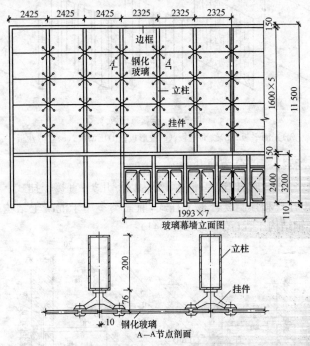

图 5-36　挂架式玻璃幕墙构造

158. 金属板幕墙分为哪几类？

金属板幕墙一般悬挂在承重骨架的外墙面上。它具有典雅庄重，质感丰富以及坚固、耐久、易拆卸等优点，适用于各种工业与民用建筑。

（1）按材料分类。金属板幕墙按材料可分为单一材料板和复合材料板两种。

1）单一材料板。单一材料板为一种质地的材料，如钢板、铝板、铜板、不锈钢板等。

2）复合材料板。复合材料板是由两种或两种以上质地的材料组成的，如铝合金板、搪瓷板、烤漆板、镀锌板、色塑料膜板、金属夹心板等。

（2）按板面形状分类。金属幕墙按板面形状可分为光面平板、纹面平板、波纹板、压型板、立体盒板等，如图 5-37 所示。

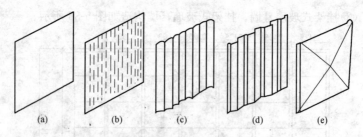

图 5-37 金属幕墙板

(a)光面平板;(b)纹面平板;(c)波形板;(d)压型板;(e)立体盒板

159. 石材幕墙分为哪几类?

石材幕墙干挂法构造基本上可分为以下几类:直接干挂式、骨架干挂式、单元干挂式和预制复合板干挂式,前三类多用于混凝土结构基体,后者多用于钢结构工程(图 5-38~图5-41)。

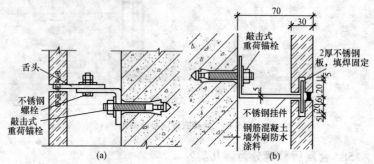

图 5-38 直接式干挂石材幕墙构造(单位:mm)

(a)二次直接法;(b)直接做法

160. 全玻璃幕墙有哪些构造?

全玻璃幕墙面板和肋板之间用透明硅酮胶粘接,幕墙完全透明,能创造出一种独特的通透视觉装饰效果。当玻璃高度小于 4m 时,可以不加玻璃肋;当玻璃高度大于 4m 时,就应用玻璃肋来加强,玻璃肋的厚度应不小于 19mm。全玻璃幕墙可分为坐地式和悬挂式两种。坐地式玻璃幕墙的构造简单、造价较低,主要靠底座承重,缺点是玻璃在自重作用下容易产生弯曲变形,造成视觉上的图像失真。在玻璃高度大于 6m 时,就必须采用悬挂式,即用特殊的金属夹具将大块玻璃悬挂吊起(包括玻璃肋),构成没有变形的大面积连续玻璃幕墙。用这种方法可以消除由自重引起的玻璃挠曲，创造出既美观通透又安全可靠的空间效果。

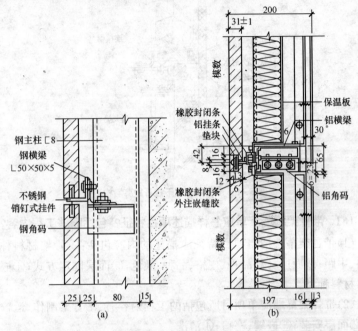

图 5-39　骨架式干挂石材幕墙构造(单位:mm)

(a)不设保温层；(b)设保温层

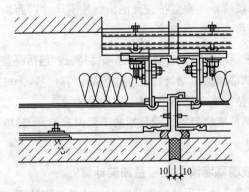

图 5-40　单元体石材幕墙构造(单位:mm)

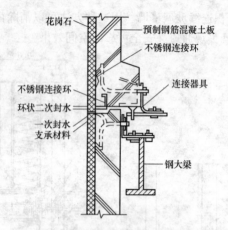

图 5-41　预制复合板干挂石材幕墙构造

161. 带骨架幕墙清单应怎样描述项目特征？包括哪些工程内容？

(1)带骨架幕墙清单项目特征应描述的内容包括：①骨架材料种类、规格、中距；②面层材料品种、规格、品种、颜色；③面层固定方式；④嵌缝、塞口材料种类。

(2)带骨架幕墙清单项目所包括的工程内容有：①骨架制作、运输、安装；②面层安装；③嵌缝、塞口；④清洗。

162. 带骨架幕墙清单工程量如何计算？

带骨架幕墙清单工程量按设计图示框外围尺寸以面积计算。与幕墙同种材质的窗所占面积不扣除。

163. 全玻璃幕墙清单应怎样描述项目特征？包括哪些工程内容？

(1)全玻璃幕墙清单项目特征应描述的内容包括：①玻璃品种、规格、品牌、颜色；②粘结塞口材料种类；③固定方式。

(2)全玻璃幕墙清单项目所包括的工程内容有：①幕墙安装；②嵌缝、塞口；③清洗。

164. 全玻璃幕墙清单工程量如何计算？

全玻璃幕墙清单工程量按设计图示尺寸以面积计算。带肋全玻璃墙按展开面积计算。

【例 5-23】 如图 5-42 所示，某单位外墙铝合金隐框玻璃幕墙工程，主料采用 180 系列(180mm×50mm)、边框料 180mm×35mm，5mm 厚真空镀膜玻璃，求隐框玻璃幕墙清单工程量。

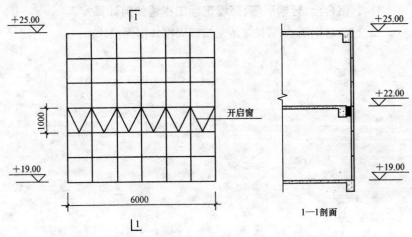

图 5-42 铝合金隐框玻璃幕墙工程

【解】 全玻璃幕墙工程量应按设计图示尺寸以面积计算。

工程量＝设计图示尺寸－窗面积

$$=6.00×(6.00-1.00)$$

$$=30.00m^2$$

全玻璃幕墙清单工程量见表 5-15。

表 5-15　　　　　　　　　全玻璃幕墙清单工程量表

项目编码	项目名称	项目特征描述	计量单位	工程量
020210002001	全玻璃幕墙	铝合金隐框，主料 180 系列(180mm×50mm)，边框料 180mm×35mm，5mm 厚真空镀膜玻璃	m²	30.00

165. 幕墙定额工程量如何计算？

幕墙定额工程量按框外围面积计算。

166. 铝合金、轻钢隔墙、幕墙定额工程量如何计算？

铝合金、轻钢隔墙、幕墙工程量按四周框外围面积计算。

第六章

·天棚工程计量与计价·

1. 什么是天棚抹灰?

天棚抹灰是指在楼板底部抹一般水泥砂浆和混合砂浆。相对天棚装饰面积,天棚抹灰面积所指的范围小一些,装饰面积还包括在天棚上粘贴装饰材料。

2. 天棚抹灰怎样分类?

天棚抹灰,从抹灰级别上可分普、中、高三个等级;从抹灰材料可分石灰麻刀灰浆、水泥麻刀砂浆、涂刷涂料等;从天棚基层可分板条末棚抹灰、混凝土天棚抹灰、钢丝网天棚抹灰、密肋井字梁天棚抹灰等。

(1)板条天棚抹灰:在板条天棚基层上按设计要求的抹灰材料进行的施工叫板条天棚抹灰。

(2)混凝土天棚抹灰:在混凝土基层上按设计要求的抹灰材料进行的施工叫混凝土天棚抹灰。

(3)钢丝网天棚抹灰:在钢丝网天棚基层上按设计要求的抹灰材料进行的施工叫钢丝网天棚抹灰。

(4)密肋井字梁天棚抹灰:指井字梁的混凝土天棚,平面面积上梁的间距离肋断面小的天棚抹灰。

3. 什么是直接抹灰天棚?

直接抹灰天棚是指在楼板底面直接喷浆和抹灰,或直接喷浆而不抹灰而形成的天棚。

钢筋混凝土楼板天棚抹灰前应用清水润湿,并刷 108 胶水泥浆或界面处理剂一道,还应在四周墙上弹出控制抹灰厚度的水平线,先抹四周后抹中间,分批找平。

4. 直接式天棚装修有哪几种处理方式?

直接式天棚装修常见的有以下几种处理方式:

(1)直接喷、刷涂料,当楼板底面平整时,可用腻子嵌平板缝,直接在楼板底面喷或刷大白浆涂料或 106 装饰涂料,以增加天棚的光反射作用。

(2)抹灰装修,当楼板底面不够平整,或室内装修要求较高,可在板底进行抹灰装修。

(3)贴面式装修,对某些装修要求较高;或有保温、隔热、吸声要求的建筑物,可于楼板底面直接粘贴适用于天棚装饰的墙纸、装饰吸声板以及泡沫塑胶板等。

5. 直接抹灰天棚可以分为哪几种?

当楼板底面不够平整或室内装修要求较高,可在板底进行抹灰装修,如图 6-1 所示,直接抹灰分水泥砂浆抹灰和纸筋灰抹灰两种。

水泥砂浆抹灰系将板底清洗干净,打毛或刷素水泥浆一道后,抹 5mm 厚 1:3 水泥砂浆打底,用 5mm 厚 1:2.5 水泥砂浆粉面,再喷刷涂料。

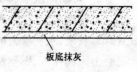

板底抹灰

图 6-1　抹灰装修

纸筋灰抹灰系先以 6mm 厚混合砂浆打底,再以 3mm 厚纸筋灰粉面,然后喷、刷涂料。

6. 天棚抹灰的常见做法有哪些?

天棚抹灰的常见做法见表 6-1。

表 6-1　　　　　　　　　　　　天棚抹灰常见做法

名　称	分 层 做 法	厚度/mm	施 工 要 点
现浇钢筋混凝土楼板天棚抹灰	(1)1:0.5:1 水泥石灰砂浆抹底层	2~3	头道灰时必须与模板木纹的方向垂直,用钢皮抹子用力抹实,越薄越好,底层抹完后,紧跟抹中层,待 6~7 成干时罩面
	(2)1:3:9 水泥石灰砂浆抹底层	6~9	
	(3)纸筋灰或麻刀灰罩面	2	
	(1)1:0.2:4 水泥纸筋灰砂浆抹底层	2~3	
	(2)1:0.2:4 水泥纸筋灰砂浆抹中层	10	
	(3)纸筋灰罩面	2	

续表

名　称	分层做法	厚度/mm	施工要点
预制混凝土楼板天棚抹灰	(1)1∶0.5∶1 水泥石灰砂浆抹底层	3	(1)预制混凝土楼板缝要用细石混凝土灌实
	(2)1∶3∶9 水泥石灰砂浆抹中层	6	(2)底层与中层抹灰要边续操作
	(3)纸筋灰或麻刀灰罩面	2~3	
板条、苇箔天棚抹灰	(1)纸筋石灰或麻刀石灰砂浆抹底层	3~6	底层砂浆应压入板条或苇箔缝隙中,较大面积板条天棚抹灰时,要加麻丁,即抹灰前用 250mm 长的麻丝拴在钉子上,钉在吊顶的小龙骨上,抹层时将麻丁分开成燕尾抹入
	(2)纸筋石灰或麻刀石灰砂浆抹中层	3~6	
	(3)1∶2∶2.5 石灰砂浆找平	2~3	
	(4)纸筋灰或麻刀灰罩面	2 或 3	

7. 什么是隐蔽式吊顶?

隐蔽式吊顶特指吊顶龙骨的底面不外露,吊顶表面装饰面板呈整体效果的吊顶,面板与龙骨的固定有三种方式:螺钉连接、胶粘剂连接和企口饰面板与龙骨的连接,如图 6-2 所示。

8. 什么是间壁墙?

间壁墙是指内墙中起隔开房间作用的内隔墙。

9. 天棚工程清单项目应如何设置?

天棚工程项目工程量清单项目设置共三项,包括:天棚抹灰、天棚吊顶、天棚其他装饰。

天棚工程工程量清单的一级编码为 02(清单计价规范附录 B);二级编码 03(清单计价规范第三章,天棚工程);三级编码 01~03(从天棚抹灰至天棚其他装饰);四级编码从 001 始,根据各项目所包含的清单项目不同,依次递增。上述这 9 位为全国统一编码,编制分部分项工程量清单时应按附录中的相应编码设置,不得变动。五级编码为三位数,是清单项目名称编码,由清单编制人根据设置的清单项目编制。

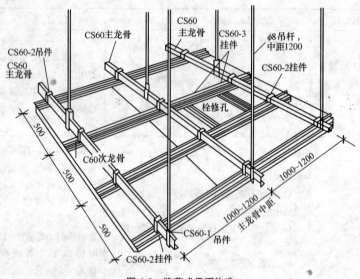

图 6-2　隐蔽式吊顶构造

10. 天棚抹灰清单应怎样描述项目特征? 包括哪些工程内容?

(1)天棚抹灰清单项目特征应描述的内容包括:①基层类型;②抹灰厚度、材料种类;③装饰线条道数;④砂浆配合比。

(2)天棚抹灰清单项目所包括的工程内容有:①基层清理;②底层抹灰;③抹面层;④抹装饰线条。

11. 天棚抹灰清单工程量如何计算?

天棚抹灰清单工程量按设计图示尺寸以水平投影面积计算。不扣除间壁墙、垛、柱、附墙烟囱、检查口和管道所占的面积,带梁天棚、梁两侧抹灰面积并入天棚面积内,板式楼梯底面抹灰按斜面积计算,锯齿形楼梯底板抹灰按展开面积计算。

【例 6-1】 求如图 6-3 所示井字梁、天棚抹石灰砂浆清单工程量。

【解】 主墙间水平投影面积 $=(11.1-0.24)\times(12.3-0.24)$

$$=130.97\text{m}^2$$

主梁侧面展开面积 $=(12.3-0.24-0.2\times2)\times(0.65-0.1)\times2\times2$

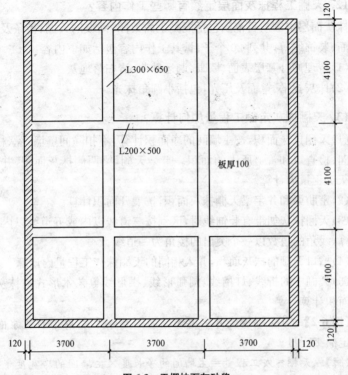

图 6-3　天棚抹石灰砂浆

$$=25.65m^2$$

次梁侧面展开面积 $=(11.1-0.24-0.3\times2)\times(0.5-0.1)\times2\times2$

$$=16.42m^2$$

天棚灰工程量 $=130.97+25.65+16.42=173.04m^2$

天棚抹灰清单工程量见表 6-2。

表 6-2　　　　　　　　无棚抹灰清单工程量表

项目编码	项目名称	项目特征描述	计量单位	工程量
020301001001	天棚抹灰	井字梁,天棚抹石灰砂浆	m²	173.04

12. 天棚工程抹灰面层定额有哪些工作内容？

抹灰面层定额项目范围包括混凝土面天棚、钢板网天棚、板条及其他木质面、装饰线等，共列 20 个子目，其工作内容包括如下内容：

(1)清理修补基层表面、墙眼、调运砂浆、清扫落地灰。

(2)抹灰找平、罩面及压光，包括小圆角抹光。

13. 天棚抹灰定额工程量如何计算？

(1)天棚抹灰面积，按主墙间的净面积计算，不扣除间壁墙、垛、柱、附墙烟囱、检查口和管道所占的面积。带梁天棚，梁两侧抹灰面积，并入天棚抹灰工程量内计算。

(2)密肋梁和井字梁天棚抹灰面积，按展开面积计算。

(3)天棚抹灰如带有装饰线时，区别按三道线以内或五道线以内按延米计算，线角的道数以一个突出的棱角为一道线。

(4)檐口天棚的抹灰面积，并入相同的天棚抹灰工程量内计算。

(5)天棚中的折线、灯槽线、圆弧形线、拱形线等艺术形式的抹灰，按展开面积计算。

【例 6-2】　某工程现浇井字梁天棚如图 6-4 所示，麻刀石灰浆面层，计算定额工程量。

【解】　天棚抹灰工程量＝主墙间的净长度×主墙间的净宽度＋梁侧面面积

$$
\begin{aligned}
&=(6.60-0.24)\times(4.40-0.24)+(0.40-\\
&\quad 0.12)\times 6.36\times 2+(0.25-0.12)\times 3.86\times\\
&\quad 2\times 2-(0.25-0.12)\times 0.15\times 4\\
&=31.95 m^2
\end{aligned}
$$

【例 6-3】　某三级天棚尺寸如图 6-5 所示，钢筋混凝土板下吊双层楞木，面层为塑料板，计算天棚定额工程量。

【解】　天棚吊顶工程量＝主墙间净长度×主墙间净宽度－独立柱及相连窗帘盒等所占面积

$$=(8.0-0.24)\times(6.0-0.24)=44.70 m^2$$

【例 6-4】　若某宾馆有图 6-6 所示标准客房 20 间，试计算天棚定额工程量。天棚构造如图 6-6 中说明。

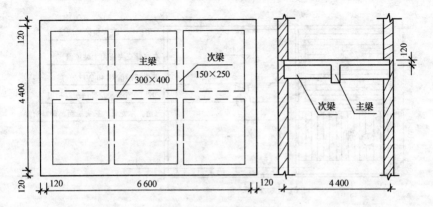

图 6-4　现浇井字梁天棚

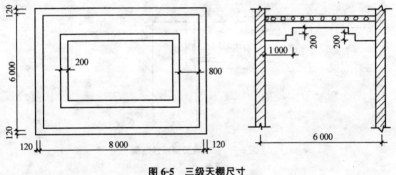

图 6-5　三级天棚尺寸

【解】　由于客房各部位天棚做法不同,应分别计算。

(1)房间天棚工程量。根据计算规则,龙骨及面层工程量均按主墙间净面积计算,与天棚相连的窗帘盒(图6-7)面积应扣除。天棚面贴墙纸工程量按相应天棚面层计算。故本例的木龙骨、三夹板面及裱糊墙纸的工程量为

木龙骨工程量 $=(4-0.12)\times3.2\times20$

$\qquad\qquad\qquad =248.32\text{m}^2$

三夹板面及裱糊墙纸面工程量 $=(4-0.2-0.12)\times3.2\times20$

$\qquad\qquad\qquad\qquad\qquad\quad =235.52\text{m}^2$

(2)过道天棚工程量。过道天棚构造与房间类似,壁橱到顶部分不做

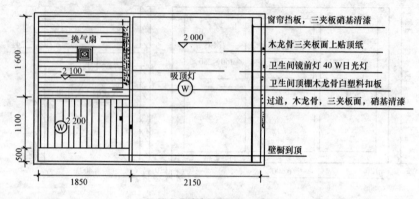

图 6-6　某宾馆标准客房吊顶

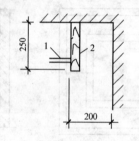

图 6-7　标准客房窗帘盒断面

1—天棚；2—窗帘盒

天棚,胶合板硝基清漆工程量按天棚面层板面积计算。则木龙骨、三夹板、硝基漆工程量为

$$(1.85-0.12)\times(1.1-0.12)\times20=33.91\text{m}^2$$

(3)卫生间天棚工程量。卫生间用木龙骨白塑料扣板吊顶,其工程量仍按实做面积计算,即:

$$(1.6-0.12)\times(1.85-0.12)\times20=51.21\text{m}^2$$

14. 什么是天棚吊顶？其作用是什么？

天棚吊顶是将装饰面板通过一定量的悬吊构件,固定在天花板上由骨架和面板所组成的天棚,简称为"吊顶"。

吊顶的作用是:美化室内环境,遮挡结构构件和各种管线;改善室内声学性能和光学性能;满足室内的保温、隔热等要求。吊顶在设计时应注意防火;协调各种管线、设备、灯具,使之成为有机整体;便于维修,便于工业化施工,避免湿作用。天棚的装饰表面与屋面板、楼板之间留有一定距离,由三个基本部分构成,即面层、天棚、骨架和吊筋。面层作用是装饰空间,常常还兼有一些特定的功能,如吸声、反射等,面层的构造设计还要结合灯具、风口布置。骨架是由主龙骨、次龙骨、格栅、格栅所形成的网架体系,其作用是承受吊天棚的荷载,并由它将这一荷载传递给屋面板、楼板、屋顶梁、屋架等部位。另一作用是用来调整、确定悬吊式天棚的空间高度,以适应不同艺术处理的需要。

15. 常见吊顶类天棚可归纳为哪几大类? 各有什么特点?

(1)平顶式:这种天棚构造单一,施工方便,表面简洁大方,整体感明快,适合于办公室、教学空间、商业空间等功能较单一的空间。

(2)灯井式:平面样式变化很多,可设计成方形、长方形、圆形、自由曲线、多边形等,如果将灯井口悬挑内藏灯光就形成反光灯槽,它主要起辅助光源的作用,使天棚照明更加柔和、均匀,而且照明艺术性较强。

(3)悬吊式:这种天棚形式应用广泛,可用于室内空间需要特殊处理的场所,也可以作为大面积的吊顶形式出现在体育场、剧院、音乐厅等文化艺术类的室内空间中,这种吊顶形式局部降低空间,形成有收有放的空间形式,并使局部形成小空间,感觉很亲切,私密性较强。

(4)井格式:从外观看,这种天棚形式节奏性强、图案性强,但由于这种天棚隐蔽工程难做或吊顶施工相对比较麻烦,所以现在采用此吊顶形式的并不多见。

16. 天棚吊顶有哪些做法?

吊天棚的做法通常是用 $\phi 4 \sim \phi 6$ 的吊筋固定天棚主搁栅,将次格栅固定在主格栅上,在次格栅下面钉板条或钢丝(板)网,而后抹灰。吊筋中距为 1.2~1.5m。格栅可以用木材制作。主格栅截面为 50mm×70mm 或 50mm×80mm,中距 1.2~1.5m,次格栅截面为 40mm×40mm,中距 400~500mm。除了用木格栅外,也可以采用薄壁型钢格栅。吊天棚的面层也可以采用胶合板、纤维板、钙塑板、石膏板等板材和制品。

17. 什么是龙骨？

龙骨是指吊顶中起连接作用的构件，它与吊杆连接，为吊杆饰面层提供安装节点。常见的不上人吊顶一般用木龙骨、轻钢龙骨和铝合金龙骨；上人吊顶的龙骨，其作用是在使用过程中，上人检查线路、管道、喷淋等设备，需承载较大重量，要用型钢轻钢承载龙骨或大断面木龙骨，因此要在龙骨上做人行通道，在吊顶上安装管道以及大型设备的龙骨，必须注意承重结构设计，以保证安全。

18. 悬吊式天棚按结构形式分为哪几种？

悬吊式天棚按其设置位置可分屋架下吊顶和混凝土板下吊顶；按其结构形式可分为活动式装配吊顶、隐蔽式装配吊顶、金属装饰吊顶、开敞式吊顶及整体式吊顶。

(1)活动式吊顶，一般和铝合金龙骨或轻钢龙骨配套使用，是将新型的轻质装饰板明摆浮搁在龙骨上，便于更换(又称明龙骨吊顶)。龙骨可以是外露的，也可以是半露的。

(2)隐蔽式吊顶，是指龙骨不外露，罩面板表面呈整体的形式(又称暗龙骨吊顶)。罩面板与龙骨的固定有三种方式：用螺钉拧在龙骨上；用胶粘剂粘在龙骨上；将罩面板加工成企口形式，用龙骨将罩面板连接成一整体。使用较多的是第一种。

(3)金属装饰板吊顶，包括各种金属条板、金属方板和金属格栅安装的吊顶。它是以加工好的金属条板卡在铝合金龙骨上，或是将金属条板、方板、格栅用螺钉或自攻螺钉将条板固定在龙骨上。这种金属板安装完毕，不需要在表面再做其他装饰。

(4)开敞式吊顶的饰面是敞开的。吊顶的单体构件，一般同室内灯光照明的布置结合起来，有的甚至全部用灯具组成吊顶，并加以艺术造型，使其变成装饰品。

19. 天棚吊顶具有怎样的构造？

天棚吊顶从它的形式来分有直接式和悬吊式两种，目前以悬吊式吊顶的应用最为广泛。悬吊式吊顶的构造主要由基层、悬吊件、龙骨和面层组成。

(1)基层为建筑物结构件，主要为混凝土楼(顶)板或屋架。

（2）悬吊件是悬吊式天棚与基层连接的构件，一般埋在基层内，属于悬吊式天棚的支承部分。其材料可以根据天棚不同的类型选用镀锌铁丝、钢筋、型钢吊杆（包括伸缩式吊杆）等，如图 6-8 所示。

（3）龙骨是固定天棚面层的构件，并将承受面层的质量传递给支承部分，如图 6-8 所示。

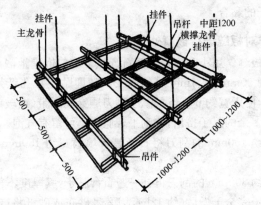

图 6-8　吊顶构造

（4）面层是天棚的装饰层，使天棚达到既具有吸声、隔热、保温、防火等功能，又具有美化环境的效果。

20. 天棚吊顶一般使用哪些材料？

（1）木龙骨。吊顶工程中使用木龙骨是传统式的做法，其所用木质龙骨材料，应按规定选材并实施在构造上的防潮处理，同时也应涂刷防腐防虫药剂。

（2）吊顶轻钢龙骨。一般可用于工业与民用建筑物的装饰、吸声天棚吊顶。

（3）铝合金龙骨。用于活动式装配吊顶的明龙骨，大部分用金属材料挤压成型，断面加工成"⊥"形式。

（4）贴塑装饰吸声板。一种复合性多功能吊顶材料，以半硬性玻棉、矿（岩）棉板为基材，表面覆贴加制凹凸花板的聚氯乙烯半硬质薄塑料装饰板而成。

21. 纸面石膏板拼接缝材料主要有哪几种？

一是嵌缝石膏粉，二是穿孔纸带。嵌缝石膏粉的主要成分是半水石膏粉加入缓凝剂等,嵌缝及填嵌钉孔等所用的石膏腻子,由嵌缝石膏粉加入适量清水(嵌缝石膏粉与水的比例为 1：0.6),静置 5～6min 后经人工或机械调制而成,调制后应放置 30min 再使用。穿孔纸带即是打有小孔的牛皮纸带,纸带上的小孔在嵌缝时可保证石膏腻子多余部分的挤出。纸带宽度为 50mm。使用时应先将其置于清水中浸湿,这样做有利于纸带与石膏腻子的黏合。

22. 怎样对板缝进行嵌填处理?

(1)清扫板缝。用小刮刀将嵌缝石膏腻子均匀饱满地嵌入板缝,并在板缝处刮涂约 60mm 宽、1mm 厚的腻子。随即贴上穿孔纸带(或玻璃纤维网络胶带),使用宽约 60mm 的腻子刮刀顺穿孔纸带(或玻纤网络胶带)方向压刮,将多余的腻子挤出,并刮平、刮实,不可留有气泡。

(2)用宽约 150mm 的刮刀将石膏腻子填满宽约 150mm 的板缝处带状部分。

(3)用宽约 300mm 的刮刀再补一遍石膏腻子,其厚度不得超出 2mm。

(4)待腻子完全干燥后(约 12h),用 2 号砂布或砂纸将嵌缝石膏腻子打磨平滑,其中间部分可略微凸起但要向两边平滑过渡。

23. 什么是格栅吊顶?

格栅吊顶是指采用格栅式单体构件做成的天棚,也称开敞式吊顶。它是在藻井式天棚的基础上,发展形成的一种独立的吊顶体系。

24. 木格栅吊顶具有哪些形式与特点?

采用木质板材组装为室内开敞式吊顶时,由于木质材料容易加工成型并方便施工,所以在小型装饰性吊顶工程中较为普遍。根据装饰意图,可以设计成各种艺术造型形式的单体构件,组合悬吊后使天棚既形成整体又不作罩面封闭,既具有独特的美观效果又可以使室内空间顶部的照明、通风和声学功能得到较好地满足与改善。其格栅式吊顶,也可以利用板块及造型体的尺寸和形状变化,组成各种图案的格栅,如均匀的方格形格栅,纵横疏密或大小尺寸规律布置的叶片形格栅(图 6-9),大小方盒子或圆盒子(或方圆结合)形单元体组成的格栅(图 6-10),以及单板与盒子体相配合组装的格栅(图 6-11)等。

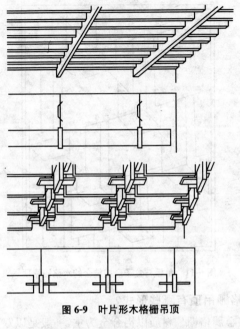

图 6-9 叶片形木格栅吊顶

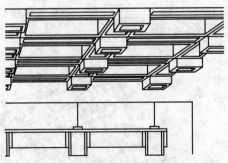

图 6-10 大小方(或圆)盒子式木格栅吊顶

　　吊顶木格栅的造型形式、平面布局图案、与天棚灯具的配合,以及所使用的木质材料品种等,均取决于装饰设计。它们可以是原木锯材,也可以是木胶合板、防火板,以及各种新型木质装饰板材。可以根据设计图纸于有关厂家订制,也可视工程需要在现场预制和加工,但所用材料应符合国家标准的相应规定。

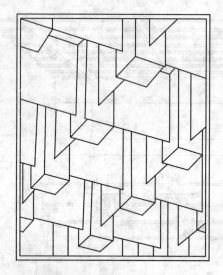

图 6-11　单板与盒子形相结合的木格栅吊顶

25. 金属格栅吊顶有哪些形式?

(1)空腹型金属格栅。材质以铝合金为主,一般是以双层 0.5mm 厚度的薄板加工而成;有的产品采用铝合金、镀锌钢板或不锈钢板的单板,施工时纵横分格安装,其单板如图6-12所示。

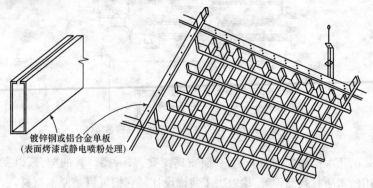

镀锌钢或铝合金单板
(表面烤漆或静电喷粉处理)

图 6-12　金属单板及其吊顶格栅示意

(2)花片型金属格栅。采用 1mm 厚度的金属板,以其不同形状及组成的图案分为不同系列,如图 6-13 所示。这种格栅吊顶在自然光或人工照明条件下,均可取得特殊的装饰效果,并具有质轻、结构简单和安装方便等优点。

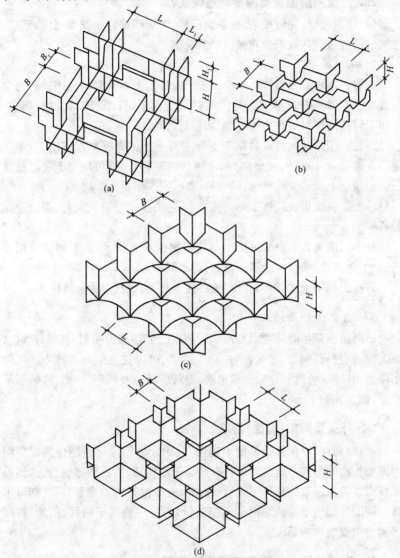

图 6-13　金属花片格栅的不同系列图形

(a)$L=170$,$L_1=80$,$B=170$,$B_1=80$,$H=50$,$H_1=25$;(b)$L=100$,$B=100$,$H=50$;

(c)$L=100$,$B=100$,$H=50$;(d)$L=150$;$B=150$,$H=50$

26. 吊顶面层固定有哪些构造做法?

(1)抹灰面层,先将板条、板条钢板网、钢板网等钉于龙骨底面,然后,在其底面抹纸筋灰或麻刀灰做面层后粉刷。

(2)板材面层。

1)钉。用铁钉或螺钉将面板固定于龙骨上。木龙骨一般用铁钉固定面板,铁钉最好转脚;型钢龙骨用螺钉固定面层,钉距视面板材料而异。适用于钉接的板材有植物板材、矿物板材、铝板等。

2)粘。用粘结剂将板材粘于龙骨底面上。矿棉吸声板可用 1:1 水泥石膏加适量 108 胶,随调随用,成团状粘贴;钙塑板可用 401 胶粘贴在石膏板基层上。若采用粘、钉结合的方式,则连接更为牢固。

3)搁。将面板直接搁于龙骨翼缘上,适用于薄壁轻钢龙骨、铝合金龙骨等。

4)卡。用龙骨本身或另用卡具将板材卡在龙骨上,这种做法常用于轻钢、型钢龙骨,板材为金属板材、石棉水泥板等。

5)挂。利用金属挂钩龙骨将板材挂于其下,板材多为金属板。

27. 什么是吊筒吊顶?

吊筒吊顶是指圆筒系以 Q235 钢板加工而成,表面喷塑,有多种颜色,该天棚具有新颖别致、艺术性好、稳定性强、可以任意组合等特点。吊筒吊顶适用于木(竹)质吊筒、金属吊筒、塑料吊筒以及圆形、矩形、扁钟形吊筒等,如图 6-14 所示。

28. 什么是网架(装饰)吊顶?

网架(装饰)吊顶是指采用不锈钢管、铜合金管等材料制作的成空间网架结构状的吊顶。这类吊顶具有造型简洁新颖、结构韵律美、通透感强等特点。若在网架的顶部铺设镜面玻璃,并于网架内部布置灯具,则可丰富天棚的装饰效果。装饰网架天棚造价较高,一般用于门厅、门廊、舞厅等需要重点装饰的部位。

29. 圆筒吊顶吊件固定有哪几种形式?

(1)楼板或梁上有预留或预埋件,吊件直接焊在预埋件上。

(2)在吊点的位置,用 $\phi 10$ 的膨胀螺栓固定铁件。

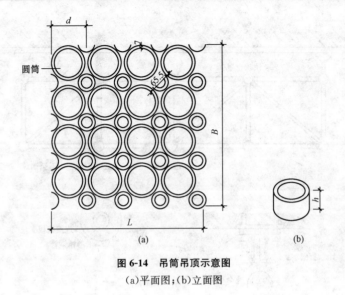

图 6-14　吊筒吊顶示意图

(a)平面图;(b)立面图

(3)用射钉固定铁件,每个铁件应用两个射钉来固定。

30. 怎样选择装饰网架杆件的组合形式? 杆件之间怎样连接?

(1)网架杆件组合形式与杆件之间的连接。由于装饰网架一般不是承重结构,所以杆件的组合形式主要根据装饰所要达到的装饰效果来设计布置。杆件之间的连接可采用类似于结构网架的节点球连接;也可直接焊接,然后再用与杆件材质相同的薄板包裹。

如图 6-15 所示为某装饰网架大样及连接节点构造。

31. 天棚吊顶包括哪些清单项目?

天棚吊顶清单项目包括天棚吊顶、格栅吊顶、吊筒吊顶、藤条造型悬挂吊顶、织物软雕吊顶、网架(装饰)吊顶。

32. 天棚吊顶清单应怎样描述项目特征? 包括哪些工程内容?

(1)天棚吊顶清单项目特征应描述的内容包括:①吊顶形式;②龙骨类型、材料种类、规格、中距;③基层材料种类、规格;④面层材料品种、规格、品牌、颜色;⑤压条材料种类、规格;⑥嵌缝材料种类;⑦防护材料种类;⑧油漆品种、刷漆遍数。

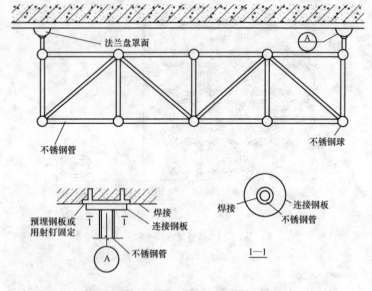

图 6-15 装饰网架大样及连接节点构造

(2)天棚吊顶清单项目所包括的工程内容有:①基层清理;②龙骨安装;③基层板铺贴;④面层铺贴;⑤嵌缝;⑥刷防护材料、油漆。

33. 天棚吊顶清单工程量如何计算?

天棚吊顶清单工程量按设计图示尺寸以水平投影面积计算。天棚面中的灯槽及跌级、锯齿形、吊挂式、藻井式天棚面积不展开计算。不扣除间壁墙、检查口、附墙烟囱、柱垛和管道所占面积,扣除单个 $0.3m^2$ 以外的孔洞、独立柱及与天棚相连的窗帘盒所占的面积。

34. 格栅吊顶清单应怎样描述项目特征? 包括哪些工程内容?

(1)格栅吊顶清单项目特征应描述的内容包括:①龙骨类型、材料种类、规格、中距;②基层材料种类、规格;③面层材料品种、规格、品牌、颜色;④防护材料种类;⑤油漆品种、刷漆遍数。

(2)格栅吊顶清单项目所包括的工程内容有:①基层清理;②底层抹灰;③安装龙骨;④基层板铺贴;⑤面层铺贴;⑥刷防护材料、油漆。

35. 格栅吊顶清单工程量如何计算？

格栅吊顶清单工程量按设计图示尺寸以水平投影面积计算。

36. 吊筒吊顶清单应怎样描述项目特征？包括哪些工程内容？

(1)吊筒吊顶清单项目特征应描述的内容包括：①底层厚度、砂浆配合比；②吊筒形状、规格、颜色、材料种类；③防护材料种类；④油漆品种、刷漆遍数。

(2)吊筒吊顶清单项目所包括的工程内容有：①基层清理；②底层抹灰；③吊筒安装；④刷防护材料、油漆。

37. 吊筒吊顶清单工程量如何计算？

吊筒吊顶清单工程量按设计图示尺寸以水平投影面积计算。

38. 藤条造型悬挂吊顶清单应怎样描述项目特征？包括哪些工程内容？

(1)藤条造型悬挂吊顶清单项目特征应描述的内容包括：①底层厚度、砂浆配合比；②骨架材料种类、规格；③面层材料品种、规格、颜色；④防护层材料种类；⑤油漆品种、刷漆遍数。

(2)藤条造型悬挂吊顶清单项目所包括的工程内容有：①基层清理；②底层抹灰；③龙骨安装；④铺贴面层；⑤刷防护材料、油漆。

39. 藤条造型悬挂吊顶清单工程量如何计算？

藤条造型悬挂吊顶清单工程量按设计图示尺寸以水平投影面积计算。

40. 织物软雕吊顶清单应怎样描述项目特征？包括哪些工程内容？

(1)织物软雕吊顶清单项目特征应描述的内容包括：①底层厚度、砂浆配合比；②骨架材料种类、规格；③面层材料品种、规格、颜色；④防护层材料种类；⑤油漆品种、刷漆遍数。

(2)织物软雕吊顶清单项目所包括的工程内容有：①基层清理；②底层抹灰；③龙骨安装；④铺贴面层；⑤刷防护材料、油漆。

41. 织物软雕吊顶清单工程量如何计算?

织物软雕吊顶清单工程量按设计图示尺寸以水平投影面积计算。

42. 网架(装饰)吊顶清单应怎样描述项目特征? 包括哪些工程内容?

(1)网架(装饰)吊顶清单项目特征应描述的内容包括:①底层厚度、砂浆配合比;②面层材料品种、规格、颜色;③防护材料品种;④油漆品种、刷漆遍数。

(2)网架(装饰)吊顶清单项目所包括的工程内容有:①基层清理;②底层抹灰;③面层安装;④刷防护材料、油漆。

43. 网架(装饰)吊顶清单工程量如何计算?

网架(装饰)吊顶清单工程量按设计图示尺寸以水平投影面积计算。

【例 6-5】 小型酒吧间吊顶如图 6-16 所示,试求其吊顶清单工程量。

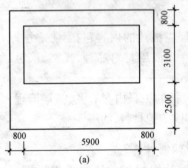 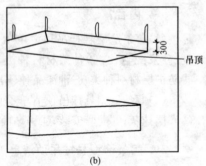

图 6-16　小型酒吧吊顶示意图

(a)平面图;(b)立面示意图

【解】 天棚吊顶工程量按设计图示尺寸以水平投影面积计算,扣除单个面积在 $0.3m^2$ 以外的孔洞及独立柱、天棚相连的窗帘盒所占的面积,不扣除间壁墙、柱垛、管道、检查口等所占面积,也不展开天棚面中的灯槽及跌级、吊挂式、锯齿形式天棚面积。

小型酒吧吊顶工程量 $= 5.9 \times 3.1 = 18.29m^2$

天棚吊顶清单工程量见表 6-3。

表 6-3　　　　　　　　　　　天棚吊顶清单工程量表

项目编码	项目名称	项目特征描述	计量单位	工程量
020302001001	天棚吊顶	天棚吊顶	m²	18.29

44. 天棚对剖圆木楞定额包括哪些工作内容？

天棚对剖圆木楞定额中圆木天棚龙骨分搁在砖墙上、吊在梁下或板下，主楞跨度有 3m 以内和 4m 以内两种，共列 4 个项目。其工作内容包括：定位、弹线、选料、下料、制安、吊装及刷防腐油等。

45. 天棚方木楞定额包括哪些工作内容？

天棚方木楞定额项目共列 5 个子目，其工作内容包括：

(1)制作、安装木楞(包括检查孔)。

(2)搁在砖墙及吊在屋架上的楞头、木砖刷防腐油。

(3)混凝土梁下、板下的木楞刷防腐油。

46. 天棚轻钢龙骨定额包括哪些工作内容？

天棚轻钢龙骨定额项目范围包括不上人型装配式 U 型轻钢天棚龙骨、上人型装配式 U 型轻钢天棚龙骨两种形式，其工作内容包括：

(1)吊件加工、安装。

(2)定位、弹线、射钉。

(3)选料、下料、定位杆控制高度、平整、安装龙骨及横撑附件、孔洞预留等。

(4)临时加固、调整、校正。

(5)灯箱风口封边、龙骨设置。

(6)预留位置、整体调整。

47. 天棚铝合金龙骨定额包括哪些工作内容？

天棚铁合金龙骨共列 51 个子目，其工作内容包括：

(1)定位、弹线、射钉、膨胀螺栓及吊筋安装。

(2)选料、下料组装、吊装。

(3)安装龙骨及横撑、临时固定支撑。

(4)预留孔洞，安、封边龙骨。

(5)调整、校正。

48. 天棚面层定额包括哪些工作内容？

天棚面层包括板条、薄板、胶合板、埃特板、塑料板、钢板网、铝板网、石膏板、隔音板等 25 种面层材料，共列 32 个子目，其工作内容主要包括：安装天棚面层、玻璃磨砂打边。

49. 天棚龙骨定额工程量如何计算？

各种吊顶天棚龙骨按主墙间净空面积计算，不扣除间壁墙、检查口、附墙烟囱、柱、垛和管道所占面积。但天棚中的折线、跌落等圆弧形，高低吊灯槽等面积也不展开计算。

【例 6-6】 试计算图 6-17 所示天棚吊顶定额工程量。

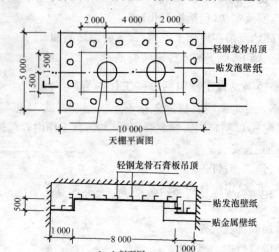

图 6-17 某天棚吊顶工程

【解】 天棚吊顶工程量＝主墙间净长度×主墙间净宽度－独立柱及
　　　　　　相连窗帘盒等所占面积
　　　　　　＝10×5＝50m²

【例 6-7】 预制钢筋混凝土板底吊不上人型装配式 U 型轻钢龙骨，间距 450mm×450mm，龙骨上铺钉中密度板，面层粘贴 6m 厚铝塑板，尺寸如图 6-18 所示，计算天棚吊顶定额工程量。

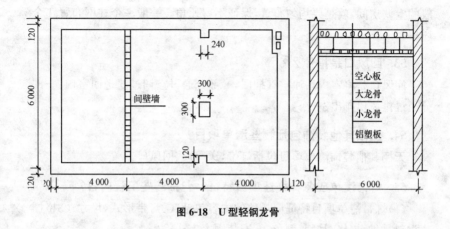

图 6-18　U 型轻钢龙骨

【解】　天棚吊顶工程量＝主墙间的净长度×主墙间的净宽度－独立
　　　　　柱及相连窗帘盒等所占面积
　　　　　＝(12－0.24)×(6－0.24)－0.30×0.30
　　　　　＝67.65m²

50. 灯带是指什么？

灯带是指把 LED 灯用特殊的加工工艺焊接在铜线或者带状柔性线路板上面,再连接上电源发光,因其发光时形状如一条光带而得名。

51. 灯带有哪些特征？

(1)柔软:能像电线一样卷曲。

(2)能够剪切和延接。

(3)灯泡与电路被完全包覆在柔性塑料中,绝缘、防水性能好,使用安全。

(4)耐气候性强。

(5)不易破裂、使用寿命长。

(6)易于制作图形、文字等造型。

52. 送风口应怎样布置？

送风口的布置应根据室内温湿度精度、允许风速并结合建筑物的特点、内部装修、工艺布置、及设备散热等因素综合考虑。具体来说:对于一般的空调房间,就是要均匀布置,保证不留死角。一般一个柱网布置 4 个风口。

53. 回风口是指什么?

回风口是将室内污浊空气抽回,一部分通过空调过滤送回室内,一部分通过排风口排出室外。

54. 天棚其他装饰包括哪些清单项目?

天棚其他装饰清单项目包括灯带,送风口、回风口。

55. 灯带清单应怎样描述项目特征? 包括哪些工程内容?

(1)灯带清单项目特征应描述的内容包括:①灯带形式,尺寸;②格栅片材料品种、规格、品牌、颜色;③安装固定方式。

(2)灯带清单项目所包括的工程内容有:安装、固定。

56. 灯带清单工程量如何计算?

灯带清单工程量按设计图示尺寸以框外围面积计算。

57. 送风口、回风口清单应怎样描述项目特征? 包括哪些工程内容?

(1)送风口、回风口清单项目特征应描述的内容包括:①风口材料品种、规格、品牌、颜色;②安装固定方式;③防护材料种类。

(2)送风口、回风口清单项目所包括的工程内容有:①安装、固定;②刷防护材料。

58. 送风口、回风口清单工程量如何计算?

送风口、回风口清单工程量按设计图示数量计算。

59. 装饰面板有哪些种类?

装饰面板有各种人造板和金属板之分。

(1)人造板包括石膏板、矿棉吸声板、各种穿孔板和纤维水泥板等。其中石膏板按所使用石膏的结晶形式可以分为 α 型石膏和 β 型石膏,我国建筑装饰石膏制品多为 β 型石膏。石膏板按其表面的装饰方法、花型和功能的分类如图 6-19 所示。

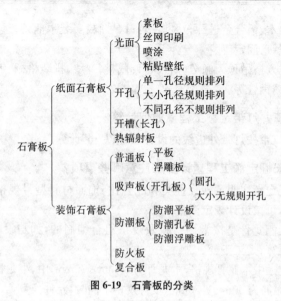

图 6-19 石膏板的分类

（2）金属面板包括铝板、铝合金型板、彩色涂层薄钢板和不锈钢板等。金属面板靠螺钉、自攻螺钉或膨胀铆钉或专用卡具固定于吊顶的金属龙骨上。

60. 天棚龙骨及饰面定额包括哪些工作内容？

龙骨及饰面定额项目主要有铝栅假天棚、雨篷底吊铝骨架铝条天棚、铝合金扣板雨篷、铝结构中空玻璃等采天棚、钢结构中空玻璃采光天棚及钢结构钢化玻璃采光天棚，共列 6 个子目。其主要工作内容包括以下内容。

（1）铝栅假天棚、雨篷底吊铝骨架铝条、天棚、铝合金扣板雨篷：定位、弹线、选料、下料、安装龙骨、拼装或安装面层等。

（2）铝结构中空玻璃采光天棚、钢结构中空玻璃采光天棚、钢结构钢化玻璃采光天棚：定位、弹线、选料、下料、安装骨架、放胶垫、装玻璃、上螺栓。

61. 送（回）风口定额包括哪些工作内容？

送（回）风口定额项目包括柚木送（回）风口、铝合金送（回）风口、木方格吊顶天棚，共列 5 个子目其工作内容包括。

(1)柚木、铝合金送(回)风口:对口、号眼、安装木框条、过滤网及风口校正、上螺钉、固定等。

(2)木方格吊顶天棚送(回)风口:截料、弹线、拼装格栅、钉铁钉、安装铁钩及不锈钢管等。

62. 藻井灯带定额工程量如何计算?

藻井灯带按灯带外边线的设计尺寸以"m"计算。

63. 天棚定额工程量计算应注意哪些事项?

(1)凡定额注明了砂浆种类和配合比、饰面材料型号规格的,如与设计不同时,可按设计规定调整。

(2)天棚龙骨是按常用材料及规格组合编制的,如与设计规定不同时,可以换算,人工不变。

(3)定额中木龙骨规格,木龙骨为 50mm×70mm,中、小龙骨为 50mm×50mm,木吊筋为 50mm×50mm,设计规格不同时,允许换算,人工及其他材料不变。允许换算是指大龙骨和中小龙骨,木吊筋用量与规格无关,不应换算。

(4)天棚面层在同一标高者为一级天棚;天棚面层不在同一标高者,且高差在 200mm 以上者为二级或三级天棚。

(5)天棚骨架、天棚面层分别列项,按相应项目配套使用。对于二级或三级以上造型的天棚,其面层人工乘以系数 1.3。

(6)吊筋安装,如在混凝土板上钻眼、挂筋者,按相应项目每 100m² 增加人工 3.4 工日;如在砖墙上打洞搁放骨架者,按相应天棚项目 100m² 增加人工 1.4 工日。上人型天棚骨架吊筋为射钉者,每 100m² 减少人工 0.25 工日,吊筋 3.8kg;增加钢板 27.6kg,射钉 585 个。

(7)装饰天棚项目已包括 3.6m 以下简易脚手架搭设及拆除。

64. 天棚面装饰定额工程量如何计算?

(1)天棚装饰面积,按主墙间实铺面积以 m² 计算,不扣除间壁墙、检查口、附墙烟囱、附墙垛和管道所占面积,应扣除独立柱及与天棚相连的窗帘盒所占的面积。

(2)天棚中的折线、跌落等圆弧形、拱形,高低灯槽及其他艺术形式的天棚面层均按展开面积计算。

【例6-8】 某宾馆卫生间吊 T 形铝合金龙骨,双层(300mm×300mm)不上人一级天棚,上搁 18mm 厚矿棉板,每间 6m²,共 35 间,计算天棚定额工程量。

【解】 天棚吊顶工程量＝主墙间的净长度×主墙间的净宽度－独立柱及相连窗帘盒等所占面积

$$=6×35=210.00m^2$$

【例6-9】 某房间开间 3.6m,进深 5.4m,采用 U 型轻钢吊顶龙骨骨架,500mm×500mm×9mm 浮雕石膏板天棚面,其布置形式如图 6-20 所示,试确定龙骨骨架材料用量。

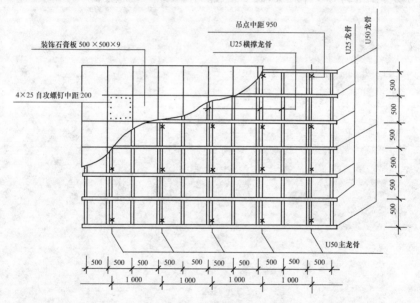

图 6-20 某房间吊顶龙骨布置图

【解】 根据图 6-20 的布置:

U50 主龙骨用量　　$L_{龙骨大}=5×3.36×(1+6\%)=17.81m$

U50 中龙骨用量　　$L_{龙骨中}=3×5.16×(1+6\%)=16.41m$

U25 小龙骨用量　　$L_{龙骨小}=4×5.16×(1+6\%)=21.88m$

U50 横撑龙骨用量　$L_{龙骨中横}=4×3.36×(1+6\%)=14.25m$

U25 横撑龙骨用量　　$L_{龙骨小横}=5\times3.36\times(1+6\%)=17.81\text{m}$

龙骨配件用量：

吊件	$n_{吊}=4\times5=20$ 个
U50 挂件	$n_{挂1}=5\times3=15$ 个
U25 挂件	$n_{挂2}=5\times4=20$ 个
U50 支托	$n_{支1}=7\times4\times2=56$ 个
U25 支托	$n_{支2}=7\times5\times2=70$ 个

主龙骨按设计下料，没有接头，故无需连接件。U50 中龙骨和 U25 小龙骨每根考虑一个接头，故 U50 接插件为 3 个，U25 接插件为 4 个。

第七章

·门窗工程计量与计价·

1. 什么是门?

门是指安装在建筑物出入口能开关的装置。

2. 门有哪些分类?

门按开启方式可分为推拉门、弹簧门、平开门、折叠门、转门等。

按材料可分为木门、钢门、铝合金门、塑料门。

按门扇又可分玻璃门、镶板门、夹板门、百叶门和纱门等。

按用途可分为普通门、保温门、隔音门、防火门等。

3. 什么是镶木板门?

镶木板门是指门芯板镶进门边和冒头槽内的木制门,一般设有三根冒头或一、二根冒头,多用于住宅的分户门和内门。有带亮子和不带亮子之分,如图 7-1 所示。

4. 什么是企口木板门?

企口木板门是指门芯板拼接面呈凸凹形的木制门。

5. 实木装饰门有哪些种类?

实木装饰门分为双扇切片板装饰门和单扇木骨架木板装饰门。双扇切片板装饰门,木骨架上夹板衬底,双面切片板面,实木收边。单扇木骨架木板装饰门,双面做木装饰线、实木收边。

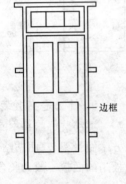

图 7-1 镶木板门

6. 现代常见实体装饰门有哪些类型?

现代常见实体装饰门分为镶板式门扇、蒙板式门扇。

(1)镶板式。这种门扇是做好门扇框后,将门板嵌入门扇框上的凹槽中。门扇梃与冒头的连接,是在门扇梃上打眼。门扇梃与上冒头、中冒头、下冒头的连接构造,在门扇梃和冒头上开出宽为门板厚度的凹槽,再将门芯板嵌入槽中。

(2)蒙板式。这种门扇是做好门扇框后,两面蒙上胶合板。立柱与横撑的连接采用单榫结构。如门扇高度尺寸不大,也可用钉胶结合的连接方法。

7. 什么是胶合板门?

胶合板门亦称夹板门,指中间为轻型骨架,一般用厚 32～35mm,宽 34～60mm 做框,内为格形肋条,双面镶贴薄板的门,也有胶合板门上做小玻璃窗和百叶窗的,如图 7-2 所示。

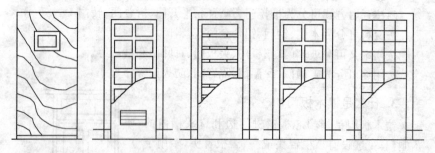

图 7-2　胶合板门

8. 什么是夹板装饰门?

夹板装饰门是中间为轻型骨架双面贴薄板的门。夹板门采用较小的方木做骨架,双面粘贴薄板,四周用小木条镶边,装门锁处另加附加木,夹板门的面板一般为胶合板、硬质纤维板或塑料板,用胶结材料双面胶结。

9. 夹板门构造应注意哪些问题?

(1)胶合板不能胶至外框边,因经常碰撞,容易撕裂。

(2)装门锁、铰链处,框料应另加宽,一般另钉木条。

(3)保持门扇内部干燥,可做透气孔贯穿上下框格,孔径为 9mm。

10. 什么是防火门?

防火门是指设置在容易发生火灾的厂房、实验室、仓库等房屋的门,多用不易燃材料制作,如图 7-3 所示。

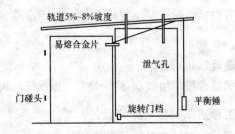

图 7-3　防火门

11. 防火门按耐火极限可分为哪些等级?

按国际 ISO 标准有甲、乙、丙三个等级:甲级门的耐火极限为 1.2h,乙级门的耐火极限为 0.9h,丙级门的耐火极限为 0.6h。

12. 什么是连窗门?

连窗门是指带有窗的门,一般用于阳台。居住建筑的阳台门常做成带耳窗的门,是窗和门的一种组合,这种门一般都带有亮子,门的上槛与耳窗的上槛平齐,门与窗在中间共用一个门框,称连窗门。如图 7-4 所示。

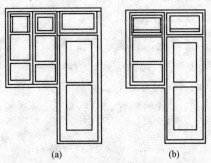

(a)　　　　　　　　　　(b)

图 7-4　门连窗的形式

13. 什么是木板平开大门?

木板平开大门是指作为交通及疏散用的大门。这种门多用于公共建筑、仓库等。一般为双扇,高度按需要尺寸定,无下槛,也叫扫地门。

14. 什么是木板推拉大门?

木板推拉大门也称扯门,在门洞上、下装有轨道,可左右滑行,既可单扇,也可双扇,开启后的门扇有放在夹墙内的,也有靠墙的,优点是占地面积小。

15. 什么是纤维板门?

纤维板门同胶合板门相似,不同的是双面镶贴纤维板。

16. 门窗工程清单项目应如何设置?

门窗工程项目工程量清单项目设置共分为:木门、金属门、金属卷帘门、其他门、木窗、金属窗、门窗套、窗帘盒、窗帘轨、窗台板九项。门窗工程工程量清单的一级编码为 02(清单计价规范附录 B);二级编码 04(清单计价规范第四章门窗工程);三级编码 01~09(从木门至窗台板);四级编码从 001 始,根据各项目所含的清单项目不同,依次递增。上述这九位为全国统一编码,编制分部分项工程量清单时应按附录中的相应编码设置,不得变动。五级编码为三位数,是清单项目名称编码,由清单编制人根据设置的清单项目编制。

17. 木门包括哪些清单项目?

木门清单项目包括镶板木门、企口木板门、实木装饰门、胶合板门、夹板装饰门、木质防火门、木纱门、连窗门。

18. 镶板木门清单应怎样描述项目特征? 包括哪些工程内容?

(1)镶板木门清单项目特征应描述的内容包括:

①门类型;②框截面尺寸、单扇面积;③骨架材料种类;④面层材料品种、规格、品牌、颜色;⑤玻璃品种、厚度、五金材料、品种、规格;⑥防护层材料种类;⑦油漆品种、刷漆遍数。

(2)镶板木门清单项所包括的工程内容有①门制作、运输、安装;②五金、玻璃安装;③刷防护材料、油漆。

19. 镶板木门清单工程量如何计算?

镶板木门清单工程量按设计图示数量或设计图示洞口尺寸以面积计算。

【例 7-1】 某门窗工程,门为无亮双扇无纱镶板门(30 樘),其洞口尺寸如图 7-5 所示,门安装普通门锁,木门用普通杉木贴面(单面),贴脸宽度 100mm,计算其清单工程量。

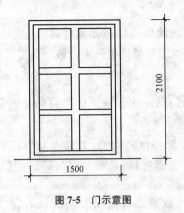

图 7-5　门示意图

【解】　镶板木门清单工程量按设计图示数量或设计图示洞口尺寸以面积计算。

镶板木门工程量＝30 樘

或　　　　　　　　　＝2.1×1.5×30

　　　　　　　　　　＝94.5m²

镶板木门清单工程量见表 7-1。

表 7-1　　　　　　　　　　镶板木门清单工程量表

序号	项目编码	项目名称	项目特征描述	计量单位	工程量
1	020401001001	镶板木门	无亮双扇无纱镶板门，门洞口尺寸 2.1m×1.5m，共 30 樘，门安装普通门锁，用普通杉木贴面（单面），贴脸宽度 100mm	樘(m²)	30(94.5)

20. 企口木板门清单应怎样描述项目特征？包括哪些工程内容？

(1)企口木板门清单项目特征应描述的内容包括：①门类型；②框截面尺寸、单扇面积；③骨架材料种类；④面层材料品种、规格、品牌、颜色；⑤玻璃品种、厚度、五金材料、品种、规格；⑥防护层材料种类；⑦油漆品种、刷漆遍数。

(2)企口木板门清单项目所包括的工程内容有：①门制作、运输、安装；②五金、玻璃安装；③刷防护材料、油漆。

21. 企口木板门清单工程量如何计算?

企口木板门清单工程量按设计图示数量或设计图示洞口尺寸以面积计算。

22. 实木装饰门清单应怎样描述项目特征? 包括哪些工程内容?

(1)实木装饰清单项目特征应描述的内容包括:①门类型;②框截面尺寸、单扇面积;③骨架材料种类;④面层材料品种、规格、品牌、颜色;⑤玻璃品种、厚度、五金材料、品种、规格;⑥防护层材料种类;⑦油漆品种、刷漆遍数。

(2)实木装饰门清单项目所包括的内容有:①门制作、运输、安装;②五金、玻璃安装;③刷防护材料、油漆。

23. 实木装饰门清单工程量如何计算?

实木装饰门清单工程量按设计图示数量或设计图示洞口尺寸以面积计算。

【例 7-2】 实木装饰门如图 7-6 所示,共 6 樘,试求其清单工程量。

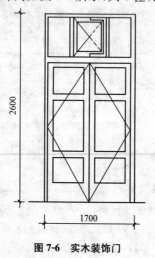

2600

1700

图 7-6 实木装饰门

【解】 实木装饰门清单工程量按设计图示数量或设计门洞口面积以平方米(m²)计算,则实木装饰门工程量:

实木装饰门工程量＝6 樘

或 ＝1.7×2.6×6

＝26.52m²

实木装饰门清单工程量见表 7-2。

表 7-2 实木装饰门清单工程量表

项目编码	项目名称	项目特征描述	计量单位	工程量
020401003001	实木装饰门	门洞口尺寸 1700mm ×2600mm	樘(m²)	6(26.52)

24. 胶合板门清单应怎样描述项目特征？包括哪些工程内容？

(1)胶合板门清单项目特征应描述的内容包括：①门类型；②框截面尺寸、单扇面积；③骨架材料种类；④面层材料品种、规格、品牌、颜色；⑤玻璃品种、厚度、五金材料、品种、规格；⑥防护层材料种类；⑦油漆品种、刷漆遍数。

(2)胶合板门清单项目所包括的工程内容有：①门制作、运输、安装；②五金、玻璃安装；③刷防护材料、油漆。

25. 胶合板门清单工程量如何计算？

胶合板门清单工程量按设计图示数量或设计图示洞口尺寸以面积计算。

【例 7-3】 求如图 7-7 所示的双扇有亮无纱胶合板门清单工程量(共8 樘)。

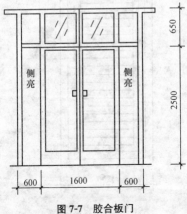

图 7-7 胶合板门

【解】 胶合板工程量=(2.5+0.65)×(1.6+0.6×2)×8=70.56m²

或 =8 樘

胶合板门清单工程量见表 7-3。

表 7-3 胶合板门清单工程量表

项目编码	项目名称	项目特征描述	计量单位	工程量
020401004001	胶合板门	双扇有亮无纱胶合板门,洞口尺寸为 3150mm×2800mm	樘(m²)	8(70.56)

26. 夹板装饰门清单应怎样描述项目特征? 包括哪些工程内容?

(1)夹板装饰门清单项目特征应描述的内容包括:①门类型;②框截面尺寸、单扇面积;③骨架材料种类;④防火材料种类;⑤门纱材料品种、规格;⑥面层材料品种、规格、品牌、颜色;⑦玻璃品种、厚度、五金材料、品种、规格;⑧防护材料种类;⑨油漆品种、刷漆遍数。

(2)夹板装饰门清单项目所包括的工程内容有:①门制作、运输、安装;②五金、玻璃安装;③刷防护材料、油漆。

27. 夹板装饰门清单工程量如何计算?

夹板装饰门清单工程量按设计图示数量或设计图示洞口尺寸以面积计算。

【例 7-4】 求如图 7-8 所示夹板门清单工程量。

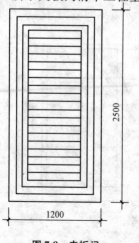

图 7-8 夹板门

【解】 夹板装饰工程量＝1.2×2.5＝3.00m²

或 ＝1樘

夹板装饰门清单工程量见表7-4。

表 7-4 夹板装饰门清单工程量表

项目编码	项目名称	项目特征描述	计量单位	工程量
020401005001	夹板装饰门	夹板门,洞口尺寸为1200mm×2500mm	樘(m²)	1(3.00)

28. 木质防火门如何制作？

木质防火门的材料多选用云杉,也有采用胶合板等人造板,经化学阻燃处理制成,其填芯材料及五金件均与钢质防火门相同。木质防火门的加工工艺与普通木门相似,制作与安装要求不高,故而造价低廉,具有较广泛的实用性。

29. 木质防火门清单应怎样描述项目特征？包括哪些工程内容？

(1)木质防火门清单项目特征应描述的内容包括：①门类型；②框截面尺寸、单扇面积；③骨架材料种类；④防火材料种类；⑤门纱材料品种、规格；⑥面层材料品种、规格、品牌、颜色；⑦玻璃品种、厚度、五金材料、品种、规格；⑧防护材料种类；⑨油漆品种、刷漆遍数。

(2)木质防火门清单项目所包括的工程内容有：①门制作、运输、安装；②五金、玻璃安装；③刷防护材料、油漆。

30. 木质防火门清单工程量如何计算？

木质防火门清单工程量按设计图示数量或设计图示洞口尺寸以面积计算。

31. 木纱门清单应怎样描述项目特征？包括哪些工程内容？

(1)木纱门清单项目特征应描述的内容包括：①门类型；②框截面尺寸、单扇面积；③骨架材料种类；④防火材料种类；⑤门纱材料品种、规格；⑥面层材料品种、规格、品牌、颜色；⑦玻璃品种、厚度、五金材料、品种、规格；⑧防护材料种类；⑨油漆品种、刷漆遍数。

(2)木纱门清单项目所包括的工程内容有：①门制作、运输、安装；②五金、玻璃安装；③刷防护材料、油漆。

32. 木纱门清单工程量如何计算？

木纱门清单工程量按设计图示数量或设计图示洞口尺寸以面积计算。

33. 连窗门清单应怎样描述项目特征？包括哪些工程内容？

（1）连窗门清单项目特征应描述的内容包括：①门窗类型；②框截面尺寸、单扇面积；③骨架材料种类；④面层材料品种、规格、品牌、颜色；⑤玻璃品种、厚度、五金材料、品种、规格；⑥防护材料种类；⑦油漆品种、刷漆遍数。

（2）连窗门清单项目所包括的工程内容有：①门制作、运输、安装；②五金、玻璃安装；③刷防护材料、油漆。

34. 连窗门清单工程量如何计算？

连窗门清单工程量按设计图示数量或设计图示洞口尺寸以面积计算。

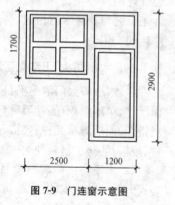

图 7-9　门连窗示意图

【例 7-5】　如图 7-9 所示门连窗，试求其清单工程量。

【解】　门连窗工程量 $= 2.9 \times 1.2 +$
$$1.7 \times 2.5$$
$$= 7.73 \text{m}^3$$
或　　　　　　$= 1$ 樘

门窗清单工程量见表 7-5。

表 7-5　　　　　　　　　　门窗清单工程量表

序号	项目编码	项目名称	项目特征描述	计量单位	工程量
1	020401008001	连窗门	门洞口尺寸为 1200mm × 2800mm，窗洞口尺寸 2500mm×1700mm	樘（m²）	1(7.73)

35. 木门由哪些部分组成？

门是由门框（门樘）和门扇两部分组成的。当门的高度超过 2.1m 时，还要增加门上窗（又称亮子或么窗）；门的各部分名称如图 7-10 所示。各种门的门框构造基本相同，但门扇却各不一样。

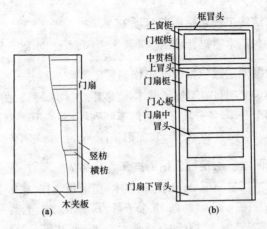

图 7-10　门的构造形式
(a)蒙板门；(b)镶板门

36. 镶板门、胶合板门定额包括哪些工作内容？

镶板门、胶合板门定额项目范围包括各种带纱、无纱、单扇、双扇、有亮、无亮镶板门和胶合板门的制作和安装，共列 72 个子目。其工作内容包括：

(1)制作安装门框、门扇及扇子、刷防亮油。装配亮子玻璃及小五金。

(2)制作安装纱门窗、纱亮子、钉铁纱。

37. 厂库房大门、特种门定额包括哪些工作内容？

厂库房大门包括木板大门、平开钢木大门(分一面板和两面板)、推拉钢木大门(分一面板和两面板)3 个分项列 20 个子目；特种门包括冷藏库门、冷藏冷冻间门、防火门、保温门、变电室门及折叠门 6 个分项列 17 个子目。其工作内容包括：

(1)制作安装门扇、装配玻璃及五金零件、固定铁脚、制作安装便门扇。

(2)铺油毡和毛毡、安密缝条。

(3)制作安装门樘框架和筒子板、刷防腐油。

定额不包括固定铁件的混凝土垫块及门樘或梁柱内的预埋铁件。

38. 木结构工程包括哪些分项？

木结构包括木屋架、屋面木基层、木楼梯、木柱、木梁等分项。

39. 木屋架定额包括哪些工作内容？

木屋架定额项目范围包括圆木木屋架、方木木屋架、圆木钢屋架、方木钢屋架四个分项，各分项又按跨度不同列项，共列 10 个子目，其工作内容包括：屋架制作、拼装、安装、装配钢铁件、锚定、梁端刷防腐油。

40. 屋面木基层定额包括哪些工作内容？

屋面木基层定额项目范围包括檩木、屋面板制作、檩木上钉椽子与挂瓦条、封檐板、博风板等，共列 13 个子目，其工作内容包括：

(1)制作安装檩木、檩托木(或垫木)，伸入墙内部分及垫木刷防腐油。

(2)屋面板制作。

(3)檩木上钉屋面板。

(4)檩木上钉椽板。

41. 木楼梯、木柱、木梁定额包括哪些工作内容？

木楼梯、木柱、木梁定额项目范围包括木楼梯水平投影面积、圆(方)木柱、圆(方)木梁等，共列 7 个子目，其工作内容包括：

(1)制作：放样、选料、运料、錾剥、刨光、划绕、起线、凿眼、挖底拔灰、锯榫。

(2)安装：安装、吊线、校正、临时支撑、伸入墙内部分刷水柏油。

42. 木结构工程其他项目定额包括哪些工作内容？

木结构工程其他定额项目范围包括门窗贴脸、坡水条、盖口条、暖气罩(明式)、木搁板、木格踏板等，共列 6 个子目，其工作内容包括制作及安装。

43. 门窗制作安装定额工程量如何计算？

各类门、窗制作、安装工程量均按门、窗洞口面积计算。

(1)门、窗盖口条、贴脸、披水条，按图示尺寸以延米计算，执行木装修项目。

(2)普通窗上部带有半圆窗的工程量应分别按半圆窗和普通窗计算。

其分界线以普通窗和半圆窗之间的横框上裁口线为分界线。

(3)门窗扇包镀锌铁皮,按门、窗洞口面积以平方米计算;门窗框包镀锌铁皮、钉橡皮条、钉毛毡按图示门窗洞口尺寸以延米计算。

44. 什么是铝合金门窗?

铝合金门窗是用铝合金的型材,经过生产加工制成门窗框料构件,再与连接件、密封件、开闭五金件一起组合装配而成的轻质金属门窗。

45. 铝合金门窗的特点有哪些?

铝合金门窗轻质高强,具有良好的气密性和水密性,隔声、隔热、耐腐蚀性都较普通钢、木门有显著的提高,对有隔音、保温、防尘特殊要求的建筑以及多风沙、多暴雨、多腐蚀性气体环境地区的建筑尤为适用。经阳极氧化和封孔处理后的铝合金型材呈银白色金属光泽,不需要涂漆,不褪色,不需要经常维修保护,还可以通过表面着色和涂膜处理获得多种色彩和花纹,具有良好的装饰效果。

46. 什么是铝合金平开门?

铝合金平开门是指一种靠平开方式关闭或开启的铝合金门。

47. 什么是金属地弹门?

金属地弹门是弹簧门的一种(图7-11)。弹簧门是开启后会自动关闭的门。弹簧门一般装有弹簧铰链(合页),常用的弹簧铰链有单面弹簧、双面弹簧和地弹簧。单(双)面弹簧铰链装在门扇边梃下方的地面内。门扇下方安装弹簧框架,内有座套,套在底板的地轴上。在门扇上部也安装有定轴和定轴套板,门扇可绕轴转动。当门窗开启角度小于90°时,可使门保持不关闭。地弹门根据其组扇形式的不同分为单扇、双扇、四扇、双扇全玻等形式,可带有侧亮和上亮。上亮指的是门上面的玻璃窗;侧亮指双扇门两边不能开启的固定玻璃门窗。

48. 铝合金地弹平开门具有哪些特点? 适用什么场所?

铝合金地弹平开门也称地弹掩门,它外形美观豪华,采光好,能展示室内的活动,开启灵活,密封性能好,多适用于商场、宾馆大门、银行等公共场合适用。

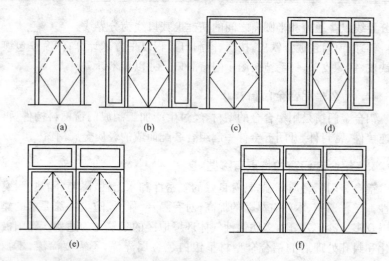

图 7-11　铝合金地弹门形式

49. 地弹门有哪些类型？

按门扇的数量,地弹门分为单扇地弹门、双扇地弹门和四扇地弹门;按材质分为铝合金地弹门、不锈钢地弹门和全玻璃地弹门。

50. 什么是地脚？

地脚即地脚螺栓,是把构件等紧紧固定在基础上用的螺栓。

51. 什么是彩板门？

彩板门简称彩板钢门,是以冷轧钢板或镀锌钢板为基材,通过连续式表面涂层或压膜处理,从而获得具有良好的防腐能力、优异的与基材粘接能力且富有装饰色彩的新型钢门。

52. 彩板门由哪些材料构成？

涂色镀锌钢板门,又称彩板组角钢门,是用涂色镀锌钢板制作的一种彩色金属门。

原材料是合金化镀锌卷板,双面锌层厚度 $180\sim220g/m^2$,经 $180°$ 弯折,锌层不脱落。镀锌卷板经过脱脂、化学辊涂预处理后,辊涂环氧底漆、聚酯面漆和罩光漆,漆层与基板结合牢固。颜色有红、绿、棕、蓝、乳白等几种。

53. 彩板门的种类和规格有哪些？

(1)平开彩板门(图 7-12)：有单扇和双扇之分。

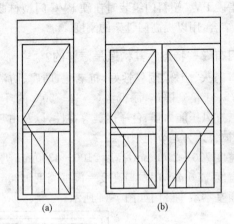

图 7-12　平开彩板门

(a)单扇；(b)双扇

(2)弹簧彩板门：有单扇和双扇之分。

(3)推拉彩板门(图 7-13)：有双扇和三扇之分。

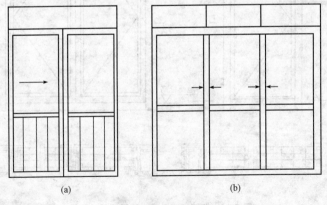

图 7-13　推拉彩板门

(a)双扇；(b)三扇

（4）连窗彩板门：有单窗单门、双窗单门和双窗双门之分。

54. 什么是塑钢门？

塑钢门是指硬 PVC 塑料门组装时在硬 PVC 门型材截面空腔中衬入加强型钢，塑钢结合，用以提高门骨架的刚度。

55. 塑钢门有哪些特点？其构造是怎样的？

塑钢门具有防火、阻燃、耐候性好，抗老化、防腐、防潮、隔热（导热系数低于金属门 7～11 倍）、隔声、耐低温（－30～50℃的环境下不变色，不降低原有性能）、抗风压能力强、色泽优美等特性，以及由于其生产过程省能耗、少污染而被公认为是节能型产品。

塑钢门的宽度 700～2100mm，高度 2100～3300mm，厚度 58mm；门洞口宽度＝门框宽度＋50mm，门洞口高度＝门框高度＋20mm。

塑钢门普通基本型平开门如图 7-14 所示。

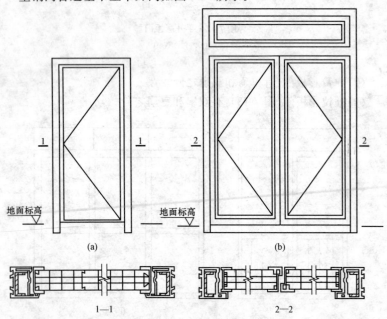

图 7-14　塑钢门普通基本型平开门结构图

（a）单扇平开门；（b）双扇带亮窗平开门

56. 防盗门具有哪些特点？

防盗门的全称为"防盗安全门"。它兼备防盗和安全的性能。按照《防盗安全门通用技术条件》规定，合格的防盗门在 15min 内利用凿子、螺丝刀、撬棍等普通手工具和手电钻等便携式电动工具无法撬开或在门扇上开起一个 615mm² 的开口，或在锁定点 150mm² 的半圆内打开一个 38mm² 的开口。并且防盗门上使用的锁具必须是经过公安部检测中心检测合格的带有防钻功能的防盗门专用锁。防盗门可以用不同的材料制作，但只有达到标准检测合格，领取安全防范产品准产证的门才能称为防盗门。

57. 钢质防火门具有哪些特点？其构造是怎样的？

钢质防火门采用优质冷轧钢板作为门扇、门框的结构材料，经冷加工成形。内部填充的耐火材料通常为硅酸铝耐火纤维毡、毯(陶瓷棉)。乙、丙级防火门也可填充岩棉、矿棉耐火纤维。乙、丙级防火门可加设面积不大于 0.1m² 的视窗，视窗玻璃采用夹丝玻璃或透明复合防火玻璃。

钢质防火门构造如图 7-15 所示。耐火极限：甲级≥1.2h，乙级≥0.9h，丙级≥0.6h。

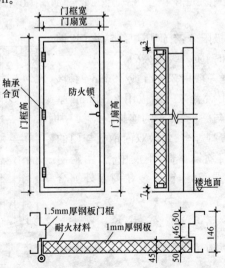

图 7-15　钢质防火门构造示意

58. 防火门有哪些类型?

(1)按门扇数量分:有单扇钢质防火门和双扇钢质防火门。

(2)按门窗结构分(图7-16):有钢质镶玻璃防火门、钢质不镶玻璃防火门、钢质带亮窗防火门以及钢质不带亮窗防火门。

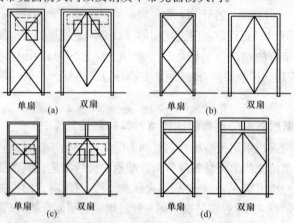

单扇　(a)　双扇　　　　　单扇　(b)　双扇

单扇　(c)　双扇　　　　　单扇　(d)　双扇

图7-16　钢质防火门的种类

(a)钢质镶玻璃;(b)钢质不镶玻璃;(c)钢质带亮镶玻璃;(d)钢质带亮不镶玻璃

(3)按耐火极限分:有钢质甲级防火门、钢质乙级防火门和钢质丙级防火门。

实腹钢门框一般用32mm或38mm钢料,门扇大的可采用后者。门芯板用2~3mm厚的钢板,门芯板与门梃、冒头的连接,可于四周镶扁钢或钢皮线脚焊牢;或做双面钢板与门的钢料相平。钢门须设下槛,不设中框,两扇门关闭时,合缝应严密,插销应装在门梃外侧合缝内。

59. 钢门窗的构造形式有哪些?

钢门及钢窗构造分别如图7-17和图7-18所示。

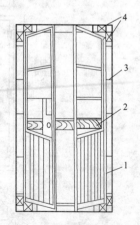

图7-17　钢门构造示例

1—门洞口;2—临时木撑;

3—铁脚;4—木楔

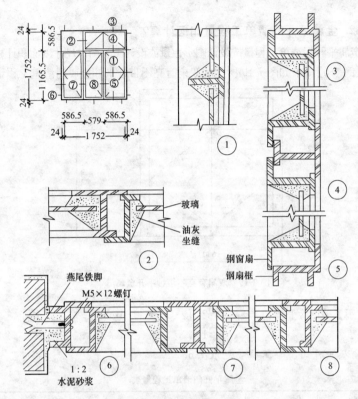

图 7-18 钢窗构造示例

60. 金属门包括哪些清单项目?

金属门清单项目包括金属平开门、金属推拉门、金属地弹门、彩板门、塑钢门、防盗门、钢质防火门。

61. 金属平开门清单应怎样描述项目特征? 包括哪些工程内容?

(1)金属平开门清单项目特征应描述的内容包括:①门类型;②框材质、外围尺寸;③扇材质、外围尺寸;④玻璃品种、厚度、五金材料、品种、规格;⑤防护材料种类;⑥油漆品种、刷漆遍数。

(2)金属平开门清单项目所包括的工程内容有:①门制作、运输、安装;②五金、玻璃安装;③刷防护材料、油漆。

62. 金属平开门清单工程量如何计算？

金属平开门清单工程量按设计图示数量或设计图示洞口尺寸以面积计算。

【例 7-6】　求如图 7-19 所示的双扇有亮不带纱平开金属门清单工程量。

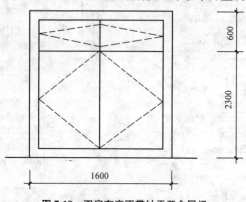

图 7-19　双扇有亮不带纱平开金属门

【解】　金属平开门工程量＝2.9×1.6＝4.64m²

　或　　　　　　　　　＝1 樘

金属平开门清单工程量见表 7-6。

表 7-6　　　　　　　　　　金属平开门清单工程量表

项目编码	项目名称	项目特征描述	计量单位	工程量
020402001001	金属平开门	双扇有亮不带纱平开金属门， 洞口尺寸为 2900mm×1600mm	樘(m²)	1(4.64)

【例 7-7】　求如图 7-20 所示的双扇不带亮平开金属门清单工程量。

【解】　金属平开门工程量＝1.6×2.4＝3.84m²

　或　　　　　　　　　＝1 樘

金属平开门清单工程量见表 7-7。

表 7-7　　　　　　　　　　金属平开门清单工程量表

项目编码	项目名称	项目特征描述	计量单位	工程量
020402001001	金属平开门	双扇不带亮平开金属门，洞口 尺寸为 1600mm×2400mm	樘(m²)	1(3.84)

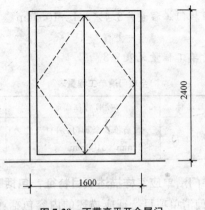

图 7-20　不带亮平开金属门

63. 金属推拉门清单应怎样描述项目特征？包括哪些工程内容？

(1)金属推拉门清单项目特征应描述的内容包括：①门类型；②框材质、外围尺寸；③扇材质、外围尺寸；④玻璃品种、厚度、五金材料、品种、规格；⑤防护材料种类；⑥油漆品种、刷漆遍数。

(2)金属推拉门清单项目所包括的工程内容有：①门制作、运输、安装；②五金、玻璃安装；③刷防护材料、油漆。

64. 金属推拉门清单工程量如何计算？

金属推拉门清单工程量按设计图示数量或设计图示洞口尺寸以面积计算。

【例 7-8】　求如图 7-21 所示的四扇推拉金属门的工程量。

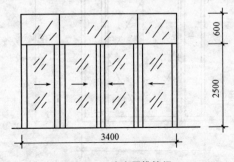

图 7-21　扇金属推拉门

【解】　金属推拉门工程量＝3.4×3.1＝10.54m²

或　　　　　　　　　　＝1 樘

金属推拉门清单工程量见表 7-8。

表 7-8　　　　　　　　　　　全玻门清单工程量表

项目编码	项目名称	项目特征描述	计量单位	工程量
020404005	金属推拉门	四扇推拉金属门,洞口尺寸为 3400mm×3100mm	樘(m²)	1(10.54)

65. 金属地弹门清单应怎样描述项目特征？包括哪些工程内容？

(1)金属地弹门清单项目特征应描述的内容包括：①门类型；②框材质、外围尺寸；③扇材质、外围尺寸；④玻璃品种、厚度、五金材料、品种、规格；⑤防护材料种类；⑥油漆品种、刷漆遍数。

(2)金属地弹门清单项目所包括的工程内容有：①门制作、运输、安装；②五金、玻璃安装；③刷防护材料、油漆。

66. 金属地弹门清单工程量如何计算？

金属地弹门清单工程量按设计图示数量或设计图示洞口尺寸以面积计算。

【例 7-9】　有上亮、有侧亮双扇地弹铝合金门如图 7-22 所示,试求其清单工程量。

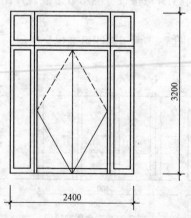

图 7-22　双扇铝合金地弹门

【解】　铝合金地弹门工程量＝2.4×3.2＝7.68m²

或　　　　　　　　　　＝1樘

金属地弹门清单工程量见表7-9。

表 7-9　　　　　　　　金属地弹门清单工程量计算表

项目编码	项目名称	项目特征描述	计量单位	工程量
020402003001	金属地弹门	上亮、侧亮双扇地弹铝合金门，洞口尺寸为 2400mm ×3200mm	樘(m²)	1(7.68)

【例 7-10】　如图 7-23 所示,求双扇铝合金地弹平开门清单工程量。

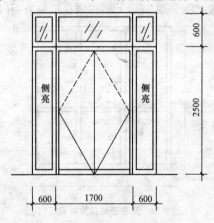

图 7-23　双扇铝合金地弹平开门

【解】　铝合金地弹门工程量＝2.9×3.1＝8.99m²

或　　　　　　　　　　＝1樘

金属地弹门清单工程量见表7-10。

表 7-10　　　　　　　　金属地弹门清单工程量表

项目编码	项目名称	项目特征描述	计量单位	工程量
020402003001	金属地弹门	双扇铝合金地弹平开门,洞口尺寸为 2900mm×3100mm	樘(m²)	1(8.99)

67. 彩板门清单应怎样描述项目特征？包括哪些工程内容？

(1)彩板门清单项目特征应描述的内容包括：①门类型；②框材质、外围尺寸；③扇材质、外围尺寸；④玻璃品种、厚度、五金材料、品种、规格；⑤防护材料种类；⑥油漆品种、刷漆遍数。

(2)彩板门清单项目所包括的工程内容有：①门制作、运输、安装；②五金、玻璃安装；③刷防护材料、油漆。

68. 彩板门清单工程量如何计算？

彩板门清单工程量按设计图示数量或设计图示洞口尺寸以面积计算。

【例 7-11】　求如图 7-24 所示无亮三扇挂推拉彩板门的清单工程量。

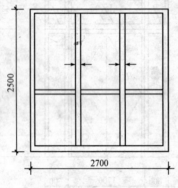

图 7-24　无亮三扇挂推拉彩板门

【解】　彩板门的工程量按设计图示数量或设计门洞口面积计算。

$$彩板门工程量 = 2.5 \times 2.7 = 6.75\text{m}^2$$

或　　　　　　　　　　　$$= 1 樘$$

彩板门清单工程量见表 7-11。

表 7-11　　　　　　　　　　彩板门清单工程量表

项目编码	项目名称	项目特征描述	计量单位	工程量
020402004001	彩板门	无亮三扇挂推拉彩板门,洞口尺寸为 2500mm×2700mm	樘(m²)	1(6.75)

69. 塑钢门清单应怎样描述项目特征？包括哪些工程内容？

(1)塑钢门清单项目特征应描述的内容包括：①门类型；②框材质、外围尺寸；③扇材质、外围尺寸；④玻璃品种、厚度、五金材料、品种、规格；⑤防护材料种类；⑥油漆品种、刷漆遍数。

(2)塑钢门清单项目所包括的工程内容有：①门制作、运输、安装；②五金、玻璃安装；③刷防护材料、油漆。

70. 塑钢门清单工程量如何计算？

塑钢门清单工程量按设计图示数量或设计图示洞口尺寸以面积计算。

【例 7-12】 某工程塑钢门上部带有半圆形亮子如图 7-25 所示，求其清单工程量。

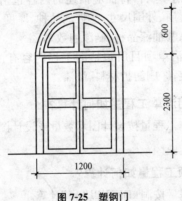

图 7-25 塑钢门

【解】 塑钢门工程量 $=1.2\times2.3+\dfrac{\pi}{2}\times0.6^2$

$$=3.36m^3$$

或 $=1$ 樘

塑钢门、窗清单工程量见表 7-12。

表 7-12 塑钢门清单工程量表

序号	项目编码	项目名称	项目特征描述	计量单位	工程量
1	020402005001	塑钢门	外围尺寸为 1200mm×2300mm，半圆形亮子半径为 600mm	樘(m²)	1(3.36)

71. 防盗门清单应怎样描述项目特征？包括哪些工程内容？

(1)防盗门清单项目特征应描述的内容包括：①门类型；②框材质、外围尺寸；③扇材质、外围尺寸；④玻璃品种、厚度、五金材料、品种、规格；⑤防护材料种类；⑥油漆品种、刷漆遍数。

(2)防盗门清单项目所包括的工程内容有：①门制作、运输、安装；②五金、玻璃安装；③刷防护材料、油漆。

72. 防盗门清单工程量如何计算？

防盗门清单工程量按设计图示数量或设计图示洞口尺寸以面积计算。

73. 钢质防火门清单应怎样描述项目特征？包括哪些工程内容？

(1)钢质防火门清单项目特征应描述的内容包括：①门类型；②框材质、外围尺寸；③扇材质、外围尺寸；④玻璃品种、厚度、五金材料、品种、规格；⑤防护材料种类；⑥油漆品种、刷漆遍数。

(2)钢质防火门清单项目所包括的工程内容有：①门制作、运输、安装；②五金、玻璃安装；③刷防护材料、油漆。

74. 钢质防火门清单工程量如何计算？

钢质防火门清单工程量按设计图示数量或设计图示洞口尺寸以面积计算。

75. 金属门定额工程量如何计算？

金属门定额工程量按洞口面积以"m^2"计算。

76. 什么是卷闸门？

卷闸门是由铝合金或铝合金进一步加工后制成的一种能向上卷起或向下展开的门,可以分为着色电动化铝合金卷闸门、电动化铝合金卷闸门、铝合金卷闸门等种类。

77. 卷闸门有哪些类型？

卷闸门按其材质分为两种:一种是铝合金卷闸门,另一种是钢质卷闸门。卷闸门是近年来在商业建筑领域广泛应用的一种门。

78. 什么是格栅门？

格栅门是指可以通过设置在底部上的轨道和滑轮,沿水平方向做自由伸缩启闭的门。

79. 金属格栅门由哪些部件组成？其构造形式是怎样的？

金属格栅门常采用钢质花栅门，当所用材料为冷轧薄壁异型钢材时，又称花栅异型材拉闸门。它由空腹式双排槽型轨道，配以优质尼龙制作的滑轮，单列向心球轴承作支承等零配件组合而成。造型新颖、外形平整美观、结构紧凑、刚性强、耐腐蚀、开关轻巧省力。

钢质花栅异型材拉闸门构造，如图 7-26 所示。钢质花栅门主要采用冷轧异型钢材。

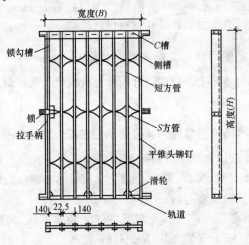

图 7-26　异型材拉闸门构造图

80. 防火卷帘门由哪些部件组成？其构造形式是怎样的？

防火卷帘门，系由帘板、导轨、卷筒、驱动机构和电气设备等部件组成。帘板以 1.5mm 厚钢板轧成 C 形板串联而成，卷筒安在门上方左端或右端，启闭方式可分为手动和自动两种。防火卷帘门的构造如图 7-27 所示。

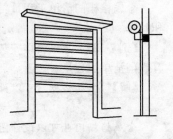

图 7-27　防火卷帘门示意图

81. 金属门窗五金包括哪些？

金属门窗五金包括：卡销、滑轮、铰

拉、执手、拉把、拉手、风撑、角码、牛角制、地弹簧、门销、门插、门铰等。

82. 金属卷帘门包括哪些清单项目？

金属卷帘门清单项目包括金属卷闸门、金属格栅门、防火卷帘门。

83. 金属卷闸门清单应怎样描述项目特征？包括哪些工程内容？

(1)金属卷闸门清单项目特征应描述的内容包括：①门材质、框外围尺寸；②启动装置品种、规格、品牌；③五金材料、品种、规格；④刷防护材料种类；⑤油漆品种、刷漆遍数。

(2)金属卷闸门清单项目所包括的工程内容有：①门制作、运输、安装；②启动装置、五金安装；③刷防护材料、油漆。

84. 金属卷闸门清单工程量如何计算？

金属卷闸门清单工程量按设计图示数量或设计图示洞口尺寸以面积计算。

85. 金属格栅门清单应怎样描述项目特征？包括哪些工程内容？

(1)金属格栅门清单项目特征描述的内容包括：①门材质、框外围尺寸；②启动装置品种、规格、品牌；③五金材料、品种、规格；④刷防护材料种类；⑤油漆品种、刷漆遍数。

(2)金属格栅门清单项目所包括的工程内容有：①门制作、运输、安装；②启动装置、五金安装；③刷防护材料、油漆。

86. 金属格栅门清单工程量如何计算？

金属格栅门清单工程量：按设计图示数量或设计图示洞口尺寸以面积计算。

【例7-13】 某办公楼安装有图7-28所示铁格栅门2樘,刷防锈漆,计算铁门清单工程量。

【解】 金属格栅门可以设计图示尺寸以面积计算。

$$工程量 = 1.8 \times 1.8 \times 2 = 6.48 m^2$$

金属格栅门也可以设计图示数量计算。

$$金属格栅门工程量 = 设计数量 = 2 樘$$

金属格栅门清单工程量见表7-13。

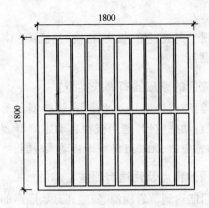

图 7-28 某办公用房铁格栅门

表 7-13   金属格栅门清单工程量表

项目编码	项目名称	项目特征描述	计量单位	工程量
020403002001	金属格栅门	金属格栅门	m²(樘)	6.48(2)

87. 防火卷帘门清单应怎样描述项目特征？包括哪些工程内容？

(1)防火卷帘门清单项目特征应描述的内容包括：①门材质、框外围尺寸；②启动装置品种、规格、品牌；③五金材料、品种、规格；④刷防护材料种类；⑤油漆品种、刷漆遍数。

(2)防火卷帘门清单项目所包括的工程内容有：①门制作、运输、安装；②启动装置、五金安装；③刷防护材料、油漆。

88. 防火卷帘门清单工程量如何计算？

防火卷帘门清单工程量按设计图示数量或设计图示洞口尺寸以面积计算。

89. 什么是电子感应门？

电子感应门指利用电子感应原理来控制门的开闭及旋转的门。

90. 电子感应门的特点及用途有哪些？

(1)特点：电子感应门多以铝合金型材制作而成，其感应系统系采用电磁感应的方式，具有外观新颖、结构精巧、运行噪声小、功耗低、启动灵活、可靠、节能等特点。

(2)用途：适用于高级宾馆、饭店、医院、候机楼、车间、贸易楼、办公大楼的自动门安装设备。

91. 自动感应门的感应器有哪些类型？

自动感应器类型有：垫型自动感应器、脚踏型自动感应器、拉线型自动感应器、触摸型自动感应器、超声波型自动感应器、红外线型自动感应器、电子垫型自动感应器、无源红外线型自动感应器。

92. 金属转门的特点及用途有哪些？

(1)特点：转门能达到节省能源、防尘、防风、隔声的效果，对控制人流量也有一定作用。

(2)用途：金属转门主要用于宾馆、机场、商店、银行等中高级公共建筑中。

93. 金属转门有哪些种类？

金属转门按型材结构分，有铝质和钢质两种。铝结构采用铝合金型材制作；钢结构采用不锈钢或 20♯ 碳素结构钢无缝异型管制成。按开启方式分，有手推式和自动式两种。按转壁分，有双层铝合金装饰板和单层弧形玻璃。按扇型分，有单体和多扇型组合体（图 7-29），扇体有四扇固定、四扇折叠移动和三扇等形式（图 7-30）。

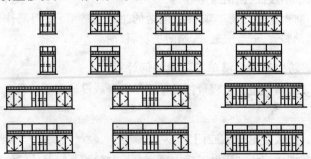

图 7-29　金属转门扇型及组合体示意图

转门采用合成橡胶密封固定玻璃，活扇与转壁之间采用聚丙烯毛刷条，具有良好的密闭、抗震和耐老化性能。门扇一般逆时针旋转，转动平稳、灵活,清洁和维修方便。转门需关闭时,可方便地固定门扇。手推式旋转门在旋转主轴下部设有调节阻尼装置,以控制门扇因惯性产生偏快的转速,以保持旋转平稳。自动式旋转门可根据要求调节旋转速度。

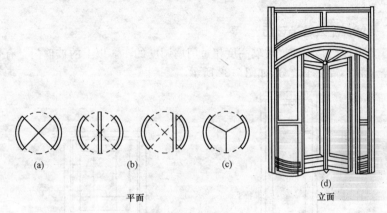

图 7-30　转门形式
(a)四扇固定;(b)四扇折叠移动;(c)三扇;(d)旋转门立面

94. 金属旋转门由哪些部件组成?

金属旋转门的构造组成包括:门扇旋转轴;圆形转门顶;底座及轴承座;转门壁,可采用铝合金装饰板或圆弧形玻璃;活动门扇,一般采用全玻璃,玻璃厚度可达 12mm。

95. 电子对讲门用于哪些场所? 由哪些部件组成?

电子对讲门多安装于住宅、楼寓及要求安全防卫场所的入口,具有选呼、对讲、控制等功能,一般由门框、门扇、门铰链、闭门器、电控锁等部件组成。

96. 电动伸缩门用于哪些场所? 分为哪些种类?

电动伸缩门多用在小区、公园、学校、建筑工地等大门,一般分为有轨和无轨两种,通常采用铝型材或不锈钢。

97. 什么是全玻门?

全玻门是指门窗冒头之间全部镶嵌玻璃的门,有带亮子和不带亮子之分,如图 7-31 所示。

98. 什么是全玻自由门?

全玻自由门是指门扇冒头之间全部镶嵌玻璃,开启后能自动关闭的弹簧门。

99. 什么是半玻门?

半玻门是指镶嵌玻璃高度超过门扇调度的 1/3 以上的玻璃门。有带亮子和不带亮子之分,如图 7-32 所示。

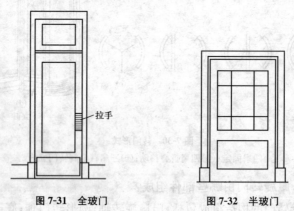

图 7-31　全玻门　　　　　图 7-32　半玻门

100. 什么是镜面不锈钢饰面门?

镜面不锈钢饰面门是用不锈钢薄板经特殊抛光处理制成的门,具有耐火、耐潮、不变形等特点。

101. 其他门包括哪些清单项目?

其他门清单项目包括电子感应门、转门、电子对讲门、电动伸缩门、全玻门(带扇框)、全玻自由门(无扇框)、半玻门(带扇框)、镜面不锈钢饰面门。

102. 电子感应门清单应怎样描述项目特征? 包括哪些工程内容?

(1)电子感应门清单项目特征应描述的内容包括:①门材质、品牌、外围尺寸;②玻璃品种、厚度、五金材料、品种、规格;③电子配件品种、规格、品牌;④防护材料种类;⑤油漆品种、刷漆遍数。

(2)电子感应门清单项目所包括的工程内容有:①门制作、运输、安装；②五金、电子配件安装；③刷防护材料、油漆。

103. 电子感应门清单工程量如何计算？

电子感应门清单工程量按设计图示数量或设计图示洞口尺寸以面积计算。

【例 7-14】　某酒店门口欲要装 2 樘电子感应转门，高 2.2m，直径 1.8m，计算感应门清单工程量。

【解】　电子感应门工程量可按设计图示洞口尺寸以面积计算。

$$电子感应门工程量＝2.2×1.8^2＝7.92m^2$$

感应门工程量也可按设计图示数量计算。

$$电子感应门工程量＝设计数量＝2 樘$$

电子感应门清单工程量见表 7-14。

表 7-14　　　　　　　　电子感应门清单工程量表

项目编码	项目名称	项目特征描述	计量单位	工程量
020404002001	电子感应门	电子感应门	m²(樘)	7.92(2)

104. 转门清单应怎样描述项目特征？包括哪些工程内容？

(1)转门清单项目特征应描述的内容包括：①门材质、品牌、外围尺寸；②玻璃品种、厚度、五金材料、品种、规格；③电子配件品种、规格、品牌；④防护材料种类；⑤油漆品种、刷漆遍数。

(2)转门清单项目所包括的工程内容有：①门制作、运输、安装；②五金、电子配件安装；③刷防护材料、油漆。

105. 转门清单工程量如何计算？

转门清单工程量按设计图示数量或设计图示洞口尺寸以面积计算。

【例 7-15】　如图 7-33 所示为一大型酒店的玻璃转门，转门门洞为 1600mm×2200mm，两边侧亮为 1300mm×2200mm，求其清单工程量。

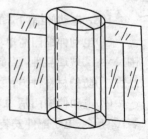

图 7-33　玻璃转门立面图

【解】　侧亮的工程量＝1.3×2.2×2

$$＝5.72m^2$$

玻璃转门的工程量＝1.6×2.2＝3.52m²

转门工程量＝5.72+3.52＝9.24m²

转门工程量也可按设计图示数量计算。

转门工程量＝设计数量＝2樘

转门清单工程量见表 7-15。

表 7-15　　　　　　　　　转门清单工程量表

项目编码	项目名称	项目特征描述	计量单位	工程量
020404002001	转门	玻璃转门，转门门洞尺寸为 1600mm×2200mm，两边侧亮尺寸为 1300mm×2200mm	m²(樘)	9.24(1)

106. 电子对讲门清单应怎样描述项目特征？包括哪些工程内容？

(1)电子对讲门清单项目特征应描述的内容包括：①门材质、品牌、外围尺寸；②玻璃品种、厚度、五金材料、品种、规格；③电子配件品种、规格、品牌；④防护材料种类；⑤油漆品种、刷漆遍数。

(2)电子对讲门清单项目所包括的工程内容有：①门制作、运输、安装；②五金、电子配件安装；③刷防护材料、油漆。

107. 电子对讲门清单工程量如何计算？

电子对讲门清单工程量按设计图示数量或设计图示洞口尺寸以面积计算。

108. 电动伸缩门清单应怎样描述项目特征？包括哪些工程内容？

(1)电动伸缩门清单项目特征应描述的内容包括：①门材质、品牌、外围尺寸；②玻璃品种、厚度、五金材料、品种、规格；③电子配件品种、规格、品牌；④防护材料种类；⑤油漆品种、刷漆遍数。

(2)电动伸缩门清单项目所包括的工程内容有：①门制作、运输、安装；②五金、电子配件安装；③刷防护材料、油漆。

109. 电动伸缩门清单工程量如何计算？

电动伸缩门清单工程量按设计图示数量或设计图示洞口尺寸以面积计算。

110. 全玻门清单应怎样描述项目特征？包括哪些工程内容？

（1）全玻门清单项目特征应描述的内容包括：①门类型；②框材质、外围尺寸；③扇材质、外围尺寸；④玻璃品种、厚度、五金材料、品种、规格；⑤防护材料种类；⑥油漆品种、刷漆遍数。

（2）全玻门清单项目所包括的工程内容有：①门制作、运输、安装；②五金安装；③刷防护材料、油漆。

111. 全玻门清单工程量如何计算？

全玻门清单工程量按设计图示数量或设计图示洞口尺寸以面积计算。

【例 7-16】 某底层商店采用全玻自由门，不带纱扇，如图 7-34 所示，木材采用水曲柳，不刷底油，共计 8 樘，试计算全玻自由门清单工程量。

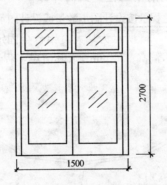

图 7-34　全玻璃自由门

【解】 全玻门工程量可按图示洞口尺寸以面积或设计图示数量计算。

$$全玻门工程量＝长×宽×数量$$
$$＝1.5×2.7×8$$
$$＝32.40m^2$$

或　全玻门工程量＝设计图示数量
$$＝8 樘$$

全玻门清单工程量见表 7-16。

表 7-16　　　　　　　　　全玻门清单工程量表

项目编码	项目名称	项目特征描述	计量单位	工程量
020401003001	全玻门	不带纱窗,木材有用水曲柳,不刷底油	m²(樘)	32.40(8)

112. 全玻自由门清单应怎样描述项目特征? 包括哪些工程内容?

(1)全玻自由门清单项目特征应描述的内容包括:①门类型;②框材质、外围尺寸;③扇材质、外围尺寸;④玻璃品种、厚度、五金材料、品种、规格;⑤防护材料种类;⑥油漆品种、刷漆遍数。

(2)全玻自由门清单项目所包括的工程内容有:①门制作、运输、安装;②五金安装;③刷防护材料、油漆。

113. 全玻自由门清单工程量如何计算?

全玻自由门清单工程量按设计图示数量或设计图示洞口尺寸以面积计算。

【例 7-17】　如图 7-35 所示为某大厦铝合金固定门的设计平面,门为无纱无亮玻璃自由门,洞高 2500mm,求其清单工程量。

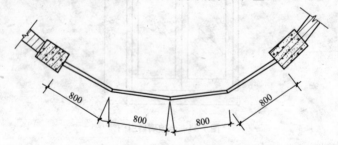

图 7-35　异形门平面示意图

【解】　全玻自由门工程量＝0.8×4×2.5＝8.00m²
或　　　　　　　　　　＝1 樘
全玻自由门清单工程量见表 7-17。

表 7-17　　　　　　　　　全玻自由门清单工程量表

项目编码	项目名称	项目特征描述	计量单位	工程量
020404006001	全玻自由门(无扇框)	无纱无亮玻璃自由门,洞高 2500mm	m²(樘)	8.00(1)

【例 7-18】　如图 7-36 所示,求带亮全玻璃自由门清单工程量。

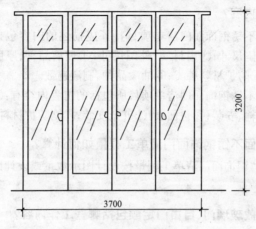

图 7-36　带亮全玻璃自由门

【解】　全玻自由门工程量＝3.7×3.2＝11.84m²

或　　　　　　　　　＝1 樘

全玻自由门清单工程量见表 7-18。

表 7-18　　　　　　　　全玻自由门清单工程量表

项目编码	项目名称	项目特征描述	计量单位	工程量
020404006001	全玻自由门 (无扇框)	带亮全玻璃自由门 洞口尺寸为 3700mm×3200mm	m²(樘)	11.84(1)

114. 半玻门清单应怎样描述项目特征？包括哪些工程内容？

(1)半玻门清单项目特征应描述的内容包括:①门类型;②框材质、外围尺寸;③扇材质、外围尺寸;④玻璃品种、厚度、五金材料、品种、规格;⑤防护材料种类;⑥油漆品种、刷漆遍数。

(2)半玻门清单项目所包括的工程内容有:①门制作、运输、安装;②五金安装;③刷防护材料、油漆。

115. 半玻门清单工程量如何计算？

半玻门清单工程量按设计图示数量或设计图示洞口尺寸以面积计算。

116. 镜面不锈钢饰面门清单应怎样描述项目特征？包括哪些工程内容？

(1)镜面不锈钢饰面门清单项目特征应描述的内容包括：①门类型；②框材质、外围尺寸；③扇材质、外围尺寸；④玻璃品种、厚度、五金材料、品种、规格；⑤防护材料种类；⑥油漆品种、刷漆遍数。

(2)镜面不锈钢饰面门清单项目所包括的工程内容有：①门扇骨架及基层制作、运输、安装；②包面层；③五金安装；④刷防护材料。

117. 镜面不锈钢饰面门清单工程量如何计算？

镜面不锈钢饰面门清单工程量按设计图示数量或设计图示洞口尺寸以面积计算。

118. 半截玻璃门、自由门定额包括哪些工作内容？

半截玻璃门、自由门定额项目范围包括带纱、无纱、带亮、无亮、单扇、双扇半玻门的制作安装；半玻、全玻自由门以及连窗门的制作安装，共列56 个子目。其工作内容包括：

(1)制作安装门框、门扇及亮子,刷防腐油,装配门扇,亮子玻璃及小五金。

(2)制作安装纱门扇、纱亮子、钉铁纱。

119. 其他门定额工程量如何计算？

(1)电子感应门及转门按定额尺寸以樘计算。

(2)不锈钢电动伸缩门以樘计算。

120. 木窗有哪些部分构成？

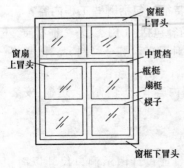

图 7-37　木窗的构造形式

木窗由窗框、窗扇组成,在窗扇上按设计要求安装玻璃(图 7-37)。

(1)窗框。窗框由梃、上冒头、下冒头等组成,有上窗时,要设中贯横挡。

(2)窗扇。窗扇由上冒头、下冒头、扇梃、扇梃等组成。

(3)玻璃。玻璃安装于冒头、窗扇梃、窗梃之间。

(4)连接构造。木窗的连接构造与

门的连接构造基本相同,都是采用榫结合。按照规矩,是在梃上凿眼,冒头上开榫。如果采用先立窗框再砌墙的安装方法,应在上、下冒头两端留出走头(延长端头),走头长 120mm。

窗梃与窗棂的连接,也是在梃上凿眼,窗棂上做榫。

121. 木质平开窗由哪些部分组成?

木质平开窗的结构由窗框和窗扇组成。窗扇分为玻璃窗扇,纱窗扇和百叶窗扇等。窗框由上槛、中槛、下槛、边槛和中梃榫接而成,上下槛各长于窗框 100mm,用以砌入墙内,固定整个窗框。

122. 木质推拉窗分为哪几种? 有哪些优点?

木质推拉窗分左右及上下开启两种窗口,如图 7-38 所示。其优点是开启后不占室内空间,玻璃不易破损。当窗口尺寸较小时,不宜做推拉窗。

123. 什么是百叶窗?

百叶窗是由一系列在窗框内重叠(搭接)式布置的平行百叶板组成的窗,可通风、采光并可遮挡视线。如图 7-39 所示。

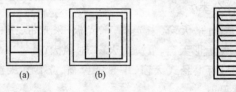

图 7-38 推拉窗
(a)垂直推拉;(b)水平推拉

图 7-39 百叶窗

124. 百叶窗有哪些类别?

(1)按材料质地分类:有木质板、PVC 空心板和铝合金空心异型板三种。

(2)按组装形式分类:有固定式与活动式两种。

(3)按外表形态分类:有横帘式和垂帘式两种。

125. 什么是异形百叶窗?

异形木百叶窗的构造形式与矩形木百叶窗基本相同,只是形状不同。

其是除矩形木百叶窗以外其他形状木百叶窗的总称。

126. 什么是木组合窗?

木组合窗是指将同类型规格的木窗组合,连成整体的窗。一般多用于工业厂房,如图 7-40 所示。

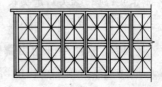

图 7-40　木组合窗

127. 什么是天窗?

天窗是指屋顶上的窗户。

128. 什么是木天窗?

木天窗是指设置在屋顶上、自然采光和自然通风排气的木制窗,如图 7-41 所示。

图 7-41　木天窗

129. 天窗怎样分类?

(1)按形式分类,有平天窗、采光罩、采光板、采光带、三角形天窗、矩形天窗、M 形天窗、锯齿形天窗、下沉式天窗、避风天窗。

(2)按开启分类,有上悬式天窗、中悬式天窗、立转式天窗、开敞式天窗、固定天窗、百叶天窗。

130. 什么是固定窗?

固定窗是将玻璃直接镶嵌在窗框上,不能开启,只用作采光及眺望,这种窗构造简单。

131. 装饰木窗有哪些类别?

装饰木窗一般为固定式和开启式两类。固定式装饰窗没有可启闭的活动窗扇,窗棂直接与窗框连接固定。开启式装饰窗分为全开启式和部分开启式两种。固定式和活动式装饰窗均有各式各样的造型形式,可体现不同的装饰风格和流派特征,图 7-42 所示仅为个别实例。

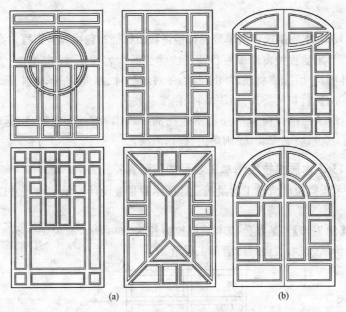

(a) (b)

图 7-42 装饰木窗的不同样式示例
(a)固定装饰窗;(b)活动装饰窗

132. 木窗包括哪些清单项目?

木窗工程工程量清单项目包括:木质平开窗、木质推拉窗、矩形木百叶窗、异形木百叶窗、木组合窗、木天窗、矩形木固定窗、异形木固定窗、装饰空花木窗。

133. 木质平开窗清单应怎样描述项目特征? 包括哪些工程内容?

(1)木质平开窗清单项目特征应描述的内容包括:①窗类型;②框材质、外围尺寸;③扇材质、外围尺寸;④玻璃品种、厚度、五金材料、品种、规格;⑤防护材料种类;⑥油漆品种、刷漆遍数。

(2)木质平开窗清单项目所包括的工程内容有:①窗制作、运输、安装;②五金、玻璃安装;③刷防护材料、油漆。

134. 木质平开窗清单工程量如何计算?

木质平开窗清单工程量:按设计图示数量或设计图示洞口尺寸以面

积计算。

135. 木质推拉窗清单应怎样描述项目特征？包括哪些工程内容？

(1)木质推拉窗清单项目特征应描述的内容包括：①窗类型；②框材质、外围尺寸；③扇材质、外围尺寸；④玻璃品种、厚度、五金材料、品种、规格；⑤防护材料种类；⑥油漆品种、刷漆遍数。

(2)木质推拉窗清单项目所包括的工程内容有：①窗制作、运输、安装；②五金、玻璃安装；③刷防护材料、油漆。

136. 木质推拉窗清单工程量如何计算？

木质推拉窗清单工程量按设计图示数量或设计图示洞口尺寸以面积计算。

【例 7-19】 某办公楼木质推拉窗长为 1600mm，高为 1900mm，如图 7-43 所示，求木质推拉窗清单工程量。

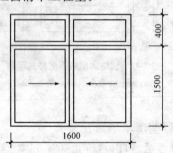

图 7-43　木制推拉窗设计洞口尺寸

【解】 木质推拉窗工程量＝1.6×(1.5＋0.4)＝3.04m²

木质推拉窗工程量也可按设计图示数量计算。

木质推拉窗工程量＝设计数量＝1 樘

木质推拉窗清单工程量见表 7-19。

表 7-19　　　　　　　　木质推拉窗清单工程量表

项目编码	项目名称	项目特征描述	计量单位	工程量
020405002001	木质推拉窗	洞口尺寸为 1600mm×1900mm	m²(樘)	3.04(1)

137. 矩形木百叶窗清单应怎样描述项目特征？包括哪些工程内容？

(1)矩形木百叶窗清单项目特征应描述的内容包括：①窗类型；②框材质、外围尺寸；③扇材质、外围尺寸；④玻璃品种、厚度、五金材料、品种、规格；⑤防护材料种类；⑥油漆品种、刷漆遍数。

(2)矩形木百叶窗清单项目所包括的工程内容有：①窗制作、运输、安装；②五金、玻璃安装；③刷防护材料、油漆。

138. 矩形木百叶窗清单工程量如何计算？

矩形木百叶窗清单工程量按设计图示数量或设计图示洞口尺寸以面积计算。

【例 7-20】 某商场木百叶窗长为 1700mm，高为 1300mm，如图 7-44 所示，求木百叶窗（矩形带铁纱）清单工程量。

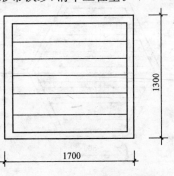

图 7-44　木制百叶窗设计洞口尺寸

【解】 百叶窗工程量＝1.7×1.3＝2.21m²

或　　　　　　　　　＝1 樘

矩形木百叶窗清单工程量见表 7-20。

表 7-20　　　　　　　　　矩形木百叶窗清单工程量表

项目编码	项目名称	项目特征描述	计量单位	工程量
020405003001	矩形木百叶窗	矩形带铁纱，尺寸为 1700mm ×1300mm	m²(樘)	2.21(1)

139. 异形木百叶窗清单应怎样描述项目特征？包括哪些工程内容？

(1)异形木百叶窗清单项目特征应描述的内容包括：①窗类型；②框材质、外围尺寸；③扇材质、外围尺寸；④玻璃品种、厚度、五金材料、品种、规格；⑤防护材料种类；⑥油漆品种、刷漆遍数。

(2)异形木百叶窗清单项目所包括的工程内容有：①窗制作、运输、安装；②五金、玻璃安装；③刷防护材料、油漆。

140. 异形木百叶窗清单工程量如何计算？

异形木百叶窗清单工程量按设计图示数量或设计图示洞口尺寸以面积计算。

【例 7-21】 某办公楼正六边形木百叶窗，边长为 800mm，如图 7-45 所示，求正六边形木百叶窗清单工程量。

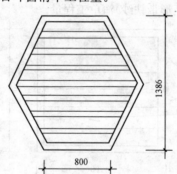

图 7-45 六边形木百叶窗设计洞口尺寸

【解】 工程量 $=\dfrac{0.8+1.6}{2} \times \dfrac{1.386}{2} \times 2 = 1.66\text{m}^2$

或 $=1$ 樘

异形木百叶窗清单工程量见表 7-21。

表 7-21 异形木百叶窗清单工程量表

项目编码	项目名称	项目特征描述	计量单位	工程量
020405004001	异形木百叶窗	正六边形木百叶窗，边长为 800mm	m²(樘)	1.66(1)

141. 木组合窗清单应怎样描述项目特征? 包括哪些工程内容?

(1)木组合窗清单项目特征应描述的内容包括:①窗类型;②框材质、外围尺寸;③扇材质、外围尺寸;④玻璃品种、厚度、五金材料、品种、规格;⑤防护材料种类;⑥油漆品种、刷漆遍数。

(2)木组合窗清单项目所包括的工程内容有:①窗制作、运输、安装;②五金、玻璃安装;③刷防护材料、油漆。

142. 木组合窗清单工程量如何计算?

木组合窗清单工程量按设计图示数量或设计图示洞口尺寸以面积计算。

【例 7-22】　某办公楼组合窗长为 3100mm,高 2100mm,如图 7-46 所示,计算组合窗清单工程量。

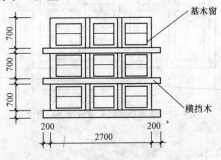

图 7-46　组合窗设计洞口尺寸

【解】　组合窗工程量 $=2.7\times0.7\times3=5.67\text{m}^2$

或　　　　　　　　　$=1$ 樘

木组合窗清单工程量见表 7-22。

表 7-22　　　　　　　　木组合窗清单工程量表

项目编码	项目名称	项目特征描述	计量单位	工程量
020405005001	木组合窗	洞口尺寸为 2700mm×700mm	m²(樘)	5.67(1)

143. 木天窗清单应怎样描述项目特征? 包括哪些工程内容?

(1)木天窗清单项目特征应描述的内容包括:①窗类型;②框材质、外围尺寸;③扇材质、外围尺寸;④玻璃品种、厚度、五金材料、品种、规格;

⑤防护材料种类;⑥油漆品种、刷漆遍数。

(2)木天窗清单项目所包括的工程内容有:①窗制作、运输、安装;②五金、玻璃安装;③刷防护材料、油漆。

144. 木天窗清单工程量如何计算?

木天窗清单工程量按设计图示数量或设计图示洞口尺寸以面积计算。

【例 7-23】 某办公楼木天窗长为 3200mm,高为 1900mm。如图 7-47 所示,求全中悬木制天窗清单工程量。

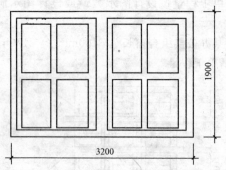

图 7-47　全中悬木制天窗设计洞口尺寸

【解】　天窗工程量＝3.2×1.9＝6.08m²

或　　　　　　　　＝1 樘

木天窗清单工程量见表 7-23。

表 7-23　　　　　　　　　木天窗清单工程量表

项目编码	项目名称	项目特征描述	计量单位	工程量
020405006001	木天窗	全中悬木制天窗,洞口尺寸为 3200mm×1900mm	m²(樘)	6.08(1)

145. 矩形木固定窗清单应怎样描述项目特征? 包括哪些工程内容?

(1)矩形木固定窗清单项目特征应描述的内容包括:①窗类型;②框材质、外围尺寸;③扇材质、外围尺寸;④玻璃品种、厚度、五金材料、品种、规格;⑤防护材料种类;⑥油漆品种、刷漆遍数。

（2）矩形木固定窗清单项目所包括的工程内容有：①窗制作、运输、安装；②五金、玻璃安装；③刷防护材料、油漆。

146. 矩形木固定窗清单工程量如何计算？

矩形木固定窗清单工程量按设计图示数量或设计图示洞口尺寸以面积计算。

【例 7-24】　某办公楼长为 2600mm，高为 1900mm，如图 7-48 所示，计算矩形木固定窗清单工程量。

【解】　固定窗工程量＝2.6×1.9

$$=4.94m^2$$

或　　　　　　＝1 樘

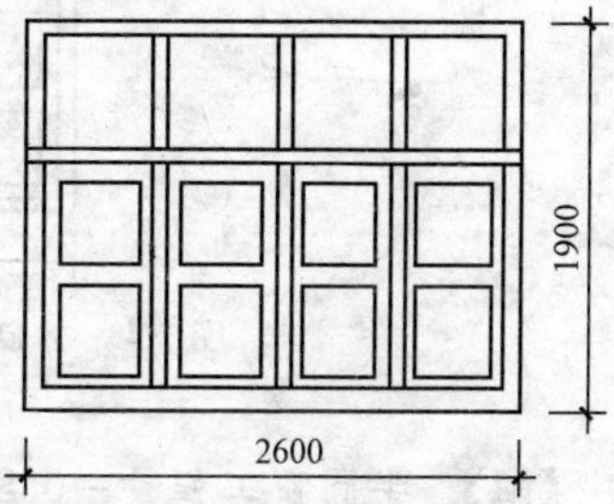

图 7-48　矩形木固定窗设计洞口尺寸

矩形木固定窗清单工程量见表 7-24。

表 7-24　　　　　　　　矩形木固定窗清单工程量表

项目编码	项目名称	项目特征描述	计量单位	工程量
020405007001	矩形木固定窗	洞口尺寸为 2600mm×1900mm	m²(樘)	4.94(1)

147. 异形木固定窗清单应怎样描述项目特征？包括哪些工程内容？

（1）异形木固定窗清单项目特征应描述的内容包括：①窗类型；②框材质、外围尺寸；③扇材质、外围尺寸；④玻璃品种、厚度、五金材料、品种、规格；⑤防护材料种类；⑥油漆品种、刷漆遍数。

（2）异形木固定窗清单项目所包括的工程内容有：①窗制作、运输、安装；②五金、玻璃安装；③刷防护材料、油漆。

148. 异形木固定窗清单工程量如何计算？

异形木固定窗清单工程量按设计图示数量或设计图示洞口尺寸以面积计算。

【例 7-25】　某住宅楼半圆木固定窗长为 1600mm，高为 1600mm，上部半圆半径为 550mm。如图 7-49 所示，求半圆木固定窗清单工程量。

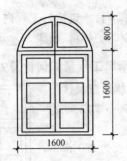

图 7-49 木制半圆固定窗设计洞口尺寸

【解】 半圆窗工程量 $=0.80^2 \times \dfrac{\pi}{2}\ \mathrm{m}^2 = 1.00\ \mathrm{m}^2$

矩形窗工程量 $=1.6 \times 1.6\ \mathrm{m}^2 = 2.56\ \mathrm{m}^2$

木制半圆固定窗工程量 $=0.47+2.56=3.56\ \mathrm{m}^2$

木制半圆固定窗工程量也可按设计图示数量计算。

木制半圆固定窗=设计图示数量=1 樘

异形木固定窗清单工程量见表 7-25。

表 7-25　　　　　　异形木固定窗清单工程量表

项目编码	项目名称	项目特征描述	计量单位	工程量
020405008001	异形木固定窗	半圆木制玻璃窗,洞口尺寸为 1600mm×1600mm 上部半圆半径为 550mm	m²(樘)	3.56(1)

149. 装饰空花木窗清单应怎样描述项目特征? 包括哪些工程内容?

(1)装饰空花木窗清单项目特征应描述的内容包括:①窗类型;②框材质、外围尺寸;③扇材质、外围尺寸;④玻璃品种、厚度、五金材料、品种、规格;⑤防护材料种类;⑥油漆品种、刷漆遍数。

(2)装饰空花木窗清单项目所包括的工程内容有:①窗制作、运输、安装;②五金、玻璃安装;③刷防护材料、油漆。

150. 装饰空花木窗清单工程量如何计算?

装饰空花木窗清单工程量按设计图示数量或设计图示洞口尺寸以面积计算。

151. 木窗定额包括哪些工作内容？

普通木窗定额项目范围包括单层玻璃窗、一玻一纱窗、双层玻璃窗、双玻内外开带纱扇窗、百叶窗、天窗（全中悬、中悬带固定）、推拉传递窗双扇、圆形玻璃窗、半圆形玻璃窗、门窗扇色镀锌铁皮和门窗柜等。共列93个子目。其工作内容包括：制作安装窗框、窗扇、刷防腐油、填塞麻刀石灰浆、装配玻璃、铁纱及小五金。

152. 木窗定额工程量如何计算？

木窗定额工程量按洞口面积以"m²"计算。

153. 木门窗定额工程量计算应注意哪些问题？

木门窗定额工程量应注意以下事项：

(1)定额是按机械和手工操作综合编制的，因此不论实际采取何种操作方法，均按定额执行。

(2)定额中木材木种分类如下：

一类：红松、水桐木、樟子松。

二类：白松(方杉、冷杉)、杉木、杨木、柳木、椴木。

三类：青松、黄花松、秋子木、马尾松、东北榆木、柏木、苦楝木、梓木、黄菠萝、椿木、楠木、柚木、樟木。

四类：栎木(柞木)、檀木、色木、槐木、荔木、麻栗木(麻栎、青刚)、桦木、荷木、水曲柳、华北榆木。

(3)木门窗定额中木材木种均以一、二类木种为准，如采用三、四类木种时，分别乘以下列系数：木门窗制作，按相应项目人工和机械乘系数1.3；木门窗安装，按相应项目的人工和机械乘系数1.16；其他项目按相应项目人工和机械乘系数1.35。

(4)定额中木材以自然干燥条件下含水率为准编制的，需人工干燥时，其费用可列入木材价格内由各地区另行确定。

(5)定额中所注明的木材断面或厚度均以毛料为准。如设计图纸注明的断面或厚度为净料时，应增加刨光损耗；板、方材一面刨光增加3mm；两面刨光增加5mm；圆木每立方米材积增加0.05m³。

(6)定额中木门窗框、扇断面取定如下：

无纱镶板门框：60mm×100mm

有纱镶板门框:60mm×120mm

无纱窗框:60mm×90mm

有纱窗框:60mm×110mm

无纱镶板门扇:45mm×100mm

有纱镶板门扇:45mm×100mm+35mm×100mm

无纱窗扇:45mm×60mm

有纱窗扇:45mm×60mm+35mm×60mm

胶合板门窗:38mm×60mm。

定额取定的断面与设计规定不同时,应按比例换算。框断面以边框断面为准(框裁口如为钉条者加贴条的断面);扇料以主挺断面为准。换算公式为:

$$\frac{设计断面(加刨光损耗)}{定额断面} \times 定额材积$$

(7)弹簧门、厂库大门、钢木大门及其他特种门,定额所附五金铁件表见附表均按标准图用量计算列出,仅作备料参考。

(8)保温门的填充料与定额不同时,可以换算,其他工料不变。

(9)厂库房大门及特种门的钢骨架制作,以钢材重量表示,已包括在定额项目中,不再另列项目计算。定额中不包括固定铁件的混凝土垫块及门樘或梁柱内的预埋铁件。

(10)木门窗不论现场或附属加工厂制作,均执行本定额,现场外制作点至安装地点的运输另行计算。

154. 什么是金属推拉窗?

金属推拉窗是指窗扇在窗框平面内沿水平方向移动开启和关闭的窗。

155. 什么是平开窗?

平开窗是指合页(铰链)装于窗侧边,平开窗扇向内或向外旋转开启的窗。常用的金属平开窗和平开钢窗和平开铝合金窗。

156. 什么是金属固定窗?

金属固定窗是指窗框洞口内直接镶嵌玻璃的不能开启的金属窗。固定窗的示意图如图 7-50 所示。

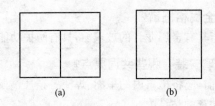

图 7-50　固定窗
(a)三孔；(b)双孔

157. 什么是铝合金百叶窗？

铝合金百叶窗系以铝镁合金制作的百页片，通过梯形尼龙绳串联而成。百页片的角度，可根据室内光线明暗的要求及通风量大小的需要，拉动尼龙绳进行调节（百页片可同时翻转 180°）。铝合金百叶窗启闭灵活，使用方便且经久不锈、造型富装饰性。其色彩有淡蓝、乳白、天蓝、淡果绿等；其宽度一般在 650～5000mm 之间，高度在 650～4000mm 之间进行选择和订制。这种铝合金帘式百叶窗，作为遮阳与室内装潢设施已广泛应用于高层建筑和民用住宅。

158. 什么是金属组合窗？

金属组合窗是指由两樘或两樘以上的单体窗采用拼樘杆件连接组合的金属窗。

159. 什么是彩板窗？

彩板窗是用涂色镀锌钢板制作的一种彩色金属窗。

160. 什么是塑钢窗？

塑钢窗是硬 PVC 塑料窗组装时在硬 PVC 窗型材截面空腔中衬入加强型钢，塑钢结合，用以提高窗骨架的刚度。

塑钢窗的宽度 900～2400mm、高度 900～2100mm，厚度 60、75mm；窗洞口宽度＝窗框宽度＋40mm，窗洞口高度＝窗框高度＋40mm。

161. 什么是金属防盗窗？

金属防盗窗是指常有防护栅栏的金属窗，常见的有不锈钢防盗门和铝合金防盗门。

162. 什么是金属格栅窗？

金属格栅窗指具有金属龙骨的玻璃窗，具有防护功能。

163. 门窗玻璃安装有哪些共同要点？

（1）玻璃安装前，应将槽口内的尘垢、焊渣等杂质清除干净，以免影响镶压条的平整或油灰的粘结力。

（2）检查门窗扇有无翘曲现象，若有变形，应先校正。

（3）安装玻璃放置防震垫块时，应保证玻璃与镶嵌槽的间隙，并应在玻璃的周边装配块，垫使其能缓冲开关等力的冲击，防震垫块应按图纸要求位置摆放，不得随意变动。

（4）安装门窗玻璃，应使玻璃每边均压槽口宽度的 3/4，然而，相同规格的玻璃尺寸也会略有出入，门窗的每个槽口尺寸亦会稍有差异，故在安装玻璃时，要先试后安，调换至合适后再安装。

（5）安装长边大于 1.5m 或短边大于 1.0m 的大块玻璃时，必须使用橡皮垫块，并用压玻条和螺钉镶嵌固定。

（6）安装门窗玻璃时，玻璃与槽口的最小间隙尺寸均应符合要求。

（7）玻璃安装的方向应正确。磨砂玻璃的磨砂一侧和镀膜玻璃的镀膜面必须朝向室内。

（8）安装压花玻璃，花纹宜向室外，但压花面易堆尘积垢，而且遇水还能透明，可以看到背面的物体，故应根据使用场所的需要，也可将压花面朝向室内安装。

（9）彩色玻璃和压花玻璃应按设计要求的图案进行拼装，拼缝的上下左右应吻合，不得错位、斜曲，以免影响美观。

（10）玻璃安好后，应随时擦掉玻璃上的油灰式胶黏剂等污染。

164. 金属窗包括哪些清单项目？

金属窗清单项目包括金属推拉窗、金属平开窗、金属固定窗、金属百叶窗、金属组合窗、彩板窗、塑钢窗、金属防盗窗、金属格栅窗、特殊五金。

165. 金属推拉窗清单应怎样描述项目特征？包括哪些工程内容？

（1）金属推拉窗清单项目特征应描述的内容包括：①窗类型；②框材质、外围尺寸；③扇材质、外围尺寸；④玻璃品种、厚度、五金材料、品种、规格；⑤防护材料种类；⑥油漆品种、刷漆遍数。

(2)金属推拉窗清单项目所包括的工程内容有：①窗制作、运输、安装；②五金、玻璃安装；③刷防护材料、油漆。

166. 金属推拉窗清单工程量如何计算？

金属推拉窗清单工程量按设计图示数量或设计图示洞口尺寸以面积计算。

167. 金属平开窗清单应怎样描述项目特征？包括哪些工程内容？

(1)金属平开窗清单项目特征应描述的内容包括：①窗类型；②框材质、外围尺寸；③扇材质、外围尺寸；④玻璃品种、厚度、五金材料、品种、规格；⑤防护材料种类；⑥油漆品种、刷漆遍数。

(2)金属平开窗清单项目所包括的工程内容有：①窗制作、运输、安装；②五金、玻璃安装；③刷防护材料、油漆。

168. 金属平开窗清单工程量如何计算？

金属平开窗清单工程量按设计图示数量或设计图示洞口尺寸以面积计算。

169. 金属固定窗清单应怎样描述项目特征？包括哪些工程内容？

(1)金属固定窗清单项目特征应描述的内容包括：①窗类型；②框材质、外围尺寸；③扇材质、外围尺寸；④玻璃品种、厚度、五金材料、品种、规格；⑤防护材料种类；⑥油漆品种、刷漆遍数。

(2)金属固定窗清单项目所包括的工程内容有：①窗制作、运输、安装；②五金、玻璃安装；③刷防护材料、油漆。

170. 金属固定窗清单工程量如何计算？

金属固定窗清单工程量按设计图示数量或设计图示洞口尺寸以面积计算。

【例 7-26】　如图 7-48 所示，设计要求制作安装折线形铝合金固定窗，窗高为 1400mm，扇宽为 2400mm，求固定窗清单工程量。

【解】　固定窗工程量＝$1.4 \times 2.4 = 3.36 \text{m}^2$

或　　　　　　　　　　＝1 樘

金属固定窗清单工程量见表 7-26。

表 7-26　　　　　　　　　金属固定窗清单工程量表

项目编码	项目名称	项目特征描述	计量单位	工程量
020406003001	金属固定窗	折线形铝合金固定窗四扇，窗高 1400mm，扇宽 600mm	m²(樘)	3.36(1)

171. 金属百叶窗清单应怎样描述项目特征? 包括哪些工程内容?

(1)金属百叶窗清单项目特征应描述的内容包括:①窗类型;②框材质、外围尺寸;③扇材质、外围尺寸;④玻璃品种、厚度、五金材料、品种、规格;⑤防护材料种类;⑥油漆品种、刷漆遍数。

(2)金属百叶窗清单项目所包括的工程内容有:①窗制作、运输、安装;②五金、玻璃安装;③刷防护材料、油漆。

172. 金属百叶窗清单工程量如何计算?

金属百叶窗清单工程量按设计图示数量或设计图示洞口尺寸以面积计算。

173. 金属组合窗清单应怎样描述项目特征? 包括哪些工程内容?

(1)金属组合窗清单项目特征应描述的内容包括:①窗类型;②框材质、外围尺寸;③扇材质、外围尺寸;④玻璃品种、厚度、五金材料、品种、规格;⑤防护材料种类;⑥油漆品种、刷漆遍数。

(2)金属组合窗清单项目所包括的工程内容有:①窗制作、运输、安装;②五金、玻璃安装;③刷防护材料、油漆。

174. 金属组合窗清单工程量如何计算?

金属组合窗清单工程量按设计图示数量或设计图示洞口尺寸以面积计算。

175. 彩板窗清单应怎样描述项目特征? 包括哪些工程内容?

(1)彩板窗清单项目特征应描述的内容包括:①窗类型;②框材质、外围尺寸;③扇材质、外围尺寸;④玻璃品种、厚度、五金材料、品种、规格;⑤防护材料种类;⑥油漆品种、刷漆遍数。

(2)彩板窗清单项目所包括的工程内容有:①窗制作、运输、安装;②五金、玻璃安装;③刷防护材料、油漆。

176. 彩板窗清单工程量如何计算?

彩板窗清单工程量按设计图示数量或设计图示洞口尺寸以面积计算。

【例 7-27】 有亮三扇彩板窗长为 1900mm,高为 2300mm,如图 7-51

所示,试求其清单工程量。

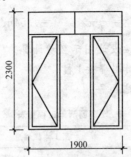

图 7-51 彩板窗设计洞口尺寸

【解】 彩板窗工程量按洞口面积(m²)或设计图示数量计算。

则彩板窗工程量=1.9×2.3=4.37m²

或 =1樘

彩板窗清单工程量见表7-27。

表 7-27 　　　　　　　　　彩板窗清单工程量表

项目编码	项目名称	项目特征描述	计量单位	工程量
020406006001	彩板窗	有亮三扇彩板窗	m²(樘)	4.37(1)

177. 塑钢窗清单应怎样描述项目特征? 包括哪些工程内容?

(1)塑钢窗清单项目特征应描述的内容包括:①窗类型;②框材质、外围尺寸;③扇材质、外围尺寸;④玻璃品种、厚度、五金材料、品种、规格;⑤防护材料种类;⑥油漆品种、刷漆遍数。

(2)塑钢窗清单项目所包括的工程内容有:①窗制作、运输、安装;②五金、玻璃安装;③刷防护材料、油漆。

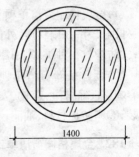

图 7-52 圆形窗设计洞口尺寸

178. 塑钢窗清单工程量如何计算?

塑钢窗清单工程量按设计图示数量或设计图示洞口尺寸以面积计算。

【例 7-28】 某办公楼塑钢圆形窗,直径为 1400mm,如图 7-52 所示,求塑钢圆形窗工程量。

【解】 塑钢窗工程量 $= \dfrac{1}{4}\pi \times 1.4^2 = 1.54\text{m}^2$

塑钢窗工程量也可按设计图示数量计算。

塑钢窗工程量＝设计数量＝1 樘

塑钢窗清单工程量见表 7-28。

表 7-28　　　　　　　　　塑钢窗清单工程量表

项目编码	项目名称	项目特征描述	计量单位	工程量
020406007001	塑钢窗	圆形,直径为 1400mm	m²(樘)	1.54(1)

179. 金属防盗窗清单应怎样描述项目特征？包括哪些工程内容？

(1)金属防盗窗清单项目特征应描述的内容包括：①窗类型；②框材质、外围尺寸；③扇材质、外围尺寸；④玻璃品种、厚度、五金材料、品种、规格；⑤防护材料种类；⑥油漆品种、刷漆遍数。

(2)金属防盗窗清单项目所包括的工程内容有：①窗制作、运输、安装；②五金、玻璃安装；③刷防护材料、油漆。

180. 金属防盗窗清单工程量如何计算？

金属防盗窗清单工程量按设计图示数量或设计图示洞口尺寸以面积计算。

181. 金属格栅窗清单应怎样描述项目特征？包括哪些工程内容？

(1)金属格栅窗清单项目特征应描述的内容包括：①窗类型；②框材质、外围尺寸；③扇材质、外围尺寸；④玻璃品种、厚度、五金材料、品种、规格；⑤防护材料种类；⑥油漆品种、刷漆遍数。

(2)金属格栅窗清单项目所包括的工程内容有：①窗制作、运输、安装；②五金、玻璃安装；③刷防护材料、油漆。

182. 金属格栅窗清单工程量如何计算？

金属格栅窗清单工程量按设计图示数量或设计图示洞口尺寸以面积计算。

【例 7-29】 格栅窗长为 2300mm，高为 2300mm 如图 7-53 所示，试求其清单工程量。

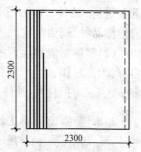

图 7-53　格栅窗设计洞口尺寸

【解】 格栅窗工程量按框外围面积(m²)或设计图示数量计算。

则格栅窗的工程量＝2.3×2.3＝5.29m²

或   ＝1樘

金属格栅窗清单工程量见表 7-29。

表 7-29　　　　　　　　金属格栅窗清单工程量表

项目编码	项目名称	项目特征描述	计量单位	工程量
020406009001	金属格栅窗	洞口尺寸为 2300mm×2300mm	m²(樘)	5.29(1)

183. 特殊五金清单应怎样描述项目特征？包括哪些工程内容？

(1)特殊五金清单项目特征应描述的内容包括：①五金名称、用途；②五金材料、品种、规格。

(2)特殊五金清单项目所包括的工程内容有：①五金安装；②刷防护材料、油漆。

184. 特殊五金清单工程量如何计算？

特殊五金清单工程量按设计图数量计算。

185. 铝合金门窗制作与安装定额包括哪些工作内容？

铝合金门窗制作与安装定额项目范围包括单扇地弹门、双扇地弹门、四扇地弹门、双扇双玻璃地弹门、单扇平开门(窗)、推拉窗、固定窗、不锈钢片包门框等，共列 27 个子目，共工作内容包括：

(1)制作：型材矫正、放样下料，切割断料、钻孔组装、制作搬运。

(2)安装：现场搬运、安装、校正框扇、裁安玻璃、五金配件、周边塞口清扫等。

(3)定位、弹线、安装骨架、钉木基层、粘贴不锈钢片面层、清扫等全部操作过程。

木骨架枋材 40mm×45mm，设计与定额不符时可以换算。

186. 铝合金、不锈钢门窗安装定额包括哪些工作内容？

铝合金、不锈钢门窗安装定额项目范围包括地弹门、平开门、推拉窗、固定窗、平开窗、防盗窗、百叶窗、卷闸门安装等，共列 13 个子目，其工作内容包括现场搬运、安装框扇、校正、安装玻璃及配件、周边塞口、清扫等。

地弹门、双扇全玻地弹门包括不锈钢上下帮地弹门、拉手、玻璃胶及安装所需辅助材料。

187. 彩板组角钢门窗安装定额包括哪些工作内容？

彩板组角钢门窗安装定额项目范围包括彩板门、彩板窗、附框100m三个子目，其工作内容包括：校正框扇、安装玻璃、装配五金，焊接接件、周边塞缝等。

采用附框安装时，计算工程量应扣除门窗安装子目中的膨胀螺栓、密封膏用量及其他材料费。

188. 塑料门窗安装定额包括哪些工作内容？

塑料门窗安装定额项目共列带亮塑料门、不带原塑料门、单层塑料窗和带组装料窗4个子目，其工作内容包括：校正框扇、安装门窗、裁定玻璃，装配五金配件，周边塞缝等。

189. 钢门窗安装定额包括哪些工作内容？

钢门窗安装定额项目范围包括普通钢门窗、钢天窗、钢防盗门、全板钢大门、围墙钢大门等，共列18个子目，其工作内容包括：

(1)解捆、划线定位、调直、凿洞、吊正、埋铁件、塞缝、安纱门窗、纱门扇、拼装组合、钉胶条、小五金安装等全部操作过程。

1)钢门窗安装按成品考虑(包括五金配件和铁脚在内)。

2)钢天窗安装角铁横挡及连接件，设计与定额用量不同时，可以调正，损耗按60%。

3)实腹式或空腹式钢门窗均执行定额。

4)组合窗、钢天窗为拼装缝需满刮油灰时，每100m² 洞口面积增加人工5.54工日，油灰58.5kg。

5)钢门窗安玻璃，如采用塑料、橡胶条，按门窗安装工程量每100m²计算压条736m。

(2)放样、划线、裁料、平直、钻孔、拼装、焊接、成品校正，刷防锈漆及成品堆放。

190. 铝合金门窗制作安装定额工程量如何计算？

铝合金、不锈钢门窗、彩板组角钢门窗、塑料门窗、钢门窗安装，均按设计门窗洞口面积计算。

【例7-30】　某工程铝合金组合门窗,如图7-54所示,门为单扇平开门,窗为双扇推拉窗(无上亮),共35樘,试计算铝合金组合门窗工程量及铝合金型材用料量。

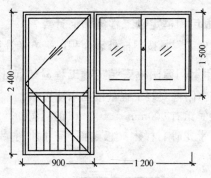

图7-54　铝合金组合门窗

【解】　(1)单扇平开门工程量计算:

$$单扇平开门工程量＝门宽×门高×樘数$$
$$＝0.9×2.4×35$$
$$＝75.6m^2$$

按定额7-272*,单扇平开门铝合金型材用量为:

$$6.758×75.6＝510.90kg$$

(2)双扇推拉窗工程量计算:

双扇推拉窗工程量＝窗宽×窗高×樘数＝1.2×1.5×35＝63m²

按定额7-276,双扇推拉窗铝合金型材用量为:

$$6.336×63＝399.17kg$$

191. 卷闸门安装定额工程量如何计算?

卷闸门安装工程量按洞口高度增加600mm乘以门实际宽度以 m² 计算。电动装置安装以套计算,小门安装以个计算。

【例7-31】　某大楼需安装 8 樘铝合金卷闸门,预留孔高度为2800mm,实际卷闸门宽为2200mm,试计算此卷闸门安装工程量。

---

* 本书中所套用定额如无特殊说明,均指《全国统一建筑工程基础定额(土建)》。

【解】 铝合金卷闸门工程量＝(预留孔高度＋0.6)×卷闸门宽×樘数
$$=(2.8+0.6)\times2.2\times8$$
$$=59.84\text{m}^2$$

192. 不锈钢板包门框定额工程量如何计算?

不锈钢板包门框工程量按门框外表面积以平方米计算。

193. 彩板组角钢门窗附框安装定额工程量如何计算?

彩板组角钢门窗附框安装工程量按延米计算。

【例 7-32】 某宾馆有 900mm×2100mm 的门洞 66 樘,内外钉贴细木工板门套、贴脸(不带龙骨),榉木夹板贴面,尺寸如图 7-55 所示,计算工程量。

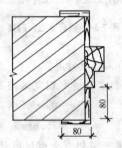

图 7-55　榉木夹板贴面尺寸

【解】 (1)门窗木贴脸工程量计算:

门窗木贴脸工程量＝(门洞宽＋贴脸宽×2＋门洞高×2)×贴脸宽
$$=(0.90+0.08\times2+2.10\times2)\times0.08\times2\times66$$
$$=55.55\text{m}^2$$

(2)榉木筒子板工程量计算:

榉木筒子板工程量＝(门洞宽＋门洞高×2)×筒子板宽
$$=(0.90+2.10\times2)\times0.08\times2\times66=53.86\text{m}^2$$

194. 什么是门窗套?

门窗套是指在门窗洞的两个立边垂直面,可突出外墙形成边框也可与外墙平齐,既要立边垂直平整又要满足与墙面平整,故此质量要求很高。

门窗套可起保护墙体边线的作用,门套还起着固定门扇的作用,而窗套则可在装饰过程中修补窗框密封不实、通风漏气的毛病。门窗套常见的材料有木门窗套、金属门窗套、石材门窗套等。

195. 什么是门窗贴脸?

门窗贴脸也称门(窗)的头线,指镶在门(窗)外的木板。木贴脸板形式如图 7-56 所示。

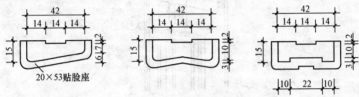

图 7-56　木贴脸板形式

196. 什么是筒子板?

筒子板是指在一些高级装饰的房间中的门窗洞口周边墙面(外门窗在洞口内侧墙面)、过厅门洞的周边或装饰性洞口周围,用装饰板饰面的作法。

197. 门窗筒子板应怎样制作?

门窗木筒子板的面板一般用五夹板或木板制作。采用五夹板作面板时,其构造如图 7-57 所示。

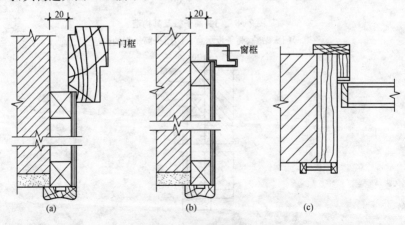

(a)　　　　　　　　　(b)　　　　　　　　　(c)

图 7-57　门窗筒子板构造

门窗木筒子板安装施工工序:检查门窗洞及埋件→制作及安装木龙骨→装钉面板。

198. 门头及窗樘筒子板的构造是怎样的?

门头筒子板的构造如图 7-58 所示,窗樘筒子板构造如图 7-59 所示。

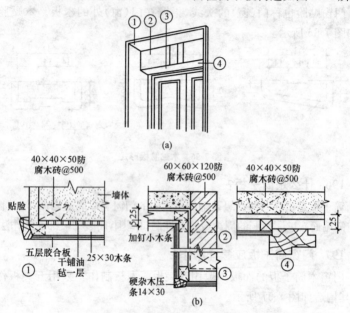

图 7-58　门头筒子板及其构造
(a)门头贴脸、筒子板示意;(b)门头筒子板的构造

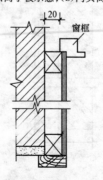

图 7-59　窗樘筒子板

木筒子板的操作工序为检查门窗洞口及埋件→制作及安装木龙骨→装钉面板。

木筒子板的安装,一般是根据设计要求在砖或混凝土墙体中埋入经过防腐处理的木砖,中距一般为 500mm。采用木筒子板的门窗洞口应比门窗樘宽 40mm,洞口比门窗樘高出 25mm,以便于安装筒子板。

199. 门窗套包括哪些清单项目?

门窗套清单项目包括木门窗套、金属门窗套、石材门窗套、硬木筒子板、饰面夹板筒子板。

200. 木门窗套清单应怎样描述项目特征? 包括哪些工程内容?

(1)木门窗套清单项目特征应描述的内容包括:①底层厚度、砂浆配合比;②立筋材料种类、规格;③基层材料种类;④面层材料品种、规格、品种、品牌、颜色;⑤防护材料种类;⑥油漆品种、刷油遍数。

(2)木门窗套清单项目所包括的工程内容有:①清理基层;②底层抹灰;③立筋制作、安装;④基层板安装;⑤面层铺贴;⑥刷防护材料、油漆。

201. 木门窗套清单工程量如何计算?

木门窗套清单工程量按设计图示尺寸的展开面积计算。

202. 金属门窗套清单应怎样描述项目特征? 包括哪些工程内容?

(1)金属门窗套清单项目特征应描述的内容包括:①底层厚度、砂浆配合比;②立筋材料种类、规格;③基层材料种类;④面层材料品种、规格、品种、品牌、颜色;⑤防护材料种类;⑥油漆品种、刷油遍数。

(2)金属门窗套清单项目所包括的工程内容有:①清理基层;②底层抹灰;③立筋制作、安装;④基层板安装;⑤面层铺贴;⑥刷防护材料、油漆。

203. 金属门窗套清单工程量如何计算?

金属门窗套清单工程量按设计图示尺寸的展开面积计算。

204. 石材门窗套清单应怎样描述项目特征? 包括哪些工程内容?

(1)石材门窗套清单项目特征应描述的内容包括:①底层厚度、砂浆配合比;②立筋材料种类、规格;③基层材料种类;④面层材料品种、规格、品种、品牌、颜色;⑤防护材料种类;⑥油漆品种、刷油遍数。

(2)石材门窗套清单项目所包括的工程内容有:①清理基层;②底层抹灰;③立筋制作、安装;④基层板安装;⑤面层铺贴;⑥刷防护材料、油漆。

205. 石材门窗套清单工程量如何计算?

石材门窗套清单工程量按设计图示尺寸的展开面积计算。

206. 门窗木贴脸清单应怎样描述项目特征? 包括哪些工程内容?

(1)门窗木贴脸清单项目特征应描述的内容包括:①底层厚度、砂浆配合比;②立筋材料种类、规格;③基层材料种类;④面层材料品种、规格、品种、品牌、颜色;⑤防护材料种类;⑥油漆品种、刷油遍数。

(2)门窗木贴脸清单项目特征所包括的工程内容有:①清理基层;②底层抹灰;③立筋制作、安装;④基层板安装;⑤面层铺贴;⑥刷防护材料、油漆。

207. 门窗木贴脸清单工程量如何计算?

门窗木贴脸清单工程量按设计图示尺寸的展开面积计算。

【例 7-33】 某办公楼门窗木贴脸,长为 1300mm,高为 2600mm,如图 7-60 所示,试求其清单工程量。

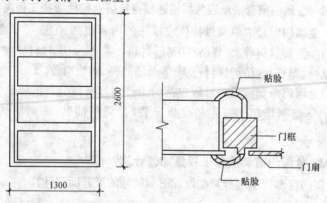

图 7-60　门贴脸示意图

【解】 门窗贴脸的工程量:按实际长度计算,若图纸中未标明尺寸时,门窗贴脸按门窗外围的长度计算。

门双面钉贴脸的工程量=(2.6+2.6+1.3)×2(两面)=13.00m

门窗木贴脸清单工程量见表7-30。

表7-30　　　　　　　　　门窗木贴脸清单工程量表

项目编码	项目名称	项目特征描述	计量单位	工程量
020407004001	门窗木贴脸	门双面钉贴脸,门外围尺寸为1300mm×2600mm	m	13.00

208. 硬木筒子板清单应怎样描述项目特征? 包括哪些工程内容?

(1)硬木筒子板清单项目特征应描述的内容包括:①底层厚度、砂浆配合比;②立筋材料种类、规格;③基层材料种类;④面层材料品种、规格、品种、品牌、颜色;⑤防护材料种类;⑥油漆品种、刷油遍数。

(2)硬木筒子板清单项目所包括的工程内容有:①清理基层;②底层抹灰;③立筋制作、安装;④基层板安装;⑤面层铺贴;⑥刷防护材料、油漆。

209. 硬木筒子板清单工程量如何计算?

硬木筒子板清单工程量按设计图示尺寸的展开面积计算。

210. 饰面夹板筒子板清单应怎样描述项目特征? 包括哪些工程内容?

(1)饰面夹板筒子板清单项目特征应描述的内容包括:①底层厚度、砂浆配合比;②立筋材料种类、规格;③基层材料种类;④面层材料品种、规格、品种、品牌、颜色;⑤防护材料种类;⑥油漆品种、刷油遍数。

(2)饰面夹板筒子板清单项目所包括的工程内容有:①清理基层;②底层抹灰;③立筋制作、安装;④基层板安装;⑤面层铺贴;⑥刷防护材料、油漆。

211. 饰面夹板筒子板清单工程量如何计算?

饰面夹板筒子板清单工程量按设计图示尺寸的展开面积计算。

212. 门窗套定额工程量如何计算?

门窗套定额工程量按展开面积计算。

213. 窗帘盒的作用是什么？其构造应符合哪些要求？

窗帘盒设置在窗的上口，主要用来吊挂窗帘，并对窗帘导轨等构件起遮挡作用，具有美化居室的作用。窗帘盒的长度一般以窗帘拉开后不影响采光面积为准，一般为：洞口宽度＋300mm 左右（洞口两侧各 150mm 左右）；深度（即出挑尺寸）与所选用的窗材料的厚薄和窗帘的层数有关，一般为120～200mm，保证在拉扯每层窗帘时互不牵动。窗帘盒材料有木材、金属板、塑料板等。

214. 木窗帘盒有哪些类别？

木窗帘盒分为明窗帘盒（即单体窗帘盒）和暗装窗帘盒。窗帘盒里悬挂窗帘，简单的用木棍或钢筋棍，而普遍采用的是窗帘轨道，轨道有单轨、双轨或三轨。目前有的采用 ϕ19～ϕ25 不锈钢管替代窗帘轨。拉窗帘又有手动和电动之分。图 7-61 和图 7-62 为普通常用的单轨明、暗窗帘盒示意图。

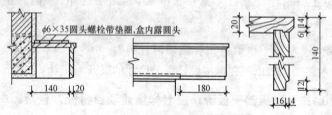

图 7-61　单轨明窗帘盒

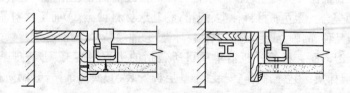

图 7-62　单轨暗窗帘盒

215. 什么是饰面夹板、塑料窗帘盒？

饰面夹板、塑料窗帘盒的规格要求同木窗帘盒，只是材质不同。塑料窗帘盒具有质量轻、美观大方等优点。

216. 什么是窗帘轨?

窗帘轨的滑轨通常采用铝镁合金辊压制品及轨制型材,或着色镀锌铁板、镀锌钢板及钢带、不锈钢钢板及钢带、聚氯乙烯金属层积板等材料制成,支架材料与滑轨相同,美观大方。滚轮、滑轮等零件采用工程塑料,滚动灵活,开启方便,经久耐用;用双圈金属挂环悬挂窗帘,装卸方便。窗帘轨是各类高级建筑和民用住宅的铝合金窗、塑料窗、钢窗、木窗等理想的配套设备。滑轨是商品化成品,有单向、双向拉开等,在建筑工程中往往只安装窗帘滑轨。

217. 窗帘盒、窗帘轨包括哪些清单项目?

窗帘盒、窗帘轨清单项目包括木窗帘盒、饰面夹板、塑料窗帘盒、铝合金属窗帘盒、窗帘轨。

218. 木窗帘盒清单应怎样描述项目特征? 包括哪些工程内容?

(1)木窗帘盒清单项目特征应描述的内容包括:①窗帘盒材质、规格、颜色;②窗帘轨材质、规格;③防护材料种类;④油漆种类、刷漆遍数。

(2)木窗帘清单项目所包括的工程内容有:①制作、运输、安装;②刷防护材料、油漆。

219. 木窗帘盒清单工程量如何计算?

木窗帘盒清单工程量按设计图示尺寸以长度计算。

【例 7-34】　某窗洞宽为 2100mm,其上设置木窗帘盒,如图 7-63 所示,试求其清单工程量。

【解】　窗帘盒工程量按设计尺寸以长度计算,若设计图纸未注明尺寸时,可按窗洞尺寸加 300mm,钢筋窗帘杆加 600mm 以延长米计算。

则窗帘盒工程量＝2.1＋0.3＝2.40m

木窗帘盒清单工程量见表 7-31

表 7-31　　　　　　　　木窗帘盒清单工程量表

项目编码	项目名称	项目特征描述	计量单位	工程量
020408001001	木窗帘盒	窗洞口宽为 2100mm	m	2.40

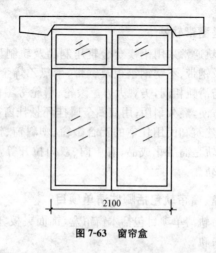

2100

图 7-63　窗帘盒

220. 饰面夹板、塑料窗帘盒清单应怎样描述项目特征？包括哪些工程内容？

（1）饰面夹板、塑料窗帘盒清单项目特征应描述的内容包括：①窗帘盒材质、规格、颜色；②窗帘轨材质、规格；③防护材料种类；④油漆种类、刷漆遍数。

（2）饰面夹板、塑料窗帘盒清单项目所包括的工程内容有：①制作、运输、安装；②刷防护材料、油漆。

221. 饰面夹板、塑料窗帘盒清单工程量如何计算？

饰面夹板、塑料窗帘盒清单工程量按设计图示尺寸以长度计算。

222. 铝合金属窗帘盒清单应怎样描述项目特征？包括哪些工程内容？

（1）铝合金属窗帘盒清单项目特征应描述的内容包括：①窗帘盒材质、规格、颜色；②窗帘轨材质、规格；③防护材料种类；④油漆种类、刷漆遍数。

（2）铝合金属窗帘盒清单项目所包括的工程内容有：①制作、运输、安装；②刷防护材料、油漆。

223. 铝合金属窗帘盒清单工程量如何计算？

铝合金属窗帘盒清单工程量按设计图示尺寸以长度计算。

224. 窗帘轨清单应怎样描述项目特征？包括哪些工程内容？

(1)窗帘轨清单项目特征应描述的内容包括：①窗帘盒材质、规格、颜色；②窗帘轨材质、规格；③防护材料种类；④油漆种类、刷漆遍数。

(2)窗帘轨清单项目所包括的工程内容有：①制作、运输、安装；②刷防护材料、油漆。

225. 窗帘轨清单工程量如何计算？

窗帘轨清单工程量按设计图示尺寸以长度计算。

226. 窗帘盒、窗帘轨定额工程量如何计算？

窗帘盒、窗帘轨定额工程量按延长米计算。

227. 窗台板的作用是什么？其构造要求怎样？

窗台板一般设置在窗内侧沿处，用于临时摆设台历、杂志、报纸、钟表等物件，以增加室内装饰效果。窗台板常用木材、水泥、水磨石、大理石、塑钢、铝合金等制作。窗台板宽度一般为 100～200mm，厚度为 20～50mm。

228. 什么是木窗台板？

木窗台板是在窗下槛内侧面装设的木板，板两端伸出窗头线少许，挑出墙面 20～40mm，板厚一般为 30mm 左右，板下可设窗肚板（封口板）或钉各种线条，如图 7-64 所示。

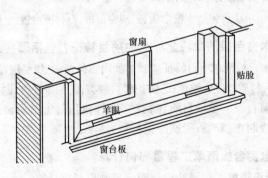

图 7-64　木窗台板

229. 什么是铝塑窗台板？

铝塑窗台板是指用铝塑材料制作的窗台板，其作用及构造要求与木窗台板基本相同。

230. 什么是石材窗台板？

石材窗台板是指用水磨石或磨光花岗石制作而成的窗台板，其作用及构造要求与木窗台板基本相同。

(1)水磨石窗台板应用范围为 600～2400mm，窗台板净跨比洞口少 10mm，板厚为 40mm。应用于 240mm 墙时，窗台板宽 140mm；应用于 360mm 墙时，窗台板宽为 200mm 或 260mm；应用于 490mm 墙时，窗台板宽度为 330mm。

(2)水磨石窗台板的安装采用角铁支架，其中距为 500mm，混凝土窗台梁端部应伸入墙 120mm，若端部为钢筋混凝土柱时，应留插铁。

(3)窗台板的露明部分均应打蜡。

(4)大理石或磨光花岗石窗台板，厚度为 35mm，采用 1∶3 水泥砂浆固定。

231. 什么是金属窗台板？

金属窗台板是指用金属材料制作而成的窗台板，其作用及构造要求与木窗台板基本相同。

232. 窗台板包括哪些清单项目？

窗台板清单项目包括木窗台板、铝塑窗台板、石材窗台板、金属窗台板。

233. 木窗台板清单应怎样描述项目特征？包括哪些工程内容？

(1)木窗台板清单项目特征应描述的内容包括：①找平层厚度、砂浆配合比；②窗台板材质、规格、颜色；③防护材料种类；④油漆种类、刷漆遍数。

(2)木窗台板清单项目所包括的工程内容有：①基层清理；②抹找平层；③窗台板制作、安装；④刷防护材料、油漆。

234. 木窗台板清单工程量如何计算？

木窗台板清单工程量按设计图示尺寸以长度计算。

235. 铝塑窗台板清单应怎样描述项目特征？包括哪些工程内容？

(1)铝塑窗台板清单项目特征应描述的内容包括：①找平层厚度、砂浆配合比;②窗台板材质、规格、颜色;③防护材料种类;④油漆种类、刷漆遍数。

(2)铝塑窗台板清单项目所包括的工程内容有:①基层清理;②抹找平层;③窗台板制作、安装;④刷防护材料、油漆。

236. 铝塑窗台板清单工程量如何计算?

铝塑窗台板清单工程量按设计图示尺寸以长度计算。

237. 石材窗台板清单怎样描述项目特征? 包括哪些工程内容?

(1)石材窗台板清单项目特征应描述的内容包括:①找平层厚度、砂浆配合比;②窗台板材质、规格、颜色;③防护材料种类;④油漆种类、刷漆遍数。

(2)石材窗台板清单项目所包括的工程内容:①基层清理;②抹找平层;③窗台板制作、安装;④刷防护材料、油漆。

238. 石材窗台板清单工程量如何计算?

石材窗台板清单工程量按设计图示尺寸以长度计算。

239. 金属窗台板清单应怎样描述项目特征? 包括哪些工程内容?

(1)金属窗台板清单项目特征应描述的内容包括:①找平层厚度、砂浆配合比;②窗台板材质、规格、颜色;③防护材料种类;④油漆种类、刷漆遍数。

(2)金属窗台板清单项目所包括的工程内容:①基层清理;②抹找平层;③窗台板制作、安装;④刷防护材料、油漆。

240. 金属窗台板清单工程量如何计算?

金属窗台板清单工程量按设计图示尺寸以长度计算。

241. 窗台板定额工程量如何计算?

窗台板定额工程量按实铺面积计算。

第八章

·油漆、涂料、裱糊工程计量与计价·

1. 什么是油漆(涂料)?

油漆(涂料)是一种呈流动状态或可液化固体粉末状态的物质,它可以采用不同的施工工艺涂覆于物体表面,经过物理或化学反应,能在物体表面形成一层连续、均匀的涂膜,并对被涂物体起保护、装饰等作用。

2. 什么是油漆工程?

油漆工程是指各种油类、漆类、涂料及树脂涂刷在建筑物、木材、金属表面,以保护建筑物、木材、金属表面不受侵蚀的施工工艺,具有装饰、耐用的特点。

3. 什么是油色? 其作用是什么?

油色是指既能显示木材面纹理,又能使木材面底色一致的一种自配油漆,它介于厚漆与清油之间。因厚漆涂刷在木材面上能遮盖木材面纹理,而清油是一种透明的调和漆,油色则只能稀释厚漆而不能改变油漆的性质,所以也可以说油色是一种带颜色的透明油漆。油色主要用于透明木材面木纹的清漆面油漆工艺中,很少用于做色面漆工艺。

4. 什么是聚酯清漆面漆?

聚酯清漆面漆是指在已经装好底漆并打磨后涂装面漆,面漆分为清面漆、哑光透明面漆、有色透明清面漆和有色哑光面漆。面漆与固化剂、稀释剂按规定比例调匀,喷涂或刷涂两遍。由于品种不同,各种面漆分多种品种,聚酯面漆具有良好的光泽度、丰满度、硬度和流平性。

5. 什么是熟桐油?

熟桐油即经过炼制的桐油,其是用油桐的种子榨的油,黄棕色,有毒,是质量很好的干性油,用来制造油漆、油墨、油布,也可做防水防腐剂。

6. 什么是清油?

清油又称鱼油、熟油,干燥后漆膜柔软,易发黏,多用于调稀厚漆和红丹防锈漆,也可单独涂于金属、材料表面或打底子及调配腻子。

7. 什么是透明腻子?

透明腻子是保持木材面天然纹路不被覆盖的装饰材料。因腻子是单组分结构,使用时无需加入固化剂,可直接使用或加入稀释剂,稀释后使用。透明腻子具有黏度大、填孔能力强、干燥速度快、透明度好、易打磨等特点。

8. 什么是乳胶?

乳胶是指乳白色液体粘结剂的一种,其成分为聚酯乙烯树脂,可直接使用或用少量水调剂,胶结强度较高。

9. 什么是漆片?

漆片是一种涂料,漆片即虫胶漆,或称泡立水、胶片。用时以酒精等溶解涂在器具上能很快地干燥,它一般多与硝基清漆配套使用。

10. 什么是厚漆?

厚漆即铅油、厚铅油、厚油、白油膏,是用颜料与干性油混合研磨而成的稠厚状油漆,漆膜柔软,但光亮度差,坚硬性也较差,要加入清油、松节油等,调配到可做的程度才能使用,广泛用作各种面漆前的涂层打底,或单独用作要求不太高的木质、金属表面涂覆。

11. 什么是清漆?

清漆是指用树脂、亚麻油或松节油等制成的一种不含颜料的油漆,分为油质清漆和挥发性清漆两大类。油质清漆也叫凡立水,如脂胶清漆、酚醛清漆等。漆膜干燥快、光泽较好,可用于物体表面的罩光。挥发性油漆如虫胶清漆(俗称泡立水),是将漆片(虫胶漆)溶于酒精(纯度 95% 以上)内制得的,使用方便,干燥快,漆膜坚硬光亮,但耐水、耐热、耐气候性均较差,易失光,多用于室内木材面层打底和罩面。

12. 什么是油灰?

油灰是指由石膏粉(或滑石粉等)和粘结剂(血料、皮胶、骨胶、桐油、清漆或喷漆)调制而成的膏状物体。

13. 什么是调和漆?

调和漆是人造漆的一种,多用于木材面和金属面涂刷。其中由干性漆和颜料组成的,也称为"油性调和漆"。由清漆和颜料组成的,称为"磁性调和漆"。

14. 什么是防锈漆?

防锈漆是指能保护金属面免受大气、海水等侵蚀的涂料。主要原料有防锈颜料(如氧化锌、锌铬黄、铝酸钙、铅粉、云母、氧化铁、铅丹等)、干性油、树脂和沥青等经调制研磨而成。

15. 油漆、涂料、裱糊工程量清单项目应如何设置?

油漆、涂料、裱糊工程量清单设置共分九项,包括:门油漆;窗油漆;木扶手及其他板条线条油漆;木材面油漆;金属面油漆;抹灰面油漆;喷刷、涂料;花饰、线条刷涂料;裱糊工程。

油漆、涂料、裱糊工程的清单一级编码02(清单计价规范附录 B);二级编码05(清单计价规范第五章油漆、涂料、裱糊工程);三级编码01~09(从门油漆至裱糊);四级编码从 001 起,根据各项目所包含的清单项目不同,依次递增。上述这九位为全国统一编码,编制分部分项工程量清单时应按附录中的相应编码设置,不得变动。五级编码为三位数,是清单项目名称编码,由清单编制人根据设置的清单项目编制。

16. 门油漆清单应怎样描述项目特征? 包括哪些工程内容?

(1)门油漆清单项目特征应描述的内容包括:①门类型;②腻子种类;③刮腻子要求;④防护材料种类;⑤油漆品种、刷漆遍数。

(2)门油漆清单项目所包括的工程内容有:①基层清理;②刮腻子;③刷防护材料、油漆。

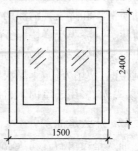

图 8-1　某全玻自由门尺寸

17. 门油漆清单工程量如何计算?

门油漆清单工程量按图示数量或设计图示单面洞口面积计算。

【例 8-1】　某全玻自由门,尺寸如图8-1所示,油漆为底油一遍,调和漆三遍,共计 20 樘,计算油漆清单工程量。

【解】　全玻自由门油漆工程量可按设计图示洞口尺寸以面积计算。

油漆工程量＝长×宽×数量＝$1.5×2.4×20＝72.00m^2$

全玻自由门油漆工程量也可按设计图示数量计算。

油漆工程量＝20樘

门油漆清单工程量见表8-1。

表8-1　　　　　　　　　　门油漆清单工程量表

项目编码	项目名称	项目特征描述	计量单位	工程量
020501001001	门油漆	全玻自由门、底油一遍,调和漆三遍	m²(樘)	72.00(20)

18. 木门油漆定额工程量如何计算?

木门油漆工程量计算方法及工程量系数如表8-2所示。

表8-2　　　　　　　　　　单层木门油漆工程量系数表

项　目　名　称	系　数	工程量计算方法
单层木门	1.00	
双层(一玻一纱)木门	1.36	
双层(单裁口)木门	2.00	按单面洞口面积
单层全玻门	0.83	
木百叶门	1.25	
厂库大门	1.10	

19. 窗油漆清单应怎样描述项目特征? 包括哪些工程内容?

(1)窗油漆清单项目特征应描述的内容包括:①窗类型;②腻子种类;③刮腻子要求;④防护材料种类;⑤油漆品种、刷漆遍数。

(2)窗油漆清单项目所包括的工程内容有:①基层清理;②刮腻子;③刷防护材料、油漆。

20. 窗油漆清单工程量如何计算?

窗油漆清单工程量按设计图示数量或设计图示单面洞口面积计算。

【例8-2】 某别墅有平开窗12樘,尺寸规格如图8-2所示,求窗油漆清单工程量。

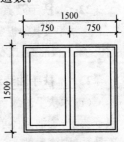

图8-2　平开窗

【解】　窗油漆工程量可按设计图示洞口尺寸以面积计算。

窗油漆工程量＝长×宽×数量

　　　　　　　＝1.5×1.5×12

　　　　　　　＝27m²

窗油漆工程量也可按设计图示数量计算。

窗油漆工程量＝12 樘

平开窗油漆清单工程量见表 8-3。

表 8-3　　　　　　　　　平开窗油漆清单工程量表

项目编码	项目名称	项目特征描述	计量单位	工程量
020503001001	平开窗油漆	平开窗油漆	m²(樘)	27(12)

21. 单层玻璃窗定额工程量如何计算?

单层玻璃窗工程量计算方法及工程量系数见表 8-4。

表 8-4　　　　　　　　　单层木窗工程量系数表

项 目 名 称	系 数	工程量计算方法
单层玻璃窗	1.00	
双层(一玻一纱)窗	1.36	
双层(单裁口)窗	2.00	
三层(二玻一纱)窗	2.60	按单面洞口面积
单层组合窗	0.83	
双层组合窗	1.13	
木百叶窗	1.50	

22. 木扶手及其他板条线条油漆包括哪些清单项目?

木扶手及其他板条线条油漆清单项目包括木扶手油漆,窗帘盒油漆,封檐板、顺水板油漆,挂衣板、黑板框油漆,挂镜线、窗帘棍、单独木线油漆。

23. 木扶手油漆清单应怎样描述项目特征? 包括哪些工程内容?

(1)木扶手油漆清单项目特征应描述的内容包括:①腻子种类;②刮腻子要求;③油漆体单位展开面积;④油漆体长度;⑤防护材料种类;⑥油漆品种、刷漆遍数。

(2)木扶手油漆清单项目所包括的工程内容有:①基层清理;②刮腻

子;③刷防护材料、油漆。

24. 木扶手油漆清单工程量如何计算?

木扶手油漆清单工程量按图示尺寸以长度计算。

【例8-3】　某房间楼梯扶手如图8-3所示,求木扶手油漆清单工程量。

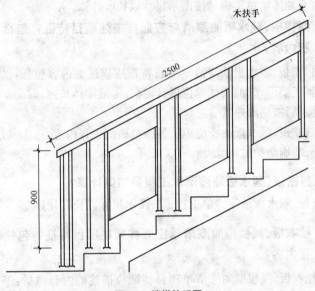

图8-3　楼梯扶手图

【解】　木扶手油漆应按设计图示尺寸以长度计算。

木扶手油漆工程量＝设计尺寸＝2.5m

木扶手油漆清单工程量见表8-5。

表8-5　　　　　　　　木扶手油漆清单工程量表

项目编码	项目名称	项目特征描述	计量单位	工程量
020503001001	木扶手油漆	木扶手油漆	m	2.5

25. 窗帘盒油漆清单应怎样描述项目特征? 包括哪些工程内容?

(1)窗帘盒油漆清单项目特征应描述的内容包括:①腻子种类;②刮
腻子要求;③油漆体单位展开面积;④油漆体长度;⑤防护材料种类;⑥油

漆品种、刷漆遍数。

(2)窗帘盒油漆清单项目所包括的工程内容有：①基层清理；②刮腻子；③刷防护材料、油漆。

26. 窗帘盒油漆清单工程量如何计算？

窗帘盒油漆清单工程量按图示尺寸以长度计算。

27. 封檐板、顺水板油漆清单应怎样描述项目特征？包括哪些工程内容？

(1)封檐板、顺水板油漆清单项目特征应描述的内容包括：①腻子种类；②刮腻子要求；③油漆体单位展开面积；④油漆体长度；⑤防护材料种类；⑥油漆品种、刷漆遍数。

(2)封檐板、顺水板油漆清单项目所包括的工程内容有：①基层清理；②刮腻子；③刷防护材料、油漆。

28. 封檐板、顺水板油漆清单工程量如何计算？

封檐板、顺水板油漆清单工程量按图示尺寸以长度计算。

29. 挂衣板、黑板框油漆清单应怎样描述项目特征？包括哪些工程内容？

(1)挂衣板、黑板框油漆清单项目特征应描述的内容包括：①腻子种类；②刮腻子要求；③油漆体单位展开面积；④油漆体长度；⑤防护材料种类；⑥油漆品种、刷漆遍数。

(2)挂衣板、黑板框油漆清单项目所包括的工程内容有：①基层清理；②刮腻子；③刷防护材料、油漆。

30. 挂衣板、黑板框油漆清单工程量如何计算？

挂衣板、黑板框油漆清单工程量按图示尺寸以长度计算。

31. 挂镜线、窗帘棍、单独木线油漆清单应怎样描述项目特征？包括哪些工程内容？

(1)挂镜板、窗帘棍、单独木线油漆清单项目特征应描述的内容包括：①腻子种类；②刮腻子要求；③油漆体单位展开面积；④油漆体长度；⑤防护材料种类；⑥油漆品种、刷漆遍数。

(2)挂镜线、窗帘棍、单独木线油漆清单项目所包括的工程内容有：①基层清理；②刮腻子；③刷防护材料、油漆。

32. 挂镜线、窗帘棍、单独木线油漆清单工程量如何计算？

挂镜线、窗帘棍、单独木线油漆清单工程量按图示尺寸以长度计算。

33. 木扶手及其他板条线条油漆定额工程量如何计算？

木扶手及其他板条线条油漆工程量计算方法和工程量系数见表8-6。

表 8-6　　　　　　木扶手及其他板条线条油漆工程量系数表

项目名称	系数	工程量计算方法	项目名称	系数	工程量计算方法
木扶手(不带托板)	1.00		封檐板、顺水板	1.74	
木扶手(带托板)	2.60	按延米	挂衣板、黑板框	0.52	按延米
窗帘盒	2.04		生活园地框、挂镜线、窗帘棍	0.35	

34. 什么是各色油性调和漆？其适用范围有哪些？

各色油性调和漆是指用干性植物油与各种颜料、体质颜料研磨后，加入催干剂及 200 号溶剂汽油或松节油调制而成。其耐候性好，但干燥慢。适用于室内外一般金属、木质物面及建筑物表面的装饰和涂刷。

35. 什么是木护墙、木墙裙、墙裙？

木护墙是指保护墙体用的木装修。

墙裙是指室内踢脚线和外墙勒脚经以上需要进行特殊处理的护壁层，有外墙裙和内墙裙之分。

木墙裙是用木龙骨、胶合板、装饰线条构造的护墙设施。

36. 防水涂料主要包括哪些种类？

(1)溶剂型防水涂料。是以高分子合成树脂溶于有机溶剂中形成的溶剂为基料，加入颜料、填料和助剂制备而成的。它是依靠溶剂的挥发或涂料组分间的化学反应成膜的，因此施工基本上不受气温影响，可在较低温度下施工。

(2)乳液型防水涂料。它是单组分涂料，施工简单方便，成膜过程靠水分挥发和乳液颗粒融合完成，无有机溶剂逸出，完全无环境污染，不会燃烧。

37. 什么是窗台板、盖板、踢脚线？

窗台板是指窗下框内侧设置的两端挑出墙面 30～40mm 的木板，厚约 30mm。

盖板是指室内装修标准窗时，两扇窗的高低链接缝处在一面或两面加钉的压缝条。

踢脚线即楼地面与内墙脚相交处的护壁层，主要是为了保护内墙角免遭破坏，并可保持表面清洁。

38. 什么是天棚、檐口？

天棚即房间内部在屋顶或楼梯下面加的一层东西，一般用木板做成，也有的用木条、苇箔制成，起保温、隔声、美观的作用。

檐口即房檐上水流出的位置。

39. 什么是石头漆？其特点是什么？

石头漆即外观如石头般的一种漆类涂料，用喷涂工具喷附在墙面或物体表面上，使其有石头花岗岩面之外观，使之具有自然、稳重、气派的石材面貌。石头漆是用天然花岗岩微砂粒配以特殊矿物盐结合剂，经喷涂方式粘贴在物体表面，施工快速方便。该产品抗老化、耐火、耐候、耐水、永不褪色，抗酸雨侵蚀，清洗容易。石头漆由打底漆、石头中漆和透明搪瓷面漆三种材料组合而成。

40. 什么是木方格吊顶天棚油漆？

木方格吊顶天棚油漆是指聚氨酯漆料和不饱和聚酯漆料。

41. 什么是吸声板？

吸声板全称为装饰吸声板，它是采用一些质软、吸声（即不反射声波）的材料加工而成，根据不同的材料，吸垢板的种类很多，常用的有石膏纤维装饰吸声板、软质纤维装饰吸声板、钙塑泡沫装饰吸声板、矿板装饰吸声板、聚苯乙烯泡沫装饰吸声板和玻璃纤维吸声板等。

42. 暖气罩基层处理有哪些要求？

暖气罩基层处理的要求：基层表面应平整，不得有大的孔洞、裂缝等，否则会影响装饰效果。另外，基层表面不得被油质等玷污。

43. 什么是木地板烫蜡？

木地板烫蜡是指以各种形式在铺贴的硬木地板表面上进行的烫蜡，它是一种具有特色的涂饰工艺，具有可塑性、易熔化、不溶于水等特点。

44. 木材面油漆包括哪些清单项目？

木材面油漆清单项目包括木板、纤维板、胶合板油漆，木护墙，木墙裙油漆，窗台板、筒子板、盖板、门窗套、踢脚线油漆，清水板条天棚、檐口油漆，木方格吊顶天棚油漆，吸声板墙面、天棚面油漆，暖气罩油漆，木间壁、木隔断油漆，玻璃间壁露明墙筋油漆，木棚栏、木栏杆(带扶手)油漆，衣柜、壁柜油漆，梁柱饰面油漆，零星木装修油漆，木地板油漆，木地板烫硬蜡面。

45. 木板、纤维板、胶合板油漆清单应怎样描述项目特征？包括哪些工程内容？

(1)木板、纤维板、胶合板油漆清单项目特征应描述的内容包括：①腻子种类；②刮腻子要求；③防护材料种类；④油漆品种、刷漆遍数。

(2)木板、纤维板、胶合板油漆清单项目所包括的工程内容有：①基层清理；②刮腻子；③刷防护材料、油漆。

46. 木板、纤维板、胶合板油漆清单工程量如何计算？

木板、纤维板、胶合板油漆清单工程量按设计图示尺寸以面积计算。

47. 木护墙、木墙裙油漆清单应怎样描述项目特征？包括哪些工程内容？

(1)木护墙、木墙裙油漆清单项目特征应描述的内容包括：①腻子种类；②刮腻子要求；③防护材料种类；④油漆品种、刷漆遍数。

(2)木护墙、木墙裙油漆清单项目所包括的工程内容有：①基层清理；②刮腻子；③刷防护材料、油漆。

48. 木护墙、木墙裙油漆清单工程量如何计算？

木护墙、木墙裙油漆清单工程量按设计图示尺寸以面积计算。

49. 窗台板、筒子板、盖板、门窗套、踢脚线油漆清单应怎样描述项目特征？包括哪些工程内容？

(1)窗台板、筒子板、盖板、门窗套、踢脚线油漆清单项目特征应描述的内容包括:①腻子种类;②刮腻子要求;③防护材料种类;④油漆品种、刷漆遍数。

(2)窗台板、筒子板、盖板、门窗套、踢脚线油漆清单项目所包括的工程内容有:①基层清理;②刮腻子;③刷防护材料、油漆。

50. 窗台板、筒子板、盖板、门窗套、踢脚线油漆清单工程量如何计算?

窗台板、筒子板、盖板、门窗套、踢脚线油漆清单工程量按设计图示尺寸以面积计算。

【例 8-4】　如图 8-4 所示,单层玻璃窗,其窗的窗台板采用氯丁橡胶漆。求其油漆清单工程量。

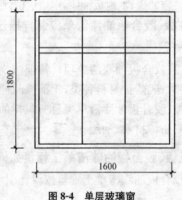

图 8-4　单层玻璃窗

【解】　工程量=(1.6+0.01)×(0.24+0.005)=0.37m²

窗台板油漆清单工程量见表 8-7。

表 8-7　　　　　　　　　　窗台板油漆清单工程量表

项目编码	项目名称	项目特征描述	计量单位	工程量
020504003001	窗台板、筒子板、盖板、门窗套、踢脚线油漆	单层玻璃窗,窗台板采用氯丁橡胶漆	m²	0.37

51. 清水板条天棚、檐口油漆清单应怎样描述项目特征? 包括哪些工作内容?

(1)清水板条天棚、檐口油漆清单项目特征应描述的内容包括:①腻子种类;②刮腻子要求;③防护材料种类;④油漆品种、刷漆遍数。

(2)清水板条天棚、檐口油漆清单项目所包括的工程内容有:①基层清理;②刮腻子;③刷防护材料、油漆。

52. 清水板条天棚、檐口油漆清单工程量如何计算?

清水板条天棚、檐口油漆清单工程量按设计图示尺寸面积计算。

53. 木方格吊顶天棚油漆清单应怎样描述项目特征? 包括哪些工程内容?

(1)木方格吊顶天棚油漆清单项目特征应描述的内容包括:①腻子种类;②刮腻子要求;③防护材料种类;④油漆品种、刷漆遍数。

(2)木方格吊顶天棚油漆清单项目所包括的工程内容有:①基层清理;②刮腻子;③刷防护材料、油漆。

54. 木方格吊顶天棚油漆清单工程量如何计算?

木方格吊顶天棚油漆清单工程量按设计图示尺寸以面积计算。

【例 8-5】 如图 8-5 所示的住宅楼里的客厅的天棚面装饰采用木方格吊顶天棚油漆,计算其清单工程量。

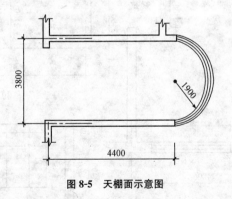

图 8-5　天棚面示意图

【解】 吊顶油漆工程量$=(3.8-0.24)\times(4.4-0.12)+\dfrac{1}{2}\times3.14\times1.9^2$

$$=15.237+5.668=20.90\text{m}^2$$

天棚油漆清单工程量见表 8-8。

表 8-8 天棚油漆清单工程量表

项目编码	项目名称	项目特征描述	计量单位	工程量
020504005001	木方格吊顶天棚油漆	天棚油漆	m²	20.90

55. 吸声板墙面、天棚面油漆清单应怎样描述项目特征？包括哪些工作内容？

(1)吸声板墙面、天棚面油漆清单项目特征应描述的内容包括:①腻子种类;②刮腻子要求;③防护材料种类;④油漆品种、刷漆遍数。

(2)吸声板墙面、天棚面油漆清单项目所包括的工程内容有:①基层清理;②刮腻子;③刷防护材料、油漆。

56. 吸声板墙面、天棚面油漆清单工程量如何计算？

吸声板墙面、天棚面油漆清单工程量按设计图示尺寸以面积计算。

【例 8-6】 如图 8-6 所示,卧室的墙面采用吸声板,喷涂 2~3 遍面漆,再用水砂纸打磨,使漆面光滑平整无挡手感。计算其油漆清单工程量。

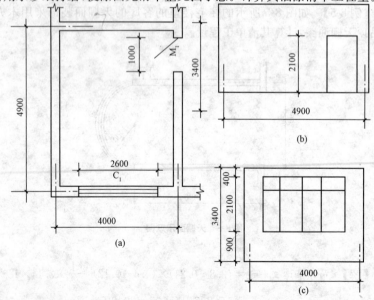

图 8-6 房屋示意图

(a)平面图;(b)右立面;(c)正立面

【解】　工程量＝(4.9−0.24)×3.4×2−2.1×1+(4−0.24)×

$\qquad$ 3.4×2−2.6×2.1

$\qquad$ ＝31.688+25.568−7.56

$\qquad$ ＝49.70m²

吸声板墙面油漆清单工程量见表 8-9。

表 8-9　　　　　　　　　吸声板墙面油漆清单工程量表

项目编码	项目名称	项目特征描述	计量单位	工程量
020504006001	吸声板墙面,天棚面油漆	卧室的墙面采用吸音板,喷涂 2～3 遍面漆,再用水砂纸打磨	m²	49.70

57. 暖气罩油漆清单应怎样描述项目特征? 包括哪些工程内容?

(1)暖气罩油漆清单项目特征应描述的内容包括:①腻子种类;②刮腻子要求;③防护材料种类;④油漆品种、刷漆遍数。

(2)暖气罩油漆清单项目所包括的工程内容有:①基层清理;②刮腻子;③刷防护材料、油漆。

58. 暖气罩油漆清单工程量如何计算?

暖气罩油漆清单工程量按设计图示尺寸以面积计算。

59. 木间壁、木隔断油漆清单应怎样描述项目特征? 包括哪些工程内容?

(1)木间壁、木隔断油漆清单项目特征应描述的内容包括:①腻子种类;②刮腻子要求;③防护材料种类;④油漆品种、刷漆遍数。

(2)木间壁、木隔断油漆清单项目所包括的工程内容有:①基层清理;②刮腻子;③刷防护材料、油漆。

60. 木间壁、木隔断油漆清单工程量如何计算?

木间壁、木隔断油漆清单工程量按设计图示尺寸以单面外围面积计算。

【例 8-7】　图 8-7 所示为木隔断立面示意图,试求木隔断刷润油粉、刮腻子、刷聚氨酯漆两遍的清单工程量。

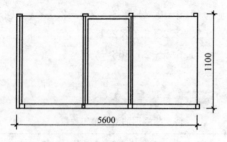

图 8-7　木隔断立面示意图

【解】　木隔断刷聚氨酯漆工程量＝5.6×1.1＝6.16m²

木隔断油漆清单工程量见表 8-10。

表 8-10　　　　　　　　　　木隔断油漆清单工程量表

项目编码	项目名称	项目特征描述	计量单位	工程量
020504008001	木间壁,木隔断油漆	木隔断刷润油粉,刮腻子,刷聚氨酯漆两遍	m²	6.16

61. 玻璃间壁露明墙筋油漆清单应怎样描述项目特征？包括哪些工程内容？

(1)玻璃间壁露明墙筋油漆清单项目特征应描述的内容包括：①腻子种类；②刮腻子要求；③防护材料种类；④油漆品种、刷漆遍数。

(2)玻璃间壁露明墙筋油漆项目清单所包括的工程内容有：①基层清理；②刮腻子；③刷防护材料、油漆。

62. 玻璃间壁露明墙筋油漆清单工程量如何计算？

玻璃间壁露明墙筋油漆清单工程量按设计图示尺寸以单面外围面积计算。

63. 木栅栏、木栏杆油漆清单应怎样描述项目特征？包括哪些工程内容？

(1)木栅栏、木栏杆油漆清单项目特征应描述的内容包括：①腻子种类；②刮腻子要求；③防护材料种类；④油漆品种、刷漆遍数。

(2)木栅栏、木栏杆油漆清单项目所包括的工程内容有：①基层清理；②刮腻子；③刷防护材料、油漆。

64. 木栅栏、木栏杆油漆清单工程量如何计算？

木栅栏、木栏杆油漆清单工程量按设计图示尺寸以单面外围面积计算。

【例 8-8】 如图 8-8 所示，某教学楼的外廊式走道的木栏杆（带扶手）的油漆，采用油性调和漆或酚醛磁漆，全长为 24m，计算其油漆清单工程量。

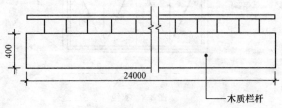

图 8-8　木栏杆示意图

【解】 木栏杆油漆工程量＝24×0.4＝9.60m²

木扶手油漆清单工程量见表 8-11。

表 8-11　　　　　　　　　　木扶手油漆清单工程量表

项目编码	项目名称	项目特征描述	计量单位	工程量
020503001001	木扶手油漆	采用油性调和漆或酚醛磁漆，全长 20m	m²	9.60

65. 衣柜、壁柜油漆清单应怎样描述项目特征？包括哪些工程内容？

(1)衣柜、壁柜油漆清单项目特征应描述的内容包括：①腻子种类；②刮腻子要求；③防护材料种类；④油漆品种、刷漆遍数。

(2)衣柜、壁柜油漆清单项目所包括的工程内容有：①基层清理；②刮腻子；③刷防护材料、油漆。

66. 衣柜、壁柜油漆清单工程量如何计算？

衣柜、壁柜油漆清单工程量按设计图示尺寸以油漆部分展开面积计算。

【例 8-9】 如图 8-9 所示衣柜，刷一遍清漆，求衣柜的油漆清单工程量。

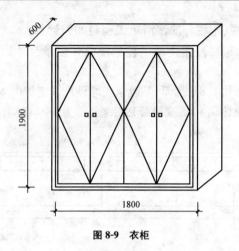

图 8-9　衣柜

【解】　衣柜油漆工程量$=1.9×1.8+(1.9+1.9+1.8)×0.6$

$=6.78m^2$

衣柜油漆清单工程量见表 8-12。

表 8-12　　　　　　　　　　衣柜油漆清单工程量表

项目编码	项目名称	项目特征描述	计量单位	工程量
020504011001	衣柜、壁柜油漆	刷一遍清漆	m^2	6.78

67. 梁柱饰面油漆清单应怎样描述项目特征? 包括哪些工程内容?

(1)梁柱饰面油漆清单项目特征应描述的内容包括:①腻子种类;②刮腻子要求;③防护材料种类;④油漆品种、刷漆遍数。

(2)梁柱饰面油漆清单项目所包括的工程内容有:①基层清理;②刮腻子;③刷防护材料、油漆。

68. 梁柱饰面油漆清单工程量如何计算?

梁柱饰面油漆清单工程量按设计图示尺寸以油漆部分展开面积计算。

【例 8-10】　求如图 8-10 所示矩形钢柱刷防锈漆一遍的清单工程量。

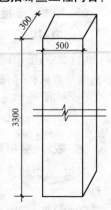

图 8-10　矩形钢柱

【解】 钢柱刷防锈漆工程量＝3.3×(0.3＋0.5)×2＋0.3×0.5
$$=5.43m^2$$

钢柱刷防锈漆清单工程量见表8-13。

表 8-13　　　　　钢柱刷防锈漆清单工程量表

项目编码	项目名称	项目特征描述	计量单位	工程量
020504012001	梁柱饰面油漆	钢柱刷防锈漆一遍	m^2	5.43

69. 零星木装修油漆清单应怎样描述项目特征？包括哪些工程内容？

(1)零星木装修油漆清单项目特征应描述的内容包括：①腻子种类；②刮腻子要求；③防护材料种类；④油漆品种、刷漆遍数。

(2)零星木装修油漆清单项目所包括的工程内容有：①基层清理；②刮腻子；③刷防护材料、油漆。

70. 零星木装修油漆清单工程量如何计算？

零星木装修油漆清单工程量按设计图示尺寸以油漆部分展开面积计算。

71. 木地板油漆清单应怎样描述项目特征？包括哪些工程内容？

(1)木地板油漆清单项目特征应描述的内容包括：①腻子种类；②刮腻子要求；③防护材料种类；④油漆品种、刷漆遍数。

(2)木地板油漆清单项目所包括的工程内容有：①基层清理；②刮腻子；③刷防护材料、油漆。

72. 木地板油漆清单工程量如何计算？

木地板油漆清单工程量按设计图示尺寸以面积计算。空洞、空圈、暖气包槽、壁龛的开口部分并入相应的工程量内。

【例 8-11】 图 8-11 所示为某建筑物平面图，若建筑物房间地面铺设木地板润油粉，一遍油色，清漆两遍，试求其清单工程量。

【解】 木地板油漆的工程量按设计图示尺寸以面积计算，空洞、空圈、暖气包槽、壁龛的开口部分并入相应的工程量内。

则木地板刷清漆两遍的工程量＝(4.6＋2.5－0.24)×(4－0.24)＋
$$(2.5－0.24)×(3.2－0.24)＋$$
$$0.9×0.24＋1.2×0.24$$
$$=32.99m^2$$

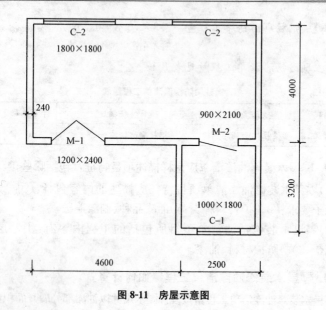

图 8-11　房屋示意图

木地板油漆清单工程量见表 8-14。

表 8-14　　　　　　　　　木地板油漆清单工程量表

项目编码	项目名称	项目特征描述	计量单位	工程量
020504014001	木地板油漆	润油粉，一遍油色，清漆两遍	m²	32.99

73. 木地板烫硬蜡面清单应怎样描述项目特征？包括哪些工程内容？

(1)木地板烫硬蜡面清单项目特征应描述的内容包括：①硬蜡品种；②面层处理要求。

(2)木地板烫硬蜡面清单项目所包括的工程内容有：①基层清理；②烫蜡。

74. 木地板烫硬蜡面清单工程量如何计算？

木地板烫硬蜡面清单工程量按设计图示尺寸以面积计算。空洞、空圈、暖气包槽、壁龛的开口部分并入相应的工程量内。

【例 8-12】　如图 8-12 所示，客房的胶合木地板，为了保护和装饰地板采用润水粉烫硬蜡，求其清单工程量。

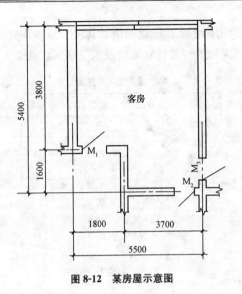

图 8-12　某房屋示意图

【解】　木地板烫硬蜡工程量＝(3.8−0.24)×(5.5−0.24)＋(3.7−

0.24)×1.6

＝24.26m²

木地板烫硬蜡面清单工程量见表 8-15。

表 8-15　　　　　　　　木地板烫硬蜡面清单工程量表

项目编码	项目名称	项目特征描述	计量单位	工程量
020504015001	木地板烫硬蜡面	润水粉烫硬蜡	m²	24.26

75. 木材面油漆定额有哪些工作内容？

木材面油漆项目定额范围包括木门、木窗、木地板、隔墙、隔断、护壁木龙骨、地板木龙骨、天棚骨架等，共列 165 个子目。其工作内容包括：清扫、磨砂纸、点漆片、润油粉、刮腻子、刷底油、油色、刷理漆片、调和漆、磁漆、磨退出亮、磁漆罩面、硝基清漆、补嵌腻子、刷广(生)漆、醇酸清漆、丙烯酸清漆、过氯乙烯底漆、防火漆、聚氨酯漆、色聚氨酯漆、酚醛清漆、碾颜料、过筛、调色、刷地板漆、烫硬腊、擦腊、刷臭油水，其中调和漆、清漆、醇酸磁漆、醇酸清漆、丙烯酸清漆、过氯乙烯底漆、防火漆、聚氨酯漆、色聚氨酯漆、酚醛清漆、刷广(生)漆等可根据设计要求遍数，进行增减调整。

76. 木材面油漆定额工程量如何计算?

木材面油漆定额工程量计算方法及工程量系数见表 8-16。

表 8-16 木材面工程量系数表

项目名称	系数	工程量计算方法	项目名称	系数	工程量计算方法
木板、纤维板、胶合板天棚、檐口	1.00	长×宽	暖气罩	1.28	长×宽
清水板条天棚、檐口	1.07		屋面板(带檩条)	1.11	斜长×宽
木方格吊顶天棚	1.20		木间壁、木隔断	1.90	
吸声板墙面、天棚面	0.87		玻璃间壁露明墙筋	1.65	单面外围面积
鱼鳞板墙	2.48		木栅栏、木栏杆(带扶手)	1.82	
木护墙、墙裙	0.91		木屋架	1.79	跨度(长)×中高×1/2
窗台板、筒子板、盖板	0.82		衣柜、壁柜	0.91	投影面积(不展开)
			零星木装修	0.87	展开面积

77. 木地板油漆定额工程量如何计算?

木地板油漆定额工程量计算方法及工程量系数见表 8-17。

表 8-17 木地板工程量系数表

项目名称	系数	工程量计算方法	项目名称	系数	工程量计算方法
木地板、木踢脚线	1.00	长×宽	木楼梯(不包括底面)	2.30	水平投影面积

【例 8-13】 某房间内墙裙油漆面积如图 8-13 所示,墙裙高 1500mm,窗台高 1000mm,窗两侧油漆宽 100mm,试计算墙裙油漆的工程量。

【解】 墙裙油漆的工程量=长×高−$\sum$应扣除面积+$\sum$应增加面积

墙裙油漆工程量=$[(5.24-0.24\times2)\times2+(3.24-0.24\times2)\times2]\times$
$1.5-[1.5\times(1.5-1.0)+0.9\times1.5]+(1.50-$
$1.0)\times0.10\times2$

$=20.56m^2$

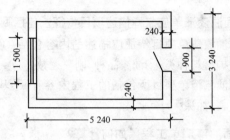

图 8-13　某房间内墙裙油漆面积

78. 油漆涂料展开面积系数应怎样取定?

常用油漆涂料展开面积系数如表 8-18 所示。

表 8-18　　　　　　　　油漆涂料展开面积系数表

项　目　名　称	系数	项　目　名　称	系数
单层木门窗	2.2	挂镜线、窗帘棍、天棚压条	0.08
双层木门窗	3.0	单层钢门窗	1.35
单层木通天窗、木摇窗	1.65	钢百叶门窗	3.70
双层木通天窗、木摇窗	2.25	射线防护门	4.00
木栅栏、木栏杆(带扶手)	2.2	平板屋面	1.00
木板、纤维板、胶合板天棚檐口	1.21	包钢板门窗	2.20
清水板条天棚檐口	1.31	吸　气　罩	2.20
封檐板、挡风板	0.4	木　屋　架	2.16
三层木门窗	5.2	屋面板"带檩条"	1.34
窗帘盒	0.47	间壁、隔断	2.30
护墙、墙裙	1.1	玻璃间壁、露明墙筋	2.00
暖气罩	1.55	百叶木门窗	3.00
衣柜、阁楼、壁橱、筒子板、窗台板、伸缩缝盖板	1.0	挂衣板、黑板框、生活园地框	0.12
		双层钢门窗	2.00
木扶手(带托板)	0.6	满钢板门	2.20
木扶手(不带托板)	0.23	钢丝网大门	1.10
鱼鳞板墙	3.0	花陇板屋面	1.20
吸声板	1.05	排　水	1.06
木地板、木踢脚板	1.0	伸缩缝盖板	1.05
木楼梯(包括休息平台)	1.0		
零星木装修(镜箱、奶报箱、消火栓木箱、风斗、喇叭箱、碗橱、出入孔木盖板、检查孔门)	1.05		

79. 金属面油漆清单应怎样描述项目特征? 包括哪些工程内容?

(1)金属面油漆清单项目特征应描述的内容包括:①腻子种类;②刮腻子要求;③防护材料种类;④油漆品种、刷喷遍数。

(2)金属面油漆清单项目所包括的工程内容有:①基层清理;②刮腻子;③刷防护材料、油漆。

80. 金属面油漆清单工程量如何计算?

金属面油漆清单工程按设计图示尺寸以质量计算。

81. 金属面油漆定额包括哪些工作内容?

金属面油漆项目定额范围包括单层钢门窗及其他金属面的油漆,共列 35 个子目,其工作内容包括清扫、除锈、清除油污、磨光、补缝、刮腻子、喷漆、刷臭油水、磷化底漆、锌黄底漆、刷调和漆、醇酸清漆、过氯乙烯底漆、红丹防锈漆、银粉漆、防火漆,其中刷调和漆、醇酸清漆、过氯乙烯底漆、红丹防锈漆、银粉漆、防火漆等可根据设计要求遍数,进行增减调整。

82. 金属面油漆定额工程量如何计算?

金属面油漆定额工程量应按不同油漆种类及刷油部位按下述有关规定,并乘以表列系数以面积(m^2)或重量(t)计算。

(1)单层钢门窗油漆工程量计算方法及工程量系数见表 8-19。

表 8-19　　　　　　　　　　单层钢门窗工程量系数表

项目名称	系数	工程量计算方法	项目名称	系数	工程量计算方法
单层钢门窗	1.00		厂库房平开、推拉门	1.70	框(扇)外围面积
双层(一玻一纱)钢门窗	1.48		钢丝网大门	0.81	
钢百叶钢门	2.74		间壁	1.85	长×宽
半截百叶钢门	2.22		平板屋面	0.74	斜长×宽
满钢门或包铁皮门	1.63	洞口面积	瓦垄板屋面	0.89	斜长×宽
钢折叠门	2.30		排水、伸缩缝盖板	0.78	展开面积
射线防护门	2.96		吸气罩	1.63	水平投影面积

（2）其他金属面油漆工程量计算方法及工程量系数见表8-20。

表8-20　　　　　　　其他金属面工程量系数表

项目名称	系数	工程量计算方法	项目名称	系数	工程量计算方法
钢屋架、天窗架、挡风架、屋架梁、支撑、檩条	1.00	重量/t	操作台、走台、制动梁、钢梁车挡	0.71	重量/t
墙架（空腹式）	0.50		钢栅栏门、栏杆、窗栅	1.71	
墙架（格板式）	0.82		钢爬梯	1.18	
钢柱、吊车梁、花式梁柱、空花构件	0.63		轻型屋架	1.42	
			踏步式钢扶梯	1.05	
			零星铁件	1.32	

（3）平板屋面油漆（涂刷磷化、铲黄底漆）工程量计算方法及工程量系数见表8-21。

表8-21　　　　　平板屋面涂刷磷化锌黄底漆工程量系数表

项　目　名　称	系　数	工程量计算方法
平板屋面	1.00	斜长×宽
瓦垄板屋面	1.20	
排水、伸缩缝盖板	1.05	展开面积
吸气罩	2.20	水平投影面积
包镀锌薄钢板门	2.20	洞口面积

83. 什么是抹灰面油漆？

抹灰面油漆是指在内外墙及室内天棚抹灰面层或混凝土表面进行的油漆刷涂工作。抹灰面油漆施工前应清理干净基层并列腻子。抹灰面油漆一般采用机械喷涂作业。

抹灰面油漆的特点是以水为稀释剂，制作时成膜物质能溶于水，但施工后涂膜又能抗水。

84. 抹灰面油漆包括哪些清单项目？

抹灰面油漆清单项目包括抹灰面油漆、抹灰线条油漆。

85. 抹灰面油漆清单应怎样描述项目特征？包括哪些工程内容？

(1)抹灰面油漆清单项目特征应描述的内容包括：①基层类型；②线条宽度、道数；③腻子种类；④刮腻子要求；⑤防护材料种类；⑥油漆品种、刷漆遍数。

(2)抹灰面油漆清单项目所包括的工程内容有：①基层清理；②刮腻子；③刷防护材料、油漆。

86. 抹灰面油漆清单工程量如何计算？

抹灰面油漆清单工程量按设计图示尺寸以面积计算。

【例 8-14】 如图 8-14 所示小型办公室平面图,办公室内墙抹灰面刷乳胶漆两遍,考虑吊顶因素,刷油漆高度为 3.0m,试求其清单工程量。

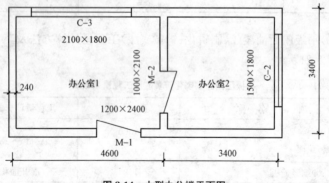

图 8-14 小型办公楼平面图

【解】 抹灰面油漆的工程量按设计图示尺寸以面积计算,并扣除门窗洞口的面积。

则抹灰面墙刷乳胶漆的工程量：

办公室 1 ＝[(4.6－0.24)＋(3.4－0.24)]×2×3.0－1.2×2.4－

　　　　　 1.0×2.1－2.1×1.8

　　　　＝36.36m²

办公室 2 ＝[(3.4－0.24)＋(3.4－0.24)]×2×3.0－1.0×2.1－

$$1.5 \times 1.8$$
$$= 33.12m^2$$

抹灰墙面刷乳胶漆工程量$=(36.36+33.12)m^2=69.48m^2$

抹灰面油漆清单工程量见表 8-22。

表 8-22　　　　　　　抹灰面油漆清单工程量表

项目编码	项目名称	项目特征描述	计量单位	工程量
020506001001	抹灰面油漆	刷乳胶漆墙面	m^2	68.48

87. 抹灰线条油漆清单应怎样描述项目特征？包括哪些工程内容？

(1)抹灰线条油漆清单项目特征应描述的内容包括：①基层类型；②线条宽度、道数；③腻子种类；④刮腻子要求；⑤防护材料种类；⑥油漆品种、刷漆遍数。

(2)抹灰线条油漆清单项目所包括的工程内容有：①基层清理；②刮腻子；③刷防护材料、油漆。

88. 抹灰线条油漆清单工程量如何计算？

抹灰线条油漆清单工程量按设计图示尺寸以长度计算。

89. 抹灰面油漆定额包括哪些工作内容？

抹灰面油漆项目定额范围包括抹灰面、拉毛面、砖墙面、墙(柱)天棚面、油漆面画石纹、抹灰面做假木纹等，共列 14 个子目。其主要工作内容包括：清扫、刮腻子、磨砂纸、刷底油、磨光、做花纹、调和漆、乳胶漆、刷熟桐油，其中刷调和漆、乳胶漆、刷熟桐油等可根据设计要求刷遍数，进行增减调整。

90. 抹灰面油漆定额工程量如何计算？

(1)混凝土楼梯底(板式)以水平投影面积计算。

(2)混凝土楼梯底(梁式)以展开面积计算。

(3)混凝土花格窗、栏杆花饰以单面外围面积计算。

(4)楼地面、天棚、墙、柱、梁面以展开面积计算。

91. 什么是刷喷涂料？

刷喷涂料是利用压缩空气，将涂料从喷枪中喷出并雾化，在气流的带动下涂到被涂件表面上形成涂膜的一种涂装方法。

92. 刷喷涂料清单应怎样描述项目特征？包括哪些工程内容？

(1)刷喷涂料清单项目特征应描述的内容包括：①基层类型；②腻子种类；③刮腻子要求；④涂料品种、刷喷遍数。

(2)刷喷涂料清单项目所包括的工程内容有：①基层清理；②刮腻子；③刷、喷涂料。

93. 刷喷涂料清单工程量如何计算？

刷喷涂料清单工程量按设计图示尺寸以面积计算。

【例 8-15】　某工程如图 8-15 所示，内墙抹灰面满刮腻子两遍，喷涂砂浆作波面状；挂镜线刷底油一遍，调和漆两遍；挂镜线以上及天棚刷仿瓷涂料两遍，计算喷涂砂浆清单工程量。

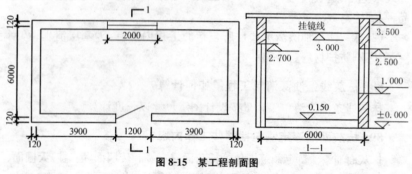

图 8-15　某工程剖面图

【解】　刷喷涂料工程应按设计图示尺寸以面积计算。

内墙喷涂砂浆工程量＝净长度×净高−门窗洞＋垛及门窗侧面

$$\begin{aligned}
&= [(3.90 \times 2 + 1.20 - 0.24) + (6.0 - 0.24)] \times \\
&\quad 2 \times (3.00 - 0.15) - [(2.50 - 1.00) \times 2.00 + \\
&\quad (2.700 - 0.15) \times 1.20] + [1.20 + (2.70 - \\
&\quad 0.15) \times 2 + (2.00 + 1.50) \times 2] \times 0.12 \\
&= 78.30 \text{m}^2
\end{aligned}$$

刷喷涂料清单工程量见表 8-23。

表 8-23　　　　　　　　刷喷涂料清单工程量表

项目编码	项目名称	项目特征描述	计量单位	工程量
020507001001	刷喷涂料	内墙喷涂砂浆	m²	78.30

94. 喷塑定额包括哪些工作内容？

喷塑项目定额范围包括大压花、中压花、喷中点动点及平面,共列 8 个子目。其工作内容包括清扫、清铲、热补墙面、门窗框贴粘合带、遮盖门窗口、调料、刷底油、喷塑、胶辘、压平、刷面油等。

95. 喷(刷)涂料定额包括哪些工作内容？

喷(刷)涂料项目定额范围包括砖墙、混凝土墙、墙柱面、天棚、抹灰面、楼地面、混凝土栏杆花饰等,共列 35 个子目。其工作内容如下：

(1)外墙 JH801 涂料、彩砂喷涂、砂胶涂料均包括了基层清理、补小孔洞、调料、遮盖不应喷处、喷涂料、压平、清铲、清理被喷污的位置等。

(2)仿瓷涂料包括了基层清理、补小孔洞、配料、刮腻子、磨砂纸、刮仿瓷涂料二遍。

(3)抹灰面多彩涂料包括了清扫灰土、刮腻子、磨砂纸、刷底涂一遍、喷多彩面涂一遍、遮盖不应喷涂部位等。

(4)抹灰面 106、803 涂料、刷普通水泥浆、刮腻子刷可赛银浆均包括了清扫、配浆、刮腻子、磨砂纸、刷浆等。

(5)108 胶水泥彩色地面、777 涂料席纹地面、177 涂料乳液罩面均包括了清理、找平、配浆、刮腻子、磨砂纸、刷浆、打蜡、擦光、养护等。

(6)刷白水泥、刷石灰油浆、刷红土子浆均包括了清扫、配浆、刷涂料等。

(7)抹灰面喷刷石灰浆、刷石灰大白浆、刮腻子刷大白浆均包括了清扫、刮腻子、磨砂纸、刷涂料等。

96. 喷塑、涂料定额工程量如何计算？

(1)混凝土楼梯底(板式)以水平投影面积计算。

(2)混凝土楼梯底(梁式)以展开面积计算。

(3)混凝土花格窗、栏杆花饰以单面外围面积计算。

(4)楼地面、天棚、墙、柱、梁面以展开面积计算。

97. 什么是石膏花饰？有哪些特点？

石膏花饰是指用高级石膏粉、玻璃纤维、石膏增强剂,经注模工艺生产而成。石膏装饰件具有浮雕型花纹,清晰美观,立体感强,装饰效果较好,防潮、防火、不变形的特点,石膏花饰还具有可钉、可锯、可刨,装饰施工较容易等优点。

98. 金属花格的成型方式有哪些?

金属花格的成型方法有两种:一种是浇注成型,即利用模型铸出铁、铜或铝合金花格;另一种是弯曲成型,即用型钢、扁钢、钢管或钢筋,预先弯成小花格,再用小花格拼装成大隔断,或者直接用弯曲成形的办法制成大隔断。

99. 线条刷涂料一般有哪些种类?

线条刷涂料主要指踢脚线、天棚装饰线、压顶等的涂刷涂料。

100. 线条材料有哪些种类?

线条材料主要有木线条、金属线条和塑料线条三类,多用于吊顶面、墙面、造型面和家具面的饰边封口。

101. 空花格、栏杆刷涂料清单应怎样描述项目特征? 包括哪些工程内容?

(1)空花格、栏杆刷涂料清单项目特征应描述的内容包括:①腻子种类;②线条宽度;③刮腻子要求;④涂料品种、刷喷遍数。

(2)空花格、栏杆刷涂料清单项目所包括的工程内容有:①基层清理;②刮腻子;③刷、喷涂料。

102. 空花格、栏杆刷涂料清单工程量如何计算?

空花格、栏杆刷涂料清单工程量按设计图示尺寸以单面外围面积计算。

103. 线条刷涂料清单应怎样描述项目特征? 包括哪些工程内容?

(1)线条刷涂料清单项目特征应描述的内容包括:①腻子种类;②线条宽度;③刮腻子要求;④涂料品种、刷喷遍数。

(2)线条刷涂料清单项目所包括的工程内容有:①基层清理;②刮腻子;③刷、喷涂料。

104. 线条刷涂料清单工程量如何计算?

线条刷涂料清单工程量按设计图示尺寸以长度计算。

【例 8-16】　计算如图 8-15 所示挂镜线的油漆清单工程量。

【解】　线条刷涂料应按设计图示尺寸以长度计算。

挂镜线油漆工程量＝设计图示长度

$$＝(9.00－0.24)＋(6.00－0.24)×2$$

$$＝29.04m$$

挂镜线油漆清单工程量见表8-24。

表8-24　　　　　　　　　挂镜线油漆清单工程量表

项目编码	项目名称	项目特征描述	计量单位	工程量
020509002001	线条刷涂料	挂镜线油漆	m	29.04

105. 花饰、线条刷涂料定额工程量如何计算？

(1)混凝土楼梯底(板式)以水平投影面积计算。

(2)混凝土楼梯底(梁式)以展开面积计算。

(3)混凝土花格窗、栏杆花饰以单面外围面积计算。

(4)楼地面、天棚、墙、柱、梁面以展开面积计算。

106. 什么是墙纸裱糊？

墙纸裱糊是广泛用于室内墙面、柱面及天棚的一种装饰,具有色彩丰富、质感性强、耐用、易清洗等优点。

107. 什么是锦缎墙面？

锦缎墙面是指用锦缎浮挂墙面的做法,在我国已有悠久的历史。对墙面装饰效果、织物所具的独特质感和触感是其他任何材料所不能相比的。由于织物的纤维不同,织造方式和处理工艺不同,所产生的质感效果也不同,因而给人的美感也有所不同。

108. 墙纸裱糊清单应怎样描述项目特征？包括哪些工程内容？

(1)墙纸裱糊清单项目特征应描述的内容包括:①基层类型;②裱糊构件部位;③腻子种类;④刮腻子要求;⑤粘结材料种类;⑥防护材料种类;⑦面层材料品种、规格、品牌、颜色。

(2)墙纸裱糊清单项目所包括的工程内容有:①基层清理;②刮腻子;③面层铺粘;④刷防护材料。

109. 墙纸裱糊清单工程量如何计算？

墙纸裱糊清单工程量按设计图示尺寸以面积计算。

【例 8-17】 计算如图 8-16 所示墙面贴壁纸清单工程量,已知墙高为 2.9m,门窗厚度为 90mm,踢脚板高 150mm。

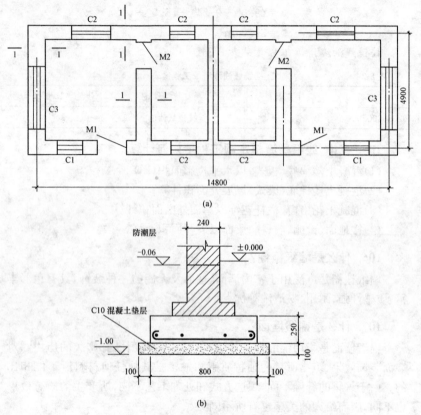

图 8-16 某建筑物示意图

(a)平面图;(b)1—1 断面图

M1-1.0m×2.0m;M2-0.9m×2.2m;C1-1.1m×1.5m;C2-1.6m×1.5m;C3-1.8m×1.5m

【解】 按计算规则,墙面贴壁纸以实贴面积计算,应扣除门窗洞口和踢脚板工程量,增加门窗洞口侧壁面积。

(1)墙净长:$L=(14.8-0.24×4)×2+(4.9-0.24)×8=64.96$m

(2)扣门窗洞口、踢脚板面积:

踢脚板面积:$0.15×64.96=9.74$m^2

M1：$1.0×(2-0.15)×2=3.7m^2$

M2：$0.9×(2.2-0.15)×4=7.38m^2$

C：$(1.8×2+1.1×2+1.6×6)×1.5=23.1m^2$

合计扣减面积$=9.74+3.7+7.38+23.1=43.92m^2$

(3)增加门窗侧壁面积：

M1：$\dfrac{0.24-0.09}{2}×(2-0.15)×4+\dfrac{0.24-0.09}{2}×1.0×2=0.71m^2$

M2：$(0.24-0.09)×(2.2-0.15)×4+(0.24-0.09)×0.9$
$=1.37m^2$

C：$\dfrac{0.24-0.09}{2}×[(1.8+1.5)×2×2+(1.1+1.5)×2×2+(1.6$
$+1.5)×2×6]$
$=4.56m^2$

合计增加面积$=0.71+1.37+4.56=6.64m^2$

(4)贴墙纸工程量：

$$S=64.96×2.9-43.92+6.64=151.10m^2$$

墙纸裱糊清单工程量见表8-25。

表8-25　　　　　　　墙纸裱糊清单工程量表

项目编码	项目名称	项目特征描述	计量单位	工程量
020509001001	墙纸裱糊	墙面贴壁纸	m²	151.10

110. 织锦缎裱糊清单应怎样描述项目特征？包括哪些工程内容？

(1)织锦缎裱糊清单项目特征应描述的内容包括：①基层类型；②裱糊构件部位；③腻子种类；④刮腻子要求；⑤粘结材料种类；⑥防护材料种类；⑦面层材料品种、规格、品牌、颜色。

(2)织锦缎裱糊清单项目所包括的工程内容有：①基层清理；②刮腻子；③面层铺粘；④刷防护材料。

111. 织锦缎裱糊清单工程量如何计算？

织锦缎裱糊清单工程量按设计图示尺寸以面积计算。

112. 裱糊定额包括哪些工作内容？

裱糊项目定额范围包括墙纸(分对花和不对花两种)、金属墙纸和织锦缎,共列几个子目,其工作内容包括:清扫、执补、刷底油、刮腻子、磨砂纸、配制贴面材料、裱糊刷胶、裁墙纸(布)、贴装饰面等。

113. 裱糊定额工程量如何计算?

(1)混凝土楼梯底(板式)以水平投影面积计算。

(2)混凝土楼梯底(梁式)以展开面积计算。

(3)混凝土花格窗、栏杆花饰以单面外围面积计算。

(4)楼地面、天棚、墙、柱、梁面以展开面积计算。

【例 8-18】 某工程如图 8-15 所示,内墙抹灰面满刮腻子两遍,贴对花墙纸;挂镜线刷底油一遍,调和漆两遍;挂镜线以上及天棚刷仿瓷涂料两遍,计算工程量。

【解】 (1)墙纸裱糊工程量计算

墙壁面贴对花墙纸工程量=净长度×净高-门窗洞+垛及门窗侧面

$$墙面贴对花墙纸工程量=(9.00-0.24+6.00-0.24)\times2\times(3.00-$$
$$0.15)-1.20\times(2.70-0.15)-2.00\times$$
$$1.50+[1.20+(2.70-0.15)\times2+$$
$$(2.00+1.50)\times2]\times0.12$$
$$=78.30\text{m}^2。$$

(2)挂镜线油漆工程量计算

挂镜线油漆工程量=设计图示长度

$$挂镜线油漆工程量=(9.00-0.24+6.00-0.24)\times2=29.04(\text{m})。$$

(3)刷喷涂料工程量计算

天棚刷喷涂料工程量=主墙间净长度×主墙间净宽度+梁侧面面积

室内墙面刷喷涂料工程量=设计图示尺寸面积;

$$仿瓷涂料工程量=(9.00-0.24+6.00-0.24)\times2\times0.50+(9.00-$$
$$0.24)\times(6.00-0.24)$$
$$=64.98\text{m}^2$$

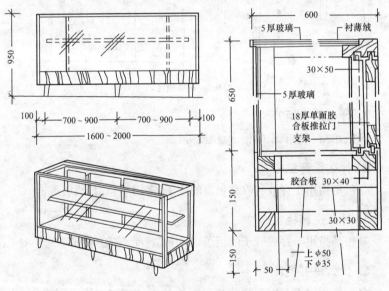

第九章

·其他工程计量与计价·

1. 柜台有哪些功能？其构造要求有哪些？

柜台兼有商品展览、商品挑选、服务人员与顾客交流等功能。柜台一般高度为 950mm，台面宽根据经营商品的种类决定，普通百货柜为 600mm 左右。图 9-1 为普通百货柜台，图 9-2 为布匹柜台构造。

图 9-1 普通百货柜台

2. 什么是酒柜？

酒柜是指专用于酒类储存及展示的柜子。酒柜按制冷方式可分为：电子半导体酒柜、压缩机直冷式酒柜、机变频风冷式酒柜；按材质可分为实木酒柜和合成酒柜（即采用电子、木板、PVC 等材质组合的酒柜）。

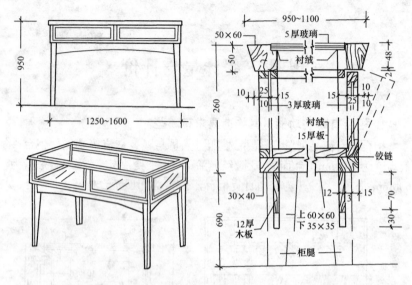

图 9-2　布匹柜台

3. 什么是衣柜?

衣柜是指存放衣服的柜子、壁橱等。

4. 什么是存包柜?

存包柜指用于存放和收藏包裹的柜子,多用于超市、酒店等。

5. 什么是鞋柜?

鞋柜是指用于存放鞋子的柜子,多用于客厅、宾馆等场所。

6. 什么是书柜?

书柜是指用于存放和收藏各类书籍的柜、橱等,多用于书房、办公室等场所。

7. 店面橱窗有哪些分类?

按位置分,有门面橱窗、入口橱窗和直角橱窗;按平面形式分,有凸出建筑物主体结构、平行和凹进建筑物几种;按剖面形式分,有开敞式、半开敞式和封闭式。

8. 怎样选择店面橱窗的构造作法?

不同类型的店面橱窗,构造形式也不尽相同,但都应该从橱窗的美观、尺度、遮阳、通风采光、防止凝结水的产生、防眩光和反射光、安全等方面来考虑构造做法。

9. 为什么要设置壁橱、吊柜?

为了充分利用室内空间,对于室内的一些死角设壁柜;室内上部多余空间(如走道、过厅、卧室床上部、厨房)设吊柜。既增加了储存空间,又不影响下部使用与活动。窗台柜顶层可以和窗台板结合起来设置,柜内可存放物品,或摆设艺术工艺品、陈列产品等。

10. 厨房壁柜的作用及特点有哪些?

厨房壁柜沿墙而做,主要用来存放杯子、调料盒、餐盘、炊具等物品,具有节省空间、美观、适用等特点。

11. 木壁柜的制作要求有哪些?

木壁柜由工厂加工成品或半成品,木材含水率不得超过12%,壁柜框扇进场后及时将加工品靠墙、贴地,顶面应涂刷防腐材料,其他各面应涂刷底油一道。

12. 什么是厨房低柜?

厨房低柜是指厨房内搁置在地面上且高度较小的储物柜,一般厨房低柜的顶面作为案台使用。

13. 什么是厨房吊柜?

厨房吊柜是指为充分利用厨房空间而临空设置的储物柜。

14. 矮柜有哪些种类? 其作用是什么?

矮柜一般有木质、藤制两种,可作为凳子用来坐、靠,打开盖子可以放东西,多用于厨房、客厅等。

15. 吧台背柜制作应符合哪些要求?

吧台背柜主要是由环保型木板材料,用特制的防火板加上各种装饰材料及玻璃罩拼制而成,可根据商品需求及地面位置,做标准形状或异型背柜。

16. 什么是酒吧吊柜？

酒吧吊柜是指存放酒、饮料、器皿的吊挂柜。

17. 什么是酒吧台？

酒吧台是调制饮料和配制果盘操作的工作台，也是休闲坐歇的案台。吧台形式有单层台面式、双层内分式、两端分割式等。

18. 什么是展台？

展台是一种实物的展示台，适用于教学培训、讨论会议等场合。

19. 什么是收银台？

收银台是指超市或综合营业场所收款的柜台，一般需具有清点商品台面及收银抽屉。

20. 什么是试衣间？

试衣间是指用户在服装店购买衣服时，用于试穿的场所。

21. 什么是货架？有哪些种类？

货架是指存放各种货物的架子。

(1)货架从规模上可分为以下几种：

1)重型托盘货架：采用优质冷轧钢板经辊压成型，立柱可高达 6m 而中间无接缝，横梁选用优质方钢，承重力大，不易变形，横梁与立柱之间挂件为圆柱凸起插入，连接可靠、拆装容易。

2)中量型货架：中型货架造型别致，结构合理，装拆方便，且坚固结实，承载力大，广泛应用于商场、超市、企业仓库及事业单位。

3)轻量型货架：可广泛应用于组装轻型料架、工作台、工具车、悬挂系统、安全护网及支撑骨架。

4)阁楼式货架：全组合式结构，可采用木板、花纹板、钢板等材料做楼板，可灵活设计成二层或多层，适用于五金工具。

5)特殊货架：包括模具架、油桶架、流利货架、网架、登高车、网隔间六大类。

(2)货架从适用性及外形特点上可以分为如下几类：

1)高位货架：具有装配性好、承载能力大及稳固性强等特点。货架用材使用冷热钢板。

2)通廊式货架:用于取货率较低之仓库,地面使用率:60%。

3)横梁式货架:是最流行、最经济的一种货架形式,安全方便,适合各种仓库直接存取货物,是最简单也是最广泛使用的货架。

22. 粘贴类饰面板有哪些类型?

粘贴类饰面板有防火板、宝丽板、华丽板、铝塑板及各种饰面型胶合板(如水曲柳面、柚木面、白橡木面、榉木面、橡木面、红椿木面、核桃木面、枫木面等胶合板)。

23. 什么是书架? 有哪些种类?

书架是存放各类图书的架子,多采用木质材料。书架有积层书架和密集书架两种。

(1)积层书架。重叠组合而成的多层固定钢书架,附有小钢梯上下。其上层书架荷载经下层书架支柱传至楼、地面。上层书架之间的水平交通用书架层解决。

(2)密集书架。为提高收藏量而专门设计的一种书架。若干书架安装在固定轨道上,紧密排列没有行距,利用电动或手动的装置,可以使任何两行紧密相邻的书架沿轨道分离,形成行距,便于提书。

24. 服务台的作用有哪些? 应符合哪些要求?

服务台主要用作咨询交流、接待、登记等,由于兼有书写功能,所以比一般柜台略高,约1100～1200mm。接待服务台由于总是处于大堂等显要位置,所以装饰档次也较高,所用的材料及构造做法都需考虑周全。柜台上端的天棚经常局部降低,与柜台及后部背景一起组成厅堂内的视觉中心。

25. 柜台、服务台、吧台等设施一般采用什么结构?

由于柜台、服务台、吧台等设施必须满足防火、防烫、耐磨、结构稳定和实用的功能要求,以及满足创造高雅、华贵的装饰效果的要求,因而这些设施多采用木结构、钢结构、砖砌体、混凝土结构、玻璃结构等组合构成。钢结构、砖结构或混凝土结构作为基础骨架,可保证上述台、架的稳定性;木结构、厚玻璃结构可组成台、架功能使用部分。大理石、花岗石、防火板、胶合饰面板等作为这些设施的表面装饰,不锈钢槽、管、钢条、木线条等则构成其面层点缀。

26. 隔断木衣柜和附墙衣柜有何区别？

隔断木衣柜是指以木材为原料制成的衣柜,中间用木板或夹板隔断;便于放折叠好的衣服。

附墙衣柜是靠墙设置的一种固定式衣柜。一般设置在公司门厅拐角处,供职员挂衣服之用。

27. 存包柜的设置位置有哪些？

存包柜主要是指商场、溜冰场、超市等公共场合为保证顾客财物的安全或便于管理而设置的存物柜。开启方式一般有密码输入法、钥匙开启法等。

28. 壁橱的材料主要有哪些？

壁橱的材料主要包括木材、胶合板、纤维板、金属包箱、硬质 PVC 塑料板等材料。橱门还可用平板玻璃、有机玻璃等材料。

29. 壁橱、吊柜、窗台柜的活动门有哪些形式？

壁橱、吊柜、窗台柜均有活动门,有平开、推拉、翻转、单扇、双扇等形式,可视周围环境而选择。吊柜的下皮标高应在 2.0m 以上,三种柜的深度一般不宜超过 650mm。

30. 收银台应符合哪些要求？

收银台一般符合立式用桌(台)的基本要求与尺度。立式用桌的桌面尺寸主要由动作所需的表面尺寸和表面放置物品状况及室内空间和布置形式而定,没有统一的规定,视不同的使用功能作专门设计。按我国人体的平均身高,收银台的高度以 910～965mm 为宜。

31. 其他工程清单项目应如何设置？

其他工程清单分为柜类、货架、暖气罩、浴厕配件、压条、装饰线、雨篷、旗杆、招牌、灯箱、美术字等项目。

其他工程清单的一级编码为 02(清单计价规范附录 B);二级编码 06(清单计价规范第六章其他工程);三级编码 01～07(从柜、货架至美术字);四级编码从 001 始,根据各项目所包含的清单项目不同,依次递增。

上述这九位为全国统一编码,编制分部分项工程量清单时应按附录中的相应编码设置,不得变动。五级编码为三位数,是清单项目名称编码,由清单编制人根据设置的清单项目编制。

32. 柜类、货架包括哪些清单项目?

柜类、货架清单项目包括柜台、酒柜、衣柜、存包柜、鞋柜、书柜、厨房壁柜、木壁柜、厨房低柜、厨房吊柜、矮柜、吧台背柜、酒吧吊柜、酒吧台、展台、收银台、试衣间、货架、书架、服务台。

33. 柜台清单应怎样描述项目特征? 包括哪些工程内容?

(1)柜台清单项目特征应描述的内容包括:①台柜规格;②材料种类、规格;③五金种类、规格;④防护材料种类;⑤油漆品种、刷漆遍数。

(2)柜台清单项目所包括的工程内容有:①台柜制作、运输、安装(安放);②刷防护材料、油漆。

34. 柜台清单工程量如何计算?

柜台清单工程量按设计图示数量计算。

【例 9-1】 如图 9-3 所示的木质纤维式的柜台,高 800mm,长为600mm,共 16 个,计算其清单工程量。

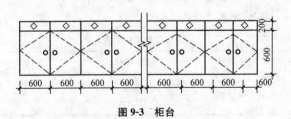

图 9-3 柜台

【解】 柜台工程量=设计图示数量=16 个

柜台清单工程量见表 9-1。

表 9-1   柜台清单工程量表

项目编码	项目名称	项目特征描述	计量单位	工程量
020601001001	柜台	木质纤维式,规格长 600mm,高 800mm	个	16

35. 酒柜清单应怎样描述项目特征？包括哪些工程内容？

(1)酒柜清单项目特征应描述的内容包括：①基层类型；②线条宽度、道数；③腻子种类；④刮腻子要求；⑤防护材料种类；⑥油漆品种、刷漆遍数。

(2)酒柜清单项目所包括的工程内容有：①台柜制作、运输、安装(安放)；②刷防护材料、油漆。

36. 酒柜清单工程量如何计算？

酒柜清单工程量按设计图示数量计算。

【例 9-2】　如图 9-4 所示，咖啡色大理石台面的实木式酒柜高 1000mm，宽 500mm，共 12 个，计算其清单工程量。

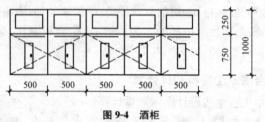

图 9-4　酒柜

【解】　酒柜工程量＝设计图示数量＝12 个

酒柜清单工程量见表 9-2。

表 9-2　　　　　　　　　　　酒柜清单工程量表

项目编码	项目名称	项目特征描述	计量单位	工程量
020601002001	酒柜	咖啡色大理石台面的实木式酒柜，高 1000mm，宽 500mm	个	12

37. 衣柜清单应怎样描述项目特征？包括哪些工程内容？

(1)衣柜清单项目特征应描述的内容包括：①台柜规格；②材料种类、规格；③五金种类、规格；④防护材料种类；⑤油漆品种、刷漆遍数。

(2)衣柜清单项目所包括的工程内容有：①台柜制作、运输、安装(安放)；②刷防护材料、油漆。

38. 衣柜清单工程量如何计算？

衣柜清单工程量按设计图示数量计算。

【例9-3】　如图9-5所示,柜的开间主板、水平隔层板、上下封面板采用15mm胶合板的衣柜,高为2.2m,长为1.7m,宽为0.6m,共10个,计算其清单工程量。

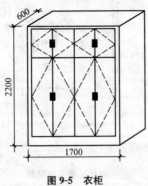

图9-5　衣柜

【解】　衣柜工程量＝设计图示数量＝10个

衣柜清单工程量计算见下表9-3。

表9-3　　　　　　　　　　　衣柜清单工程量表

项目编码	项目名称	项目特征描述	计量单位	工程量
020601003001	衣柜	上、下封面采用15mm胶合板 高2.2m,长1.7m,宽0.6m	个	10

39. 存包柜清单应怎样描述项目特征? 包括哪些工程内容?

(1)存包柜清单项目特征应描述的内容包括:①台柜规格;②材料种类、规格;③五金种类、规格;④防护材料种类;⑤油漆品种、刷漆遍数。

(2)存包柜清单项目所包括的工程内容有:①台柜制作、运输、安装(安放);②刷防护材料、油漆。

40. 存包柜清单工程量如何计算?

存包柜清单工程量按设计图示数量计算。

【例9-4】　玻璃门板式存包柜如图9-6所示,宽2600mm,高3200mm,共5个,计算其清单工程量。

【解】　存包工程量＝设计图示数量＝5个

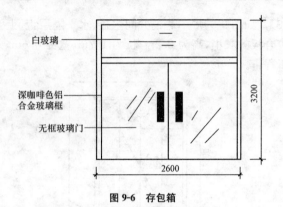

图 9-6 存包箱

存包柜清单工程量见表 9-4。

表 9-4　　　　　　　　存包柜清单工程量表

项目编码	项目名称	项目特征描述	计量单位	工程量
020601004001	存包柜	玻璃门板门存包柜,宽 2600mm,高 3200mm	个	5

41. 鞋柜清单应怎样描述项目特征？包括哪些工程内容？

(1)鞋柜清单项目特征应描述的内容包括：①台柜规格；②材料种类、规格；③五金种类、规格；④防护材料种类；⑤油漆品种、刷漆遍数。

(2)鞋柜清单项目所包括的工程内容有：①台柜制作、运输、安装(安放)；②刷防护材料、油漆。

42. 鞋柜清单工程量如何计算？

鞋柜清单工程量按设计图示数量计算。

【例 9-5】　如图 9-7 所示,实木式鞋柜,高 800mm,宽 1000mm,共 8 个,计算其清单工程量。

【解】　鞋柜工程量＝设计图示数量＝8 个

鞋柜清单工程量见表 9-5。

表 9-5　　　　　　　　鞋柜清单工程量表

项目编码	项目名称	项目特征描述	计量单位	工程量
020601005001	鞋柜	实木式,高 800mm,宽 1000mm	个	8

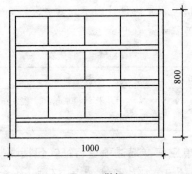

图 9-7 鞋柜

43. 书柜清单应怎样描述项目特征？包括哪些工程内容？

(1)书柜清单项目特征应描述的内容包括：①台柜规格；②材料种类、规格；③五金种类、规格；④防护材料种类；⑤油漆品种、刷漆遍数。

(2)书柜清单项目所包括的工程内容有：①台柜制作、运输、安装(安放)；②刷防护材料、油漆。

44. 书柜清单工程量如何计算？

书柜清单工程量按设计图示数量计算。

45. 厨房壁柜清单应怎样描述项目特征？包括哪些工程内容？

(1)厨房壁柜清单项目特征应描述的内容包括：①台柜规格；②材料种类、规格；③五金种类、规格；④防护材料种类；⑤油漆品种、刷漆遍数。

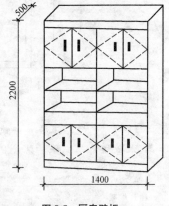

(2)厨房壁柜清单项目所包括的工程内容有：①台柜制作、运输、安装(安放)；②刷防护材料、油漆。

46. 厨房壁柜清单工程量如何计算？

厨房壁柜清单工程量按设计图示数量计算。

图 9-8 厨房壁柜

【例 9-6】 如图 9-8 所示，采用实木式厨房壁柜，长 1400mm，高 2200mm，宽 500mm，共 5 个，求其清单工程量。

【解】　厨房壁柜工程量＝设计图示数量＝5 个

厨房壁柜清单工程量见表 9-6。

表 9-6　　　　　　　　　　　厨房壁柜清单工程量表

项目编码	项目名称	项目特征描述	计量单位	工程量
020601007001	厨房壁柜	实木式，长 1400mm，高 2200mm，宽 500mm	个	5

47. 木壁柜清单应怎样描述项目特征？包括哪些工程内容？

(1)木壁柜清单项目特征应描述的内容包括：①台柜规格；②材料种类、规格；③五金种类、规格；④防护材料种类；⑤油漆品种、刷漆遍数。

(2)木壁柜清单项目所包括的工程内容有：①台柜制作、运输、安装(安放)；②刷防护材料、油漆。

48. 木壁柜清单工程量如何计算？

木壁柜清单工程量按设计图示数量计算。

【例 9-7】　如图 9-9 所示，木质式木壁柜，长为 1000mm，高为 750mm，宽为 450mm，共 7 个，求其清单工程量。

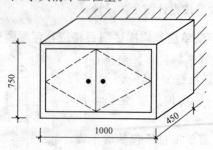

图 9-9　木壁柜

【解】　木壁柜工程量＝设计图示数量＝7 个

木壁柜清单工程量见表 9-7。

表 9-7　　　　　　　　　　　木壁柜清单工程量表

项目编码	项目名称	项目特征描述	计量单位	工程量
020601008001	木壁柜	木质式，长 1000mm，高 750mm，宽 450mm	个	7

49. 厨房低柜清单应怎样描述项目特征？包括哪些工程内容？

(1)厨房低柜清单项目特征应描述的内容包括：①台柜规格；②材料种类、规格；③五金种类、规格；④防护材料种类；⑤油漆品种、刷漆遍数。

(2)厨房低柜清单项目所包括的工程内容有：①台柜制作、运输、安装(安放)；②刷防护材料、油漆。

50. 厨房低柜清单工程量如何计算？

厨房低柜清单工程量按设计图示数量计算。

【例 9-8】 如图 9-10 所示，木质柜、玻璃门式厨房低柜，长为 1300mm，高 800mm，宽为 500mm，共 7 个，求其清单工程量。

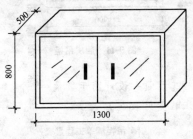

图 9-10 厨房低柜

【解】 厨房低柜工程量＝设计图示数量＝7 个

厨房低柜清单工程量见表 9-8。

表 9-8 厨房低柜清单工程量表

项目编码	项目名称	项目特征描述	计量单位	工程量
020601009001	厨房低柜	木质柜，玻璃门式，长 1300mm，高 800mm，宽 500mm	个	7

51. 厨房吊柜清单应怎样描述项目特征？包括哪些工程内容？

(1)厨房吊柜清单项目特征应描述的内容包括：①台柜规格；②材料种类、规格；③五金种类、规格；④防护材料种类；⑤油漆品种、刷漆遍数。

(2)厨房吊柜清单项目所包括的工程内容有：①台柜制作、运输、安装(安放)；②刷防护材料、油漆。

52. 厨房吊柜清单工程量如何计算？

厨房吊柜清单工程量按设计图示数量计算。

【例 9-9】 如图 9-11 所示，塑料式厨房吊柜，长 900mm，高 600mm，宽为 500mm，共 8 个，计算其清单工程量。

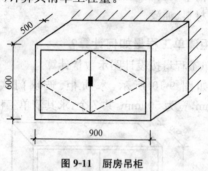

图 9-11 厨房吊柜

【解】 厨房吊柜工程量＝设计图示数量＝8 个

厨房吊柜清单工程量见表 9-9。

表 9-9 厨房吊柜清单工程量表

项目编码	项目名称	项目特征描述	计量单位	工程量
020601010001	厨房吊柜	塑料式，长度 900mm，高 600mm，宽 500mm	个	8

53. 矮柜清单应怎样描述项目特征？包括哪些工程内容？

(1)矮柜清单项目特征应描述的内容包括：①台柜规格；②材料种类、规格；③五金种类、规格；④防护材料种类；⑤油漆品种、刷漆遍数。

(2)矮柜清单项目所包括的工程内容有：①台柜制作、运输、安装（安放）；②刷防护材料、油漆。

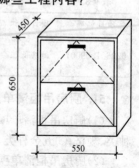

图 9-12 木质床头柜

54. 矮柜清单工程量如何计算？

矮柜清单工程量按设计图示数量计算。

【例 9-10】 如图 9-12 所示，木质床头柜，高

650mm，长 550mm，宽 450mm，共 7 个，求其清单工程量。

【解】　木质床头柜工程量＝设计图示数量

$$＝7 个$$

矮柜清单工程量见表 9-10。

表 9-10　　　　　　　　　　矮柜清单工程量表

项目编码	项目名称	项目特征描述	计量单位	工程量
020601011001	矮柜	木质床头柜，高 650mm，宽 450mm，长 550mm	个	7

55. 吧台背柜清单应怎样描述项目特征？包括哪些工程内容？

(1)吧台背柜清单项目特征应描述的内容包括：①台柜规格；②材料种类、规格；③五金种类、规格；④防护材料种类；⑤油漆品种、刷漆遍数。

(2)吧台背柜清单项目所包括的工程内容有：①台柜制作、运输、安装（安放）；②刷防护材料、油漆。

56. 吧台背柜清单工程量如何计算？

吧台背柜清单工程量按设计图示数量计算。

【例 9-11】　如图 9-13 所示，吧台背柜，其高为 2000mm，长为 1300mm，宽为 550mm，共 4 个，求其清单工程量。

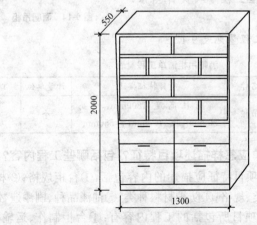

图 9-13　吧台背柜

【解】 吧台背柜工程量＝设计图示数量＝4 个

吧台背柜清单工程量见表 9-11。

表 9-11　　　　　　　　吧台背柜清单工程量表

项目编码	项目名称	项目特征描述	计量单位	工程量
020601012001	吧台背柜	高 2000mm，长 1300mm，宽 550mm	个	4

57. 酒吧吊柜清单应怎样描述项目特征？包括哪些工程内容？

(1)酒吧吊柜清单项目特征应描述的内容包括：①台柜规格；②材料种类、规格；③五金种类、规格；④防护材料种类；⑤油漆品种、刷漆遍数。

(2)酒吧吊柜清单项目所包括的工程内容有：①台柜制作、运输、安装(安放)；②刷防护材料、油漆。

58. 酒吧吊柜清单工程量如何计算？

酒吧吊柜清单工程量按设计图示数量计算。

【例 9-12】 如图 9-14 所示，酒吧吊柜，悬挂高度为 1800mm，其柜高为 800mm，长为 1100mm，宽为 550mm，共 5 个，求其清单工程量。

【解】 酒吧吊柜工程量＝设计图示数量＝5 个

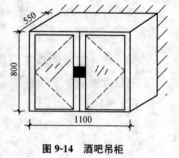

图 9-14　酒吧吊柜

酒吧吊柜清单工程量见表 9-12。

表 9-12　　　　　　　　酒吧吊柜清单工程量表

项目编码	项目名称	项目特征描述	计量单位	工程量
020601013001	酒吧吊柜	悬挂高度 1800mm，柜高 800mm，长 1100mm，宽 550mm	个	5

59. 酒吧台清单应怎样描述项目特征？包括哪些工程内容？

(1)酒吧台清单项目特征应描述的内容包括：①台柜规格；②材料种类、规格；③五金种类、规格；④防护材料种类；⑤油漆品种、刷漆遍数。

(2)酒吧台清单项目所包括的工程内容有：①台柜制作、运输、安装(安放)；②刷防护材料、油漆。

60. 酒吧台清单工程量如何计算?

酒吧台清单工程量按设计图示数量计算。

【例 9-13】 混凝土材料的酒吧台,长为 5400mm,高为 1200mm,共 1个,如图 9-15 所示,求其清单工程量。

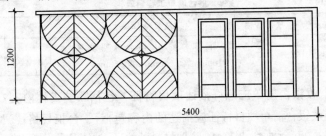

图 9-15 酒吧台

【解】 酒吧台工程量＝设计图示数量＝1 个

酒吧台清单工程量见表 9-13。

表 9-13 酒吧台清单工程量表

项目编码	项目名称	项目特征描述	计量单位	工程量
020601040001	酒吧台	混凝土酒吧台,长 5400mm,高 1200mm	个	1

61. 展台清单应怎样描述项目特征? 包括哪些工程内容?

(1)展台清单项目特征应描述的内容包括:①台柜规格;②材料种类、规格;③五金种类、规格;④防护材料种类;⑤油漆品种、刷漆遍数。

(2)展台清单项目所包括的工程内容有:①台柜制作、运输、安装(安放);②刷防护材料、油漆。

62. 展台清单工程量如何计算?

展台清单工程量按设计图示数量计算。

【例 9-14】 如图 9-16 所示,某商业

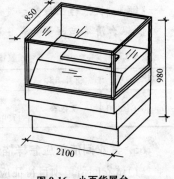

图 9-16 小百货展台

类的小百货展台,下部是木质,上部是透明玻璃,长 2100mm,高 980mm,宽为 850mm,共 6 个,求其清单工程量。

【解】 小百货展台工程量=设计图示数量=6 个

展台清单工程量见表 9-14。

表 9-14   展台清单工程量表

项目编码	项目名称	项目特征描述	计量单位	工程量
020601015001	展台	下部木质,上部为透明玻璃,长 2100mm,高 980mm,宽 850mm	个	6

63. 收银台清单应怎样描述项目特征? 包括哪些工程内容?

(1)收银台清单项目特征应描述的内容包括:①台柜规格;②材料种类、规格;③五金种类、规格;④防护材料种类;⑤油漆品种、刷漆遍数。

(2)收银台清单项目所包括的工程内容有:①台柜制作、运输、安装(安放);②刷防护材料、油漆。

64. 收银台清单工程量如何计算?

收银台清单工程量按设计图示数量计算。

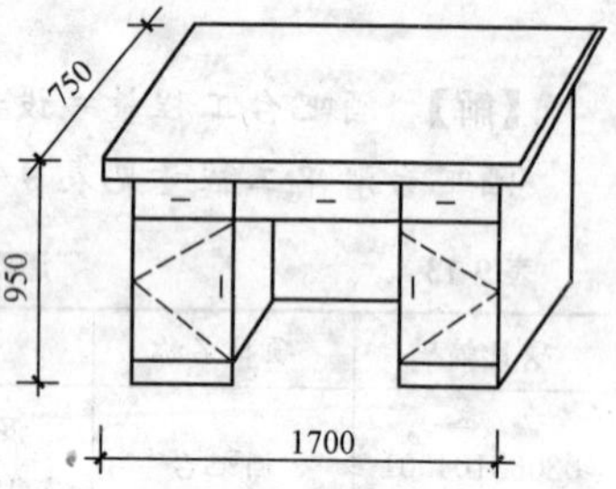

【例 9-15】 如图 9-17 所示,某商场的木质式收银台,高为 950mm,长为 1700mm,宽为 750mm,共 5 个,求其清单工程量。

图 9-17 收银台

【解】 收银台工程量=设计图示数量=5 个

收银台清单工程量见表 9-15。

表 9-15   收银台清单工程量表

项目编码	项目名称	项目特征描述	计量单位	工程量
020601016001	收银台	木质式,高 950mm,长 1700mm,宽 750mm	个	5

65. 试衣间清单应怎样描述项目特征? 包括哪些工程内容?

(1)试衣间清单项目特征应描述的内容包括:①台柜规格;②材料种类、规格;③五金种类、规格;④防护材料种类;⑤油漆品种、刷漆遍数。

(2)试衣间清单项目所包括的工程内容有:①台柜制作、运输、安装(安放);②刷防护材料、油漆。

66. 试衣间清单工程量如何计算?

试衣间清单工程量按设计图示数量计算。

【例 9-16】 如图 9-18 所示,某商场木质标准式试衣间,高为 2200mm,长 1000mm,宽 950mm,共 12 个,求其清单工程量。

【解】 试衣间工程量=设计图示数量

　　　　　　　　=12 个

试衣间清单工程量见表 9-16。

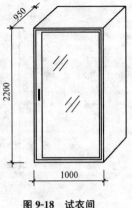

图 9-18　试衣间

表 9-16　　　　　　　　试衣间清单工程量表

项目编码	项目名称	项目特征描述	计量单位	工程量
020601017001	试衣间	木质标准式,高 2200mm,长 1000mm,宽 950mm	个	12

67. 货架清单应怎样描述项目特征? 包括哪些工程内容?

(1)货架清单项目特征应描述的内容包括:①台柜规格;②材料种类、规格;③五金种类、规格;④防护材料种类;⑤油漆品种、刷漆遍数。

(2)货架清单项目所包括的工程内容有:①台柜制作、运输、安装(安放);②刷防护材料、油漆。

68. 货架清单工程量如何计算?

货架清单工程量按设计图示数量计算。

【例 9-17】 如图 9-19 所示,某商店里的货架,其高为 2300mm,长为 2200mm,宽为 600mm,共 6 个,求其清单工程量。

【解】 货架工程量=设计图示数量=6 个

货架清单工程量见表 9-17。

表 9-17　　　　　　　　货架清单工程量表

项目编码	项目名称	项目特征描述	计量单位	工程量
02060108001	货架	高 2300mm,长 2100mm,宽 600mm	个	6

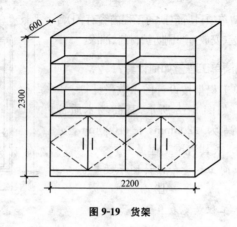

图 9-19　货架

69. 书架清单应怎样描述项目特征？包括哪些工程内容？

(1)书架清单项目特征应描述的内容包括：①台柜规格；②材料种类、规格；③五金种类、规格；④防护材料种类；⑤油漆品种、刷漆遍数。

(2)书架清单项目所包括的工程内容有：①台柜制作、运输、安装(安放)；②刷防护材料、油漆。

70. 书架清单工程量如何计算？

书架清单工程量按设计图示数量计算。

【例 9-18】　如图 9-20 所示，某图书馆的书架，高为 1900mm，长为 1300mm，宽为 200mm，共 90 个，求其清单工程量。

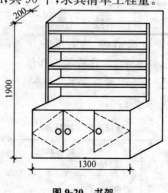

图 9-20　书架

【解】　书架工程量＝设计图示数量＝90个

书架清单工程量见表9-18。

表9-18　　　　　　　　　　书架清单工程量表

项目编码	项目名称	项目特征描述	计量单位	工程量
020601019001	书架	高为1900mm，长为1300mm，宽为200mm	个	90

71. 服务台清单应怎样描述项目特征？包括哪些工程内容？

(1)服务台清单项目特征应描述的内容包括：①台柜规格；②材料种类、规格；③五金种类、规格；④防护材料种类；⑤油漆品种、刷漆遍数。

(2)服务台清单项目所包括的工程内容有：①台柜制作、运输、安装(安放)；②刷防护材料、油漆。

72. 服务台清单工程量如何计算？

服务台清单工程量按设计图示数量计算。

【例9-19】　如图9-21所示，某公共场合的服务台，高为1400mm，长为1000mm，宽为500mm，共15个，求其清单工程量。

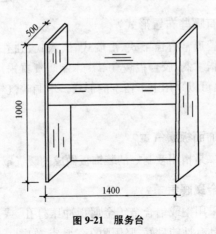

图9-21　服务台

【解】　服务台工程量＝设计图数量＝15个

服务台清单工程量见表9-19。

表 9-19　　　　　　　　　　服务台清单工程量表

项目编码	项目名称	项目特征描述	计量单位	工程量
020601020001	服务台	高 1400mm，长 1000mm，宽 500mm	个	15

73. 柜类、货架定额工程量如何计算？

(1)货架、柜橱类均以正立面的高（包括脚的高度在内）乘以宽以"m²"计算。

(2)收银台、试衣间等以个计算，其他以延长米为单位计算。

74. 什么是暖气罩？

暖气罩是用来遮挡暖气片或暖气管的一种装饰物，暖气罩按安装方式不同可分为挂板式、明式和平墙式。

75. 暖气罩有哪些作用？

暖气罩是室内的重要组成部分，其具有防护暖气片过热烫伤人员，使冷热空气对流均匀和散热合理的作用，并可美化、装饰室内环境。

76. 暖气罩有哪些布置形式？

暖气罩的布置通常有窗下式、沿墙式、嵌入式、独立式等形式。饰面板暖气罩主要是指木制、胶合板暖气罩。木制暖气罩采用硬木条、胶合板等作成格片状，也可以采用上下留空的形式。木制暖气罩舒适感较好，如图 9-22 所示。

77. 什么是饰面板暖气罩？

饰面板暖气罩是指用裁制好的装饰板做成的暖气罩。

78. 什么是金属暖气罩？

金属暖气罩采用钢或铝合金等金属板冲压打孔，或采用格片等方式制成暖气罩。它具有性能良好、坚固耐久等特点，如图 9-23 所示。

79. 暖气罩包括哪些清单项目？

暖气罩清单项目包括饰面板暖气罩、塑料板暖气罩、金属暖气罩。

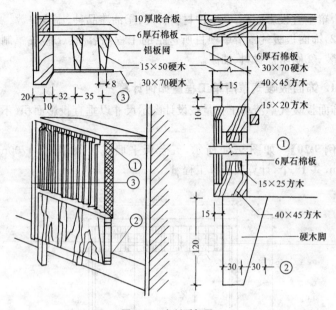

图 9-22 木制暖气罩

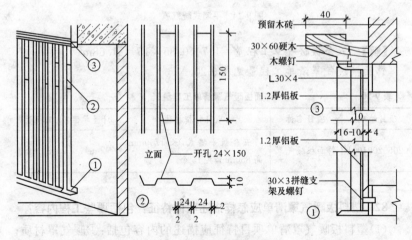

图 9-23 金属暖气罩

80. 饰面板暖气罩清单应怎样描述项目特征？包括哪些工程内容？

(1)饰面板暖气罩清单项目特征应描述的内容包括：①暖气罩材质；

②单个罩垂直投影面积;③防护材料种类;④油漆品种、刷漆遍数。

(2)饰面板暖气罩清单项目所包括的工程内容有:①暖气罩制作、运输、安装;②刷防护材料、油漆。

81. 饰面板暖气罩清单工程量如何计算?

饰面板暖气罩清单工程量按设计图示尺寸以垂直投影面积(不展开)计算。

【例 9-20】 如图 9-24 所示,五合板平墙式暖气罩,长 1700mm,高850mm,共 15 个,计算其清单工程量。

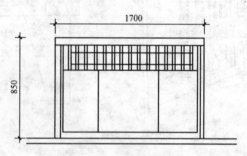

图 9-24 平墙式暖气罩

【解】 五合板暖气罩工程量＝1.7×0.85×15＝21.68m²

饰面板暖气罩清单工程量见表 9-20。

表 9-20 饰面板暖气罩清单工程量表

项目编码	项目名称	项目特征描述	计量单位	工程量
020602001001	饰面板暖气罩	五合板平墙式,长 1700mm,高 850mm,共 15 个	m²	21.68

82. 塑料板暖气罩清单应怎样描述项目特征? 包括哪些工程内容?

(1)塑料板暖气罩清单项目特征应描述的内容包括:①暖气罩材质;②单个罩垂直投影面积;③防护材料种类;④油漆品种、刷漆遍数。

(2)塑料板暖气罩清单项目所包括的工程内容有:①暖气罩制作、运输、安装;②刷防护材料、油漆。

83. 塑料板暖气罩清单工程量如何计算？

塑料板暖气罩清单工程量按设计图示尺寸以垂直投影面积(不展开)计算。

【例 9-21】 如图 9-25 所示,塑料板暖气罩,采用窗台下格板式,长为 1700mm,高为 850mm,宽为 230mm,共 15 个,计算其清单工程量。

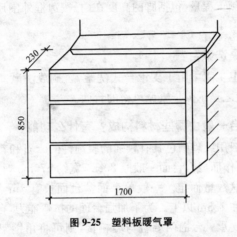

图 9-25 塑料板暖气罩

【解】 塑料板暖气罩工程量 $= 1.7 \times 0.85 \times 15 = 21.68 \text{m}^2$

塑料板暖气罩清单工程量见表 9-21。

表 9-21 塑料板暖气罩清单工程量表

项目编码	项目名称	项目特征描述	计量单位	工程量
020602002001	塑料板暖气罩	窗台下格板式,长 1700mm,高 850mm,宽 230mm,共 15 个	m²	21.68

84. 金属暖气罩清单应怎样描述项目特征？包括哪些工程内容？

(1)金属暖气罩清单项目特征应描述的内容包括:①暖气罩材质;②单个罩垂直投影面积;③防护材料种类;④油漆品种、刷漆遍数。

(2)金属暖气罩清单项目所包括的工程内容有:①暖气罩制作、运输、安装;②刷防护材料、油漆。

85. 金属暖气罩清单工程量如何计算?

金属暖气罩清单工程量按设计图示尺寸以垂直投影面积(不展开)计算。

86. 暖气罩定额工程量如何计算?

暖气罩定额工程量(包括脚的高度在内)按边框外围尺寸垂直投影面积计算。

87. 什么是洗漱台?

洗漱台系卫生间中用于支承台式洗脸盆,搁放洗漱、卫生用品,同时装饰卫生间,使之显示豪华气派风格的台面。

88. 洗漱台一般由哪些材料构成? 有什么功能?

洗漱台一般用纹理颜色具有较强的装饰性的云石和花岗石光面板材经磨边、开孔制作而成。台面一般厚 20cm,宽约 570mm,长度视卫生间大小和台上洗脸盆数量而定。一般单个面盆台面长有 1m、1.2m、1.5m;双面盆台面长则在 1.5m 以上。为了加强台面的抗弯能力,台面下需用角钢焊接架子加以支承。台面两端若与墙相接,则可将角钢架直接固定在墙面上,否则需砌半砖墙支承。洗漱台安装示意如图 9-26 所示。宾馆住宅卫生间内的洗漱台台面下常做成柜子,一方面遮挡上下水管,另一方面存放部分清洁用品。

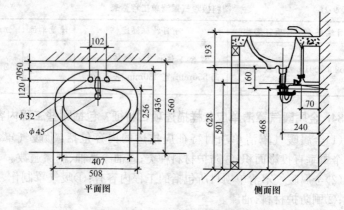

平面图　　　　　　　　　　侧面图

图 9-26　洗漱台安装示意图

89. 什么是晒衣架?

晒衣架指的是晾晒衣物时使用的架子,一般安装在晒台或窗户外,形状一般为Ⅴ形或一字形,还有收缩活动形。

90. 什么是镜面玻璃?

镜面玻璃,即"热反射玻璃",是具有较高的热反射性能而又保持良好的透光性能的平板玻璃。在玻璃表面用热解、蒸发、化学处理等方法喷涂金、银、铝、铁等金属及金属氧化物或粘贴有机物的薄膜等制成热反射玻璃,或称镜面玻璃。

91. 镜面玻璃的材质应符合哪些要求? 应怎样安装?

镜面玻璃选用的材料规格、品种、颜色或图案等均应符合设计要求,不得随意改动。

在同一墙面安装相同玻璃镜时,应选用同一批产品,以防止镜面色泽不一而影响装饰效果。对于重要部位的镜面安装,要求做防潮层及木筋和木砖采取防腐措施时,必须照设计要求处理。镜面玻璃应存放于干燥通风的室内,玻璃箱应竖直立放,不应斜放或平放。安装后的镜面应达到平整、清洁,接缝顺直、严密,不得有翘起、松动、裂纹和掉角等质量弊病。

92. 什么是镜箱?

镜箱是指以镜面玻璃做主要饰面门,以其他材料(如木、塑料)做箱子,用于洗漱间,并可存放化妆品的设施。

93. 木镜箱和塑料镜箱有什么区别?

木镜箱系以木板做木箱,胶合板木龙骨、镜面玻璃做镜箱门,兼有梳妆镜和洗漱用品、化妆品储存柜功能的卫生间设施。

塑料镜箱系市场采购成品,仅需在墙面上埋入胀管,用木螺钉固定即可。

94. 玻璃表面处理有哪些方法?

(1)玻璃的化学蚀刻。玻璃的化学蚀刻是用氢氟酸溶掉玻璃表面的硅氧,根据残留盐类的溶解度各不相同,而得到有光泽的表面或无光泽的表面。

(2)化学抛光。化学抛光的原理与化学蚀刻一样,利用氢氟酸破坏玻璃表面原有的硅氧膜,生成一层新的硅氧膜,使玻璃得到很高的光洁度与透明度。

(3)表面金属涂层。金属涂层广泛用于制造热反射玻璃、护目玻璃、膜层导电玻璃及玻璃器皿和装饰品等。

(4)表面着色(扩散着色)。玻璃表面着色就是在高温下用着色离子的金属、熔盐、盐类的糊膏涂覆在表面上,使着色离子与玻璃中的离子进行交换,扩散到玻璃表面层中去,使玻璃表面着色;有些金属离子还需要还原为原子,原子集聚成胶体而着色。

95. 浴厕配件包括哪些清单项目?

浴厕配件清单项目包括洗漱台、晒衣架、帘子杆、浴缸拉手、毛巾杆(架)、毛巾环、卫生纸盒、肥皂盒、镜面玻璃、镜箱。

96. 洗漱台清单应怎样描述项目特征? 包括哪些工程内容?

(1)洗漱台清单项目特征应描述的内容包括:①材料品种、规格、品牌、颜色;②支架、配件品种、规格、品牌;③油漆品种、刷漆遍数。

(2)洗漱台清单项目所包括的工程内容有:①台面及支架制作、运输、安装;②杆、环、盒、配件安装;③刷油漆。

97. 洗漱台清单工程量如何计算?

洗漱台清单工程量按设计图示尺寸以台面外接矩形面积计算。不扣除孔洞、挖弯、削角所占面积,挡板、吊沿板面积并入台面面积内。

【例 9-22】 如图 9-27 所示的洗漱台,长 1700mm,高 750mm,宽 650mm,共 7 个,计算其清单工程量。

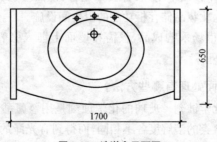

图 9-27 洗漱台平面图

【解】　工程量按设计图示尺寸以台面外接矩形面积计算。不扣除孔洞、挖弯、削角所占面积，挡板、吊沿板面积并入台面面积内。

洗漱台工程量＝1.7×0.65×7＝7.74 m²

洗漱台清单工程量见表 9-22。

表 9-22　　　　　　　洗漱台清单工程量表

项目编码	项目名称	项目特征描述	计量单位	工程量
020603001001	洗漱台	长 1700mm，高 750mm，宽 650mm，共 7 个	m²	7.74

98. 晒衣架清单应怎样描述项目特征？包括哪些工程内容？

(1)晒衣架清单项目特征应描述的内容包括：①材料品种、规格、品牌、颜色；②支架、配件品种、规格、品牌；③油漆品种、刷漆遍数。

(2)晒衣架清单项目所包括的工程内容有：①台面及支架制作、运输、安装；②杆、环、盒、配件安装；③刷油漆。

99. 晒衣架清单工程量如何计算？

晒衣架清单工程量按设计图示数量计算。

【例 9-23】　如图 9-28 所示，金属晒衣架长 320mm、高 200mm，共 25 根，计算其清单工程量。

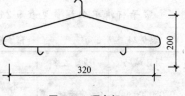

图 9-28　晒衣架

【解】　晒衣架工程量＝设计图示数量
　　　　　　　　　　＝25 根

晒衣架清单工程量见表 9-23。

表 9-23　　　　　　　晒衣架清单工程量表

项目编码	项目名称	项目特征描述	计量单位	工程量
020603002001	晒衣架	金属晒衣架长 320mm，高 200mm	根	25

100. 帘子杆清单应怎样描述项目特征？包括哪些工程内容？

(1)帘子杆清单项目特征应描述的内容包括：①材料品种、规格、品牌、颜色;②支架、配件品种、规格、品牌;③油漆品种、刷漆遍数。

(2)帘子杆清单项目所包括的工程内容有:①台面及支架制作、运输、安装;②杆、环、盒、配件安装;③刷油漆。

101. 帘子杆清单工程量如何计算?

帘子杆清单工程量按设计图示数量计算。

【例 9-24】　如图 9-29 所示的木质帘子杆,长为 1900mm,宽为 5mm,高为 5mm,共 7 根,计算其清单工程量。

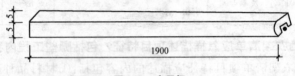

图 9-29　帘子杆

【解】　工程量按设计图示数量计算:

木质帘子杆工程量=设计图示数量=7 根

帘子杆清单工程量见表 9-24。

表 9-24　　　　　　　　　　帘子杆清单工程量表

项目编码	项目名称	项目特征描述	计量单位	工程量
020603003001	帘子杆	木质,长 1900mm,宽 5mm,高 5mm	根	7

102. 浴缸拉手清单应怎样描述项目特征? 包括哪些工程内容?

(1)浴缸拉手清单项目特征应描述的内容包括:①材料品种、规格、品牌、颜色;②支架、配件品种、规格、品牌;③油漆品种、刷漆遍数。

(2)浴缸拉手清单项目所包括的工程内容有:①台面及支架制作、运输、安装;②杆、环、盒、配件安装;③刷油漆。

103. 浴缸拉手清单工程量如何计算?

浴缸拉手清单工程量按设计图示数量计算。

【例 9-25】　如图 9-30 所示,长为 650mm,高为 80mm 的不锈钢铝合金浴缸拉手,共 4 套,计算其清单工程量。

【解】　工程量按设计图示数量计算。

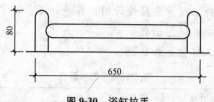

图 9-30 浴缸拉手

浴缸拉手工程量＝设计图示数量＝4 套

浴缸拉手清单工程量见表 9-25。

表 9-25 浴缸拉手清单工程量表

项目编码	项目名称	项目特征描述	计量单位	工程量
020603004001	浴缸拉手	长 650mm，高 80mm 的不锈钢铝合金	套	4

104. 毛巾杆清单应怎样描述项目特征？包括哪些工程内容？

（1）毛巾杆清单项目特征应描述的内容包括：①材料品种、规格、品牌、颜色；②支架、配件品种、规格、品牌；③油漆品种、刷漆遍数。

（2）毛巾杆清单项目所包括的工程内容有：①台面及支架制作、运输、安装；②杆、环、盒、配件安装；③刷油漆。

105. 毛巾杆清单工程量如何计算？

毛巾杆清单工程量按设计图示数量计算。

【例 9-26】 某宾馆共有客房卫生间 30 间，每间均设置一个浴巾架，如图 9-31 所示，试计算浴巾架清单工程量。

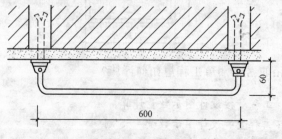

图 9-31 毛巾杆

【解】 毛巾杆工程量应按设计图示数量计算。

浴巾架的工程量＝设计图示数量＝30 个

毛巾杆清单工程量见表 9-26。

表 9-26　　　　　　　　毛巾杆清单工程量表

项目编码	项目特征	项目特征描述	计量单位	工程量
020603005001	毛巾杆	毛巾杆长为 600mm,宽 60mm	个	30

106. 毛巾环清单应怎样描述项目特征？包括哪些工程内容？

(1)毛巾环清单项目特征应描述的内容包括:①材料品种、规格、品牌、颜色;②支架、配件品种、规格、品牌;③油漆品种、刷漆遍数。

(2)毛巾环清单项目所包括的工程内容有:①台面及支架制作、运输、安装;②杆、环、盒、配件安装;③刷油漆。

107. 毛巾环清单工程量如何计算？

毛巾环清单工程量按设计图示数量计算。

【例 9-27】 如图 9-32 所示,不锈钢式毛巾环,长为 130mm,宽为 130mm,共 65 副,计算其清单工程量。

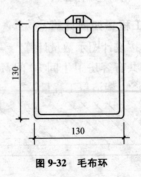

图 9-32　毛布环

【解】 工程量按设计图示数量计算。

毛巾环工程量＝设计图示数量＝65 副

毛巾杆清单工程量见表 9-27。

表 9-27　　　　　　　　毛巾杆清单工程量表

项目编码	项目名称	项目特征描述	计量单位	工程量
020603006001	毛巾环	不锈钢式，长为 130mm，宽 130mm	副	65

108. 卫生纸盒清单应怎样描述项目特征？包括哪些工程内容？

(1)卫生纸盒清单项目特征应描述的内容包括：①材料品种、规格、品牌、颜色；②支架、配件品种、规格、品牌；③油漆品种、刷漆遍数。

(2)卫生纸盒清单项目所包括的工程内容有：①台面及支架制作、运输、安装；②杆、环盒、配件安装，刷油漆。

109. 卫生纸盒清单工程量如何计算？

卫生纸盒清单工程量按设计图示数量计算。

【例 9-28】　如图 9-33 所示，塑料手纸盒，长为 120mm，高为 70mm，宽为 10mm，共 35 个，计算其清单工程量。

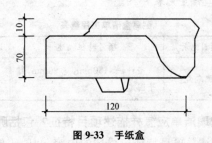

图 9-33　手纸盒

【解】　工程量根据设计图示数量计算。

手纸盒工程量＝设计图示数量＝35 个

卫生纸盒清单工程量见表 9-28。

表 9-28　　　　　　　　卫生纸盒清单工程量表

项目编码	项目名称	项目特征描述	计量单位	工程量
020603007001	卫生纸盒	塑料手纸盒，长 120mm，高 70mm，宽 10mm	个	35

110. 肥皂盒清单应怎样描述项目特征？包括哪些工程内容？

（1）肥皂盒清单项目特征应描述的内容包括：①材料品种、规格、品牌、颜色；②支架、配件品种、规格、品牌；③油漆品种、刷漆遍数。

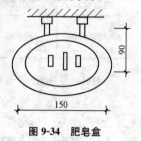

图 9-34　肥皂盒

（2）肥皂盒清单项目所包括的工程内容有：①台面及支架制作、运输、安装；②杆、环盒、配件安装；③刷油漆。

111. 肥皂盒清单工程量如何计算？

肥皂盒清单工程量按设计图示数量计算。

【例 9-29】　如图 9-34 所示，塑料式肥皂盒，采用钉子固定法，长 150mm，宽为 90mm，高 50mm，共计 60 个，计算其清单工程量。

【解】　工程量根据设计图示数量计算：

肥皂盒工程量＝设计图示数量＝60 个

肥皂盒清单工程量见表 9-29。

表 9-29　　　　　　　　　肥皂盒清单工程量表

项目编码	项目名称	项目特征描述	计量单位	工程量
020603008001	肥皂盒	塑料，长 150mm，宽 90mm，钉子固定	个	60

112. 镜面玻璃清单应怎样描述项目特征？包括哪些工程内容？

（1）镜面玻璃清单项目特征应描述的内容包括：①镜面玻璃品种、规格；②框材质、断面尺寸；③基层材料种类；④防护材料种类；⑤油漆品种、刷漆遍数。

（2）镜面玻璃清单项目所包括的工程内容有：①基层安装；②玻璃及框制作、运输、安装；③刷防护材料、油漆。

113. 镜面玻璃清单工程量如何计算？

镜面玻璃清单工程量按设计图示尺寸以边框外围面积计算。

【例 9-30】　如图 9-35 所示，某办公楼走廊内安装一块带框镜面玻璃。长为 1800mm，宽为 900mm，框子是铝合金式，计算其清单工程量。

【解】　工程量根据设计图示尺寸以边框外围面积计算。

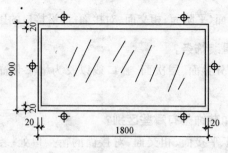

图 9-35　镜面玻璃

镜面玻璃工程量＝0.9×1.8m² ＝1.62m²

镜面玻璃清单工程量见表 9-30。

表 9-30　　　　　　　　　镜面玻璃清单工程量表

项目编码	项目名称	项目特征描述	计量单位	工程量
020603009001	镜面玻璃	铝合金框，长 1800mm，宽 900mm	m²	1.62

114. 镜箱清单应怎样描述项目特征？包括哪些工程内容？

(1)镜箱清单项目特征应描述的内容包括：①箱材质、规格；②玻璃品种、规格；③基层材料种类；④防护材料种类；⑤油漆品种、刷漆遍数。

(2)镜箱清单项目所包括的工程内容有：①基层安装；②箱体制作、运输、安装；③玻璃安装；④刷防护材料、油漆。

115. 镜箱清单工程量如何计算？

镜箱清单工程量按设计图示数量计算。

116. 浴厕配件定额工程量如何计算？

(1)镜面玻璃安装、盥洗室木镜箱以正立面面积计算。

(2)塑料镜箱、毛巾环、肥皂盒、金属帘子杆、浴缸拉手、毛巾杆安装以只或副计算。不锈钢旗杆以延长米计算。大理石洗漱台以台面投影面积计算(不扣除孔洞面积)。

117. 什么是压条？

压条是指饰面的平接面、相交面、对接面等的衔接口所用的板条。即是用在各种交接面(平阶面、相交面、对接面等)沿接口的压板线条。

118. 什么是装饰条?

装饰条是指分界面、层次面、封口线以及为增添装饰效果而设立的板条。

119. 压条和装饰条有哪些区别?

(1)压条用于平接面、相交面、对接面的衔接口处;装饰条用于分界面、层次面及封口处。

(2)压条断面小,外形简单,装饰条断面比压条大,外形较复杂,装饰效果较好。

(3)压条的主要作用是遮盖接缝,并使饰面平整,装饰条主要作用是使饰面美观,增加装饰效果。

120. 装饰线材料应怎样应用?

装饰线材料是装饰工程中各平接面、相交面、分界面、层次面、对接面的衔接口,交接条的收边封口材料。装饰线材料对装饰工程质量、装饰效果有着举足轻重的影响。同时,装饰线材料在室内装饰艺术上起着平面构成和线形构成的重要角色。装饰线材料在装饰结构上起着固定、连接、加强装饰面的作用。

121. 金属装饰线有哪些特点?

金属装饰线(压条、嵌条)是一种新型装饰材料,也是高级装饰工程中不可缺少的配套材料。

它具有高强度、耐腐蚀的特点。另外,凡经阳极氧化着色、表面处理后,外表美观,色泽雅致,耐光和耐气候性能良好。金属装饰线有白色、金色、青铜色等多种,适用于现代室内装饰、壁板色边压条。

122. 什么是铝合金线条?

铝合金线条是用纯铝加入锰、镁等合金元素后,挤压而成的条状型材。

123. 铝合金线条有哪些特点、用途、规格?

(1)特点。铝合金线条具有轻质、高强、耐蚀、耐磨、刚度大等特点。

其表面经阳极氧化着色处理后,各种鲜明的色泽,耐光和耐气候性能良好,其表面还可涂以坚固透明的电泳漆膜,涂后更加显得美观、适用。

(2)用途。铝合金线条可用于装饰面的压边线、收口线,以及装饰面、装饰镜面的框边线。在广告牌、灯光箱、显示牌、指示牌上当作边框或框架,以墙面或吊顶面作为一些设备的封口线。铝合金线条还用于家具上的收边装饰线、玻璃门的推拉槽、地毯收口线等。

(3)规格。铝合金线条主要有角线、画框线条、地毯收口线条等几种。角边线条又分为等边和不等边两种。

124. 铜合金线条有哪些特点、用途?

(1)特点。铜合金线条是用合金铜即"黄铜"制成,其强度高,耐磨性好,不锈蚀,经加工后表面呈金黄色光泽。

(2)用途。铜合金线条主要用于地面大理石、花岗石、水磨石块面的间隔线,楼梯踏步的防滑线,地毯压角线,装饰柱及高档家具的装饰线等。

125. 不锈钢线有哪些特点、用途?

(1)特点。不锈钢线条具有高强、耐蚀、耐水、耐磨、耐擦、耐气候变化的特点。表面光洁如镜,装饰效果好,属高档装饰材料。

(2)用途。不锈钢线条用于各种装饰面的压边线、收口线、柱角压线等处。主要有角线和槽线两类。

126. 什么是木质装饰线?

木质装饰线是指选用质硬,木质较细,耐磨,耐腐蚀,不劈裂,切面光滑,加工性质良好,油漆性、上色性好,黏结力好,钉着力强的木材,经过干燥处理后,用机械加工或手工加工而成。木质装饰线应表面光滑,棱角棱边及弧面弧线既挺直又轮廓分明,木质装饰线不得有扭曲和斜弯。

木质装饰线可油漆成各种色彩和木纹本色,可进行对接拼接,以及弯曲成各种弧线。

127. 木质装饰线有哪些类别?

从材质上分有:硬质杂木线、进口洋杂木线、白木线、白元木线、水曲柳木线、山樟木线、核桃木线、柚木线等;从功能上分有:压边线、柱角线、压角线、墙角线、墙腰线、上楣线、覆盖线、封边线、镜框线等;从外形上分有:半圆线、直角线、斜角线、指甲线等;从款式上分有:外凸式、内凹式、凸凹结合式、嵌槽式等。

128. 木装饰线具有哪些用途?

在室内装饰工程中,木装饰线的用途十分广泛,其主要用途有如下几个方面:

(1)天棚线:用于天棚上不同层次面交接处的封边、天棚上各种不同材料面的对接处封口及天棚平面上的造型线。另外,也常用作吊顶上设备的封边。

(2)天棚角线:用于天棚与墙面、天棚与柱面交接处封边,天棚角线多用阴角线。

(3)封边线:用于墙面上不同层次面交接处的封边,墙面上各种不同材料面的对接处封口,墙裙压边,踢脚板压边,挂镜装饰,柱面包角,设备的封边装饰,墙面饰面材料压线,墙面装饰造型线及造型体、装饰隔墙、屏风上收边收口线和装饰线。另外,也常被用作各种家具上的收边线、装饰线。

129. 什么是石材装饰线?

石材装饰线是在石材板材的表面或沿着边缘开的一个连续凹槽,用来达到装饰目的或突出连接位置。

130. 什么是石膏装饰线?

石膏装饰线是以半水石膏为主要原料,掺加适量增强纤维、胶结剂、促凝剂、缓凝剂,经料浆配制,浇注成型,烘干而制成的线条。它具有重量轻、易于锯拼安装、价格低廉、浮雕装饰性强的优点。

131. 石膏装饰线按外观有哪些造型?

石膏装饰线按外观造型分为两种:

(1)直线型:规格长度为 1800mm 或 2200mm,宽度为 18~280mm 不等,共有几十个品种,表面花纹分为无花、单花、联花等花型。

(2)圆弧形:其直径为 1000~9000mm,表面花纹有单花、联花和无花等花型。

由于石膏装饰制品制作工艺简单,所以,花式品种极多,大多数石膏装饰线均带有不同的花饰。此外,还可以按设计要求制作。

132. 石膏装饰线有哪些优点?

石膏装饰线可钉、可锯、可刨、可粘结,并且具有不变形、不开裂、无缝隙、完整性好、耐久性强、吸声、质轻、防火、防潮、防蛀、不腐、易安装等优点。它是一种深受欢迎的无污染建筑装饰材料,质地洁白,美观大方,用以装饰房间,给人以清新悦目之感。

133. 什么是镜面玻璃线?

镜面玻璃装配完毕,玻璃的透光部分与被玻璃安装材料覆盖的不透光部分的分界线称为镜面玻璃线。

134. 铝塑装饰线有哪些特点?

铝塑装饰线具有防腐、防火等特点,广泛用于装饰工程各平接面、相交面对接面层次面的衔接口,交接条的收边封口。

135. 什么是塑料装饰线?

塑料装饰线是选用硬聚氯乙烯树脂为主要原料,加入适量的稳定剂、增塑剂、填料、着色剂等辅助材料,经捏合、选粒、挤出成型而制得。

136. 塑料装饰线有哪些规格、特点?

目前市场上使用较广泛的是聚氨酯浮雕装饰线。

(1)材料规格。硬聚氯乙烯塑料装饰线在一定场合可代替木装饰线,适用于办公楼、住宅、展览馆、饭店、宾馆、酒家、咖啡厅等装饰级别较低场所或房间,与壁纸、墙布、地毯等材料配合使用,效果更佳。聚氨酯浮雕装饰线用于装饰级别较高的场所,其装饰豪华典雅,经久耐用。

塑料装饰线有压角线、压边线、封边线等几种,其外形和规格与木装饰线相同。除了用于天棚与墙体的界面处外,也常用于塑料墙裙、踢脚板的收口处,多与塑料扣板配用。另外,也广泛用于门窗压条。

(2)性能特点。塑料装饰线耐磨性、耐腐蚀性、绝缘性较好,经加工一次成形后不需再作饰面处理。但国产硬聚氯乙烯塑料装饰线的质感、光泽性和装饰性较差,聚氨酯浮雕装饰线与进口塑料纤维装饰线具有加工精细、花纹精美、色彩柔和的特点。

137. 压条、装饰线包括哪些清单项目？

压条、装饰线清单项目包括金属装饰线、木质装饰线、石材装饰线、石膏装饰线、镜面玻璃线、铝塑装饰线、塑料装饰线。

138. 金属装饰线清单应怎样描述项目特征？包括哪些工程内容？

(1)金属装饰线清单项目特征应描述的内容包括：①基层类型；②线条材料品种、规格、颜色；③防护材料种类；④油漆品种、刷漆遍数。

(2)金属装饰线清单项目所包括的工程内容有：①线条制作、安装；②刷防护材料、油漆。

139. 金属装饰线清单工程量如何计算？

金属装饰线清单工程量按设计图示尺寸以长度计算。

【例 9-31】　如图 9-36 所示，某图书馆的外廊走道墙面上挂的壁画，采用不锈钢条槽线形镶饰，长为 1700mm，高为 700mm，共 20 个，计算装饰线清单工程量。

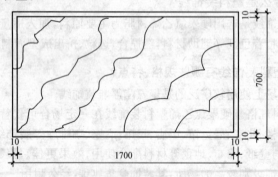

图 9-36　壁画

【解】　工程量计算按设计图示尺寸以长度计算，共 20 个。

金属装饰线工程量＝[(1.7−0.01)+(0.7−0.01)]×2×20＝95.2m

金属装饰线条清单工程量见表 9-31。

表 9-31　　　　　　　金属装饰线条清单工程量表

项目编码	项目名称	项目特征描述	计量单位	工程量
020604001001	金属装饰线条	不锈钢条槽线形镶饰，长 1700mm，高 700mm，共 20 个	m	95.2

140. 木质装饰线清单应怎样描述项目特征？包括哪些工程内容？

（1）木质装饰线清单项目特征应描述的内容包括：①基层类型；②线条材料品种、规格、颜色；③防护材料种类；④油漆品种、刷漆遍数。

（2）木质装饰线清单项目所包括的工程内容有：①线条制作、安装；②刷防护材料、油漆。

141. 木质装饰线清单工程量如何计算？

木质装饰线清单工程量按设计图示尺寸以长度计算。

【例 9-32】 如图 9-37 所示，某西式包房内的墙顶线采用实木天棚线装饰，长度为 4800mm，计算其清单工程量。

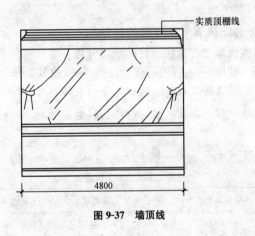

图 9-37　墙顶线

【解】 工程量根据设计图示尺寸以长度计算。

木质装饰线工程量＝4.80m

木质装饰线清单工程量见表 9-32。

表 9-32　木质装饰线清单工程量表

项目编码	项目名称	项目特征描述	计量单位	工程量
020604002001	木质装饰线	实木天棚装饰线，长为 4800mm	m	4.80

142. 石材装饰线清单应怎样描述项目特征？包括哪些工程内容？

（1）石材装饰线清单项目特征应描述的内容包括：①基层类型；②线

条材料品种、规格、颜色；③防护材料种类；④油漆品种、刷漆遍数。

(2)石材装饰线清单项目所包括的工程内容有：①线条制作、安装；②刷防护材料、油漆。

143. 石材装饰线清单工程量如何计算？

石材装饰线清单工程量按设计图示尺寸以长度计算。

144. 石膏装饰线清单应怎样描述项目特征？包括哪些工程内容？

(1)石膏装饰线清单项目特征应描述的内容包括：①基层类型；②线条材料品种、规格、颜色；③防护材料种类；④油漆品种、刷漆遍数。

(2)石膏装饰线清单项目所包括的工程内容有：①线条制作、安装；②刷防护材料、油漆。

145. 石膏装饰线清单工程量如何计算？

石膏装饰线清单工程量按设计图示尺寸以长度计算。

【例 9-33】　如图 9-38 所示石膏装饰线条，试求其清单工程量。

【解】　石膏装饰线工程量按设计尺寸以长度计算：

石膏装饰线条的工程量 $=[(4.7-0.24)+(5.8-0.24)]\times 2$

$$=20.04m$$

石膏装饰线清单工程量见表 9-33。

表 9-33　　　　　　　　石膏装饰线清单工程量表

项目编码	项目名称	项目特征描述	计量单位	工程量
020604004001	石膏装饰线	石膏装饰线，长 4700mm，宽 5800mm	m	20.04

146. 镜面玻璃线清单应怎样描述项目特征？包括哪些工程内容？

(1)镜面玻璃线清单项目特征应描述的内容包括：①基层类型；②线条材料品种、规格、颜色；③防护材料种类；④油漆品种、刷漆遍数。

(2)镜面玻璃线清单项目所包括的工程内容有：①线条制作、安装；②刷防护材料、油漆。

147. 镜面玻璃线清单工程量如何计算？

镜面玻璃线清单工程量按设计图示尺寸以长度计算。

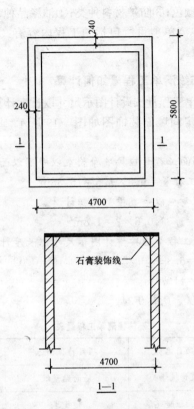

图 9-38　石膏装饰线条

148. 铝塑装饰线清单应怎样描述项目特征？包括哪些工程内容？

(1)铝塑装饰线清单项目特征应描述的内容包括：①基层类型；②线条材料品种、规格、颜色；③防护材料种类；④油漆品种、刷漆遍数。

(2)铝塑装饰线清单项目所包括的工程内容有：①线条制作、安装；②刷防护材料、油漆。

149. 铝塑装饰线清单工程量如何计算？

铝塑装饰线清单工程量按设计图示尺寸以长度计算。

150. 塑料装饰线清单应怎样描述项目特征？包括哪些工程内容？

(1)塑料装饰线清单项目特征应描述的内容包括：①基层类型；②线

条材料品种、规格、颜色;③防护材料种类;④油漆品种、刷漆遍数。

　　(2)塑料装饰线清单项目所包括的工程内容有:①线条制作、安装;②刷防护材料、油漆。

151. 塑料装饰线清单工程量如何计算?

塑料装饰线清单工程量按设计图示尺寸以长度计算。

【例 9-34】　某房间墙面装饰图如图 5-19 所示,求墙面装饰清单工程量。

【解】　(1)墙饰面工程量应按墙净长乘以净高以面积计算。

墙面贴壁纸的工程量＝6.3×2.6＝16.38m²

　　(2)暖气罩工程量应以垂直投影面积计算。

暖气的工程量＝1.5×0.6×2＝1.8m²

　　(3)木质装饰线工程量应按设计图示尺寸以长度计算。

$$木压条工程量＝6.3＋(0.25＋0.6＋0.15－0.02)×8－0.6×4$$
$$＝11.74m$$

装饰线清单工程量见表 9-34。

表 9-34　　　　　　　　　装饰线清单工程量表

项目编码	项目名称	项目特征描述	计量单位	工程量
020207001001	装饰板墙面	墙面贴壁纸	m²	16.38
020602001001	饰面板暖气罩	暖气罩	m²	1.8
020604002001	木质质装饰线	木压条	m	11.74

152. 压条、装饰线定额工程量如何计算?

压条、装饰线定额工程量按延长米计算。

153. 木线条有哪些型号与规格?

木线条型号和规格如表 9-35 所示。

154. 木线条有哪些形状?

木线条的常见形状如图 9-39～图 9-44 所示。

表 9-35　　　　　　　　　　　木线条型号和规格　　　　　　　　　　　mm

型号	规格	型号	规格	型号	规格	型号	规格
封边线		B—29	40×18	G—10	25×25	封边线	
B—01	15×7	B—30	40×20	G—11	25×25	Y—01	15×17
B—02	15×13	B—31	45×18	G—12	33×27	Y—02	20×10
B—03	20×10	B—32	40×25	G—13	30×30	Y—03	25×13
B—04	20×10	B—33	45×20	G—14	30×30	Y—04	40×20
B—05	20×12	B—34	50×25	G—15	35×35	Y—05	8×4
B—06	25×10	B—35	55×25	G—16	40×40	Y—06	13×6
B—07	25×10	B—36	60×25	墙腰线		Y—07	15×7
B—08	25×15	B—37	20×10	Q—01	40×10	Y—08	20×10
B—09	20×10	B—38	25×8	Q—02	45×12	Y—09	25×13
B—10	15×8	B—39	30×8	Q—03	50×10	Y—10	35×17
B—11	25×15	B—40	30×10	Q—04	55×13	柱角线	
B—12	25×15	B—41	65×30	Q—05	70×15	Z—01	25×27
B—13	30×15	B—42	60×30	Q—06	80×15	Z—02	30×20
B—14	35×15	B—43	30×10	Q—07	85×15	Z—03	30×30
B—15	40×18	B—44	25×8	Q—08	95×13	Z—04	40×40
B—16	40×20	B—45	50×14	天花角线		弯线	
B—17	25×10	B—46	45×10	T—01	35×10	YT—301	φ70×19×17
B—18	30×12	B—47	50×10	T—02	40×12	YT—302	φ70×19×17
B—19	30×12	压角线		T—03	70×15	YT—303	φ70×11×19
B—20	30×15	G—01	10×10	T—04	65×15	YT—304	φ70×11×19
B—21	30×15	G—02	15×12	T—05	90×20	YT—305	φ89×8×13
B—22	30×15	G—03	15×15	T—06	50×15	YT—306	φ95×8×13
B—23	45×20	G—04	15×16	T—07	50×15	扶手	
B—24	55×20	G—05	20×20	T—08	15×12	D—01	75×65
B—25	35×15	G—06	20×20	T—09	60×15	D—02	75×65
B—26	35×20	G—07	20×20	T—10	60×15	镜框压边线	
B—27	35×20	G—08	25×13	T—11	100×20	K—1	6×19
B—28	40×15	G—09	25×25			K—2	5×15

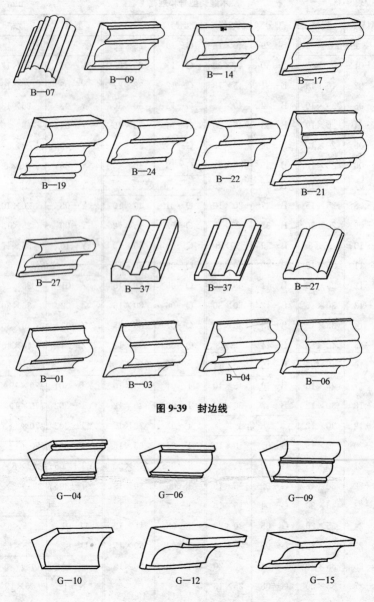

图 9-39 封边线

图 9-40 压角线

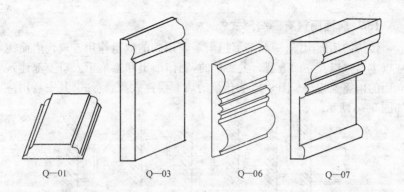

图 9-41 墙腰线

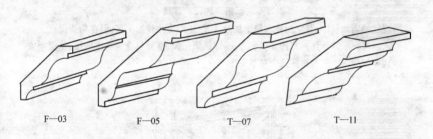

图 9-42 天花角线

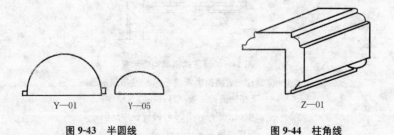

图 9-43 半圆线　　　　　　　图 9-44 柱角线

155. 什么是雨篷?

雨篷是指建筑物入口处位于外门上部用以遮挡雨水、保护外门免受雨水侵害的水平构件。

156. 店面雨篷有哪些形式？

传统的店面雨篷，一般都承担雨篷兼招牌的双重作用。现代店面往往以丰富入口及立面造型为主要目的，制作凸出和悬挑于入口上部建筑立面的雨篷式构造。图 9-45 为传统的店面雨篷式招牌形式，其安装构造如图 9-46 所示。

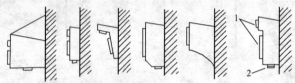

图 9-45　传统的雨篷式招牌形式

1—店面招字牌；2—灯具

注：现代的店面装饰，其立面要求趋于复杂，凹凸造型变化较为丰富，但在构造做法上并未脱离一般装饰体的制作和安装方法，即框架组装、框架与建筑基体连接、基面板安装和最后的面层装饰等几个基本工序

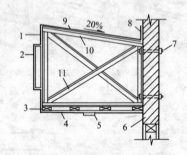

图 9-46　雨篷式招牌构造示意

1—饰面；2—店面招字牌；3—40×50 吊顶木筋；

4—天棚饰面；5—吸顶灯；6—建筑墙体；

7—ϕ10×12 螺杆；8—26 号镀锌铁皮泛水；

9—玻璃钢屋面瓦；10—∟30×3 角钢；

11—角钢剪刀撑

157. 雨篷、旗杆包括哪些清单项目？

雨篷、旗杆清单项目包括雨篷吊挂饰面、金属旗杆。

158. 雨篷吊挂饰面清单应怎样描述项目特征? 包括哪些工程内容?

(1)雨篷吊挂饰面清单项目特征应描述的内容包括:①基层类型;②龙骨材料种类、规格、中距;③面层材料品种、规格、品牌;④吊顶(天棚)材料、品种、规格、品牌;⑤嵌缝材料种类;⑥防护材料种类;⑦油漆品种、刷漆遍数。

(2)雨篷吊挂饰面清单项目所包括的工程内容有:①底层抹灰;②龙骨基层安装;③面层安装;④刷防护材料、油漆。

159. 雨篷吊挂饰面清单工程量如何计算?

雨篷吊挂饰面清单工程量按设计图示尺寸以水平投影面积计算。

【例9-35】 如图9-47所示,某商店的店门前雨篷吊挂饰面采用金属压型板,高650mm,长3500mm,宽700mm,计算其清单工程量。

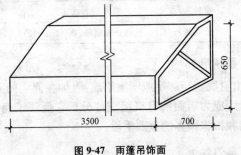

图9-47 雨篷吊饰面

【解】 工程量按设计图示尺寸以水平投影面积计算:

雨篷吊挂饰面工程量$=3.5 \times 0.7 = 2.45 m^2$

雨篷吊挂饰面清单工程量见表9-36。

表9-36　　　　　　　　雨篷吊挂饰面清单工程量表

项目编码	项目名称	项目特征描述	计量单位	工程量
020605001001	雨蓬吊挂饰面	金属压型板,高650mm,长3500mm,宽700mm	m²	2.45

160. 金属旗杆清单应怎样描述项目特征? 包括哪些工程内容?

(1)金属旗杆清单项目特征应描述的内容包括:①旗杆材料、种类、规格;②旗杆高度;③基础材料种类;④基座材料种类;⑤基座面层材料、种类、规格。

(2)金属旗杆清单项目所包括的工程内容有:①土石挖填;②基础混凝土浇筑;③旗杆制作、安装;④旗杆台座制作、饰面。

161. 金属旗杆清单工程量如何计算?

金属旗杆清单工程量按设计图示数量计算。

【例 9-36】 某政府部分的门厅处,有一种铝合金旗杆,高 11m,共 5根,计算其清单工程量。

【解】 工程量计算按设计图示数量计算。

铝合金旗杆工程量＝5 根

金属旗杆清单工程量见表 9-37。

表 9-37 金属旗杆清单工程量表

项目编码	项目名称	项目特征描述	计量单位	工程量
020605002001	金属旗杆	铝合金旗杆,高 11m	根	5

162. 什么是招牌?

招牌是指由衬底和招牌字或图案组成,附加在商店的立面上,服从于立面的整体设计,成为店面的有机组成部分。它反映了商店店面装饰水平,是商店吸引和招徕顾客的重要手段。

163. 什么是灯箱?

灯箱是指装上灯具的招牌,悬挂在墙上或其他支承物上。它比雨篷或招牌有更多的观赏面,有更强的装饰效果。无论白天或夜晚,灯箱都能起到招牌广告作用。

164. 安装招牌有哪些形式?

(1)附贴式:是指招牌直接挂在建筑物表面上。一般凸出墙面很少,也可以固定在大面积玻璃上。

(2)外挑式:是指招牌凸出建筑表面一定距离。出挑距离可根据造型效果和功能而定,如做成雨篷和灯箱等。

(3)悬挂式:是悬挂于建筑出挑部分的下方或凸出建筑物而悬挂的招牌。其特点是招牌与其附着点间有一定的距离。悬挂式招牌一般规格尺寸较小,但形式新颖活泼。

(4)直立式:是与建筑物有一定距离的招牌。可设置于屋顶上,通过支架支承,或单独设在室外地面上,对其相近建筑起标示作用。

165. 平面箱式招牌有哪些特点?

平面箱式招牌是一种广告招牌形式,主要强调平面感,描绘精致,多用于墙面。

166. 什么是竖式标箱?

竖式标箱是指六面体悬挑在墙体外的一种招牌基层形式,计算工程量时均按外围体积计算。

167. 灯箱有哪些作用? 其具备哪些构造形式?

灯箱主要用作户外广告,分布于道路、街道两旁,以及影院、车站、商业区、机场、公园等公共场所。

店面灯箱构造示意如图 9-48 所示。灯箱与墙体的连接方法较多,常用的方法有悬吊、悬挑和附贴等。

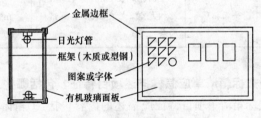

金属边框
日光灯管
框架(木质或型钢)
图案或字体
有机玻璃面板

图 9-48　店面灯箱构造示意

168. 招牌、灯箱包括哪些清单项目?

招牌、灯箱清单项目包括平面、箱式招牌,竖式标箱,灯箱。

169. 平面、箱式招牌清单应怎样描述项目特征? 包括哪些工程内容?

(1)平面、箱式招牌清单项目特征应描述的内容包括:①箱体规格;②基层材料种类;③面层材料种类;④防护材料种类;⑤油漆品种、刷漆遍数。

(2)平面、箱式招牌清单项目所包括的工程内容有：①基层安装；②箱体及支架制作、运输、安装；③面层制作、安装；④刷防护材料、油漆。

170. 平面、箱式招牌清单工程量如何计算？

平面、箱式招牌清单工程量按设计图示尺寸以正立面边框外围面积计算。复杂形的凸凹造型部分不增加面积。

【例 9-37】 某工程檐口上方设招牌，长 28m，高 1.5m，钢结构龙骨，九夹板基层，塑铝板面层，上嵌 8 个 1000m×1000m 泡沫塑料有机玻璃面大字，计算其清单工程量。

【解】 招牌工程量应按设计图示尺寸以正立面边框外围面积计算。

平面招牌工程量＝设计净长度×设计净宽度

$$=28×1.5=42m^2$$

平面招牌清单工程量见表 9-38。

表 9-38 平面招牌清单工程量表

项目编码	项目名称	项目特征描述	计量单位	工程量
020606001001	平面招牌	平面招牌长 28m，高 1.5m，钢结构龙骨，九夹板基层塑铝板面层	m^2	42

171. 竖式标箱清单应怎样描述项目特征？包括哪些工程内容？

(1)竖式标箱清单项目特征应描述的内容包括：①箱体规格；②基层材料种类；③面层材料种类；④防护材料种类；⑤油漆品种、刷漆遍数。

(2)竖式标箱清单项目所包括的工程内容有：①基层安装；②箱体及支架制作、运输、安装；③面层制作、安装；④刷防护材料、油漆。

172. 竖式标箱清单工程量如何计算？

竖式标箱清单工程量按设计图示数量计算。

【例 9-38】 如图 9-49 所示竖式标箱共 2 个，试求其清单工程量。

【解】 竖式标箱的工程量按设计图示数量计算。

竖式标箱工程量＝设计图示数量＝2

竖式标箱清单工程量见表 9-39。

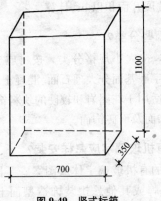

图 9-49　竖式标箱

表 9-39　　　　　　　　　　竖式标箱清单工程量表

项目编码	项目名称	项目特征描述	计量单位	工程量
020606002001	竖式标箱	竖式标箱, 长 700mm, 宽 350mm, 高 1100mm	个	2

173. 灯箱清单应怎样描述项目特征？包括哪些工程内容？

(1)灯箱清单项目特征应描述的内容包括：①箱体规格；②基层材料种类；③面层材料种类；④防护材料种类；⑤油漆品种、刷漆遍数。

(2)灯箱清单项目所包括的工程内容有：①基层安装；②箱体及支架制作、运输、安装；③面层制作、安装；④刷防护材料、油漆。

174. 灯箱清单工程量如何计算？

灯箱清单工程量按设计图示数量计算。

175. 招牌、灯箱定额工程量如何计算？

(1)平面招牌基层按正立面面积计算,复杂形的凹凸造型部分也不增减。

(2)沿雨篷、檐口或阳台走向的立式招牌基层,按平面招牌复杂形执行时,应按展开面积计算。

(3)箱体招牌和竖式标箱的基层,按外围体积计算。突出箱外的灯饰、店徽及其他艺术装潢等均另行计算。

（4）灯箱的面层按展开面积以 m² 计算。

176. 美术字有哪些分类？

美术字不分字体，按大小规格分类。按材质分为泡沫塑料、有机玻璃、金属、木质四种。字底基面分大理石面、混凝土地墙面、砖墙面和其他面四种。大理石面也适用于花岗岩和较硬的块料饰面。砖墙面也适用于抹灰墙面、陶瓷锦砖饰面及面砖饰面。

177. 有衬底的有机玻璃字应怎样安装？

有泡沫塑料衬底的有机玻璃字体或图案安装固定通常有两种方法，一是固定于雨篷式招牌或其他悬挑装饰造型面上；二是直接固定于墙体上。

（1）固定于金属或木质罩面板上：先在面板上的拟安装部位钻孔，在泡沫衬底上涂刷白乳胶或环氧树脂胶；擦净面板，将有机玻璃字或图案粘贴于面板上，然后通过预钻孔，在面板的背面钉入或拧入钉件；最后将固定好文字或图案的罩面板再安装于雨篷或其他装饰体的骨架木框上。

（2）直接固定于墙体上的做法：清理墙面，扫除浮灰、擦净污物，在墙面上选点钉入铁钉（铁钉事先夹掉钉帽）；在塑料泡沫衬底上均匀涂刷环氧树脂胶，对准拟安装部位平稳地贴附并使钉头插入泡沫塑料衬底中（注意钉头不可留出过长，否则会顶掉有机玻璃板面），然后在字周边粘连透明胶纸以作临时固定，过 2d 后待胶粘剂完全干燥后再除下胶纸（图9-50）。

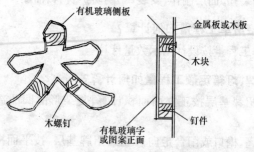

**图 9-50　无衬底有机玻璃字或图案与
金属或木质面板的固定**

178. 无衬底的有机玻璃字应怎样安装？

如果是将不带聚苯板衬底的有机玻璃字或图案固定于灯箱有机玻璃面板上，可采用上述氯仿材料直接进行粘结。如果是安装于木质和金属材料的店面装饰构件表面，其固定方法如下：

(1)在有机玻璃字或图形的背面选定位置镶嵌木块，并用木螺丝钉将木块与侧板固定。

(2)在木质或金属面板上钻孔，用钉件于面板背面穿过钻孔钉或拧固于镶嵌的木块上(图 9-51)。

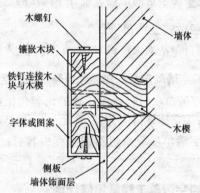

图 9-51　无衬底的字或图案
直接与墙体固定示意

179. 什么是木质字？其具备哪些特点？

木质字即用木板切割或雕刻的字。

木质字牌因为其材料的普遍性，所以历史悠久。以前由于森林资源的丰富，优质木材价格低廉且容易得到，所以一般的木质字牌都以较好的如红木、檀木、柞木等优质木材雕刻而成。而到现在，由于森林资源的匮乏，优质木材更是奇缺，价格昂贵，所以一般字牌都不可能找到优质木材进行雕刻。

180. 金属字包括哪些种类？

现有的金属字具体包括以下几种：铜字、合金铜字、不锈钢字、铁皮字。

(1)铜字和合金铜字是目前立体广告招牌字的主导产品,其特点是因为有类似金色的金属光泽而外观显得高贵豪华。

(2)不锈钢字虽然不存在生锈的问题,但由于属于冷的金属色调,色泽单一,给人以冷峻的感觉,加上其成本及市场售价均略高于合金铜字,所以目前采用的单位还是不太普及。

(3)铁皮字成本相对于铜字、合金铜字、不锈钢字而言是比较低的,但是普通铁皮需要喷漆做色彩,因为铁皮在阳光照射下及夜间降温时热胀冷缩现象比较容易出现,加上铁皮也容易内部锈蚀,结果容易导致油漆脱离铁皮。所以铁皮喷漆字目前市场上也处于淘汰的趋势。

181. 美术字包括哪些清单项目?

美术字清单项目包括泡沫塑料字、有机玻璃字、木质字、金属字。

182. 泡沫塑料字清单应怎样描述项目特征? 包括哪些工程内容?

(1)泡沫塑料字清单项目特征应描述的内容包括:①基层类型;②镂字材料品种、颜色;③字体规格;④固定方式;⑤油漆品种、刷漆遍数。

(2)泡沫塑料字清单项目所包括的工程内容有:①字制作、运输、安装;②刷油漆。

183. 泡沫塑料字清单工程量如何计算?

泡沫塑料字清单工程量按设计图示数量计算。

【例 9-39】 如图 9-52 所示,某工程檐口上方设招牌,长 28m,高 1.5m,钢结构基层,铝合金扣板面层,角铝收边,上嵌 8 个 1000mm × 1000mm 泡沫塑料有机玻璃面大字,求其清单工程量。

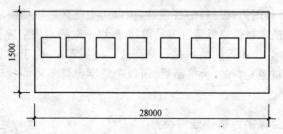

图 9-52 某招牌示意图

【解】 (1)招牌钢结构基层工程量＝28×1.5＝42.00m²

(2)招牌铝合金扣板面层工程量＝42.00m²

(3)周边铝合金角线工程量＝(28+1.5)×2＝59.00m

(4)美术字工程量＝8个

泡沫塑料字清单工程量见表9-40。

表 9-40 泡沫塑料字清单工程量表

序号	项目编码	项目名称	项目特征描述	计量单位	工程量
1	020606001001	平面、箱式招牌	长28m,高1.5m,钢结构基层,铝合金扣板面层	m²	42.00
2	020604001001	金属装饰线	铝合金角线	m	59.00
3	020607001001	泡沫塑料字	1000mm×1000mm 泡沫塑料有机玻璃面大字	个	8

184. 有机玻璃字清单应怎样描述项目特征？包括哪些工程内容？

(1)有机玻璃字清单项目应描述的内容包括：①基层类型；②镂字材料品种、颜色；③字体规格；④固定方式；⑤油漆品种、刷漆遍数。

(2)有机玻璃字清单项目所包括的工程内容有：①字制作、运输、安装；②刷油漆。

185. 有机玻璃字清单工程量如何计算？

有机玻璃字清单工程量按设计图示数量计算。

186. 木质字清单应怎样描述项目特征？包括哪些工程内容？

(1)木质字清单项目特征应描述的内容包括：①基层类型；②镂字材料品种、颜色；③字体规格；④固定方式；⑤油漆品种、刷漆遍数。

(2)木质字清单项目所包括的工程内容有：①字制作、运输、安装；②刷油漆。

187. 木质字清单工程量如何计算？

木质字清单工程量按设计图示数量计算。

【例 9-40】 设计要求做钢结构基层一般平面招牌,如图 9-53 所示,其上安装木质美术字8个,字外围尺寸均为 700mm×450mm,计算平面招牌及美术字安装清单工程量。

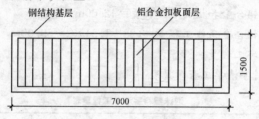

图 9-53　平面招牌示意

【解】　平面招牌工程量＝7×1.5＝10.5m²

美术字工程量＝8 个

木质字清单工程量见表 9-41。

表 9-41　　　　　　　　　　　木质字清单工程量表

序号	项目编码	项目名称	项目特征描述	计量单位	工程量
1	020606001001	平面招牌	钢结构基层,铝合金扣板面层	m²	10.5
2	020607003001	木质字	700mm×450mm,木质美术字	个	8

188. 金属字清单应怎样描述项目特征？包括哪些工程内容？

(1)金属字清单项目特征应描述的内容包括：①基层类型；②镂字材料品种、颜色；③字体规格；④固定方式；⑤油漆品种、刷漆遍数。

(2)金属字清单项目所包括的工程内容有：①字制作、运输、安装；②刷油漆。

189. 金属字清单工程量如何计算？

金属字清单工程量按设计图示数量计算。

【例 9-41】　美术字尺寸如图 9-54 所示,商场装修需用同样大小的金属字 10 个,试求其清单工程量。

【解】　美术字安装的工程量按美术字的数量以个为单位计算。

金属美术字安装工程量＝10 个

金属字清单工程量见表 9-42。

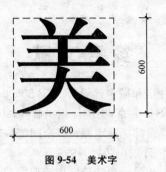

图 9-54　美术字

表 9-42　　　　　　　　　　　金属字清单工程量表

项目编码	项目名称	项目特征描述	计量单位	工程量
020607004	金属字	金属字，尺寸为 600mm ×600mm	个	10

190. 美术字定额工程量如何计算？

美术字定额工程量按字的最大外围矩形面积计算。

参 考 文 献

[1] 中华人民共和国住房和城乡建设部. GB 50500—2008 建设工程工程量清单计价规范[S]. 北京:中国计划出版社,2008.

[2] 中华人民共和国建设部标准定额司. 全国统一建筑工程基础定额(土建)[S]. 北京:中国计划出版社,1995.

[3] 黄欣. 建筑工程工程量清单计价实用手册[M]. 合肥:安徽科学技术出版社,2005.

[4] 《造价工程师实务手册》编写组. 造价工程师实务手册[M]. 北京:机械工业出版社,2006.

[5] 彭跃军. 建筑师执业手册—装饰装修工程[M]. 北京:中国建筑工业出版社,2005.

[6] 吴之昕. 建筑装饰工长手册[M]. 2 版. 北京:中国建筑工业出版社,2005.

[7] 殷惠光. 建设工程造价[M]. 北京:中国建筑工业出版社,2004.

[8] 尹贻林. 工程造价计价与控制[M]. 北京:中国计划出版社,2003.